严伟　胡国珍　胡学明　编著

U0221712

三菱
FX5U
PLC
编程一本通

化学工业出版社

·北京·

内 容 简 介

本书结合项目工程实践，详细介绍了 FX5U PLC 的应用技术以及它在 GX Works3 环境下的编程方法，主要内容包括：三菱 FX5U 系列 PLC 介绍、FX5U 的编程软件 GX Works3、FX5U 的编程元件和编程指令、顺序控制功能图与步进梯形图、FX5U 系列 PLC 与计算机的通信、三菱 GOT2000 人机界面的编程、FX5U 与变频器的联合控制、电气单元电路编程实例、自动控制装置编程实例、FX5U 的安全使用和故障诊断。本书内容实用，循序渐进，案例丰富，讲解细致，所有程序均经过仿真调试，方便读者学习使用。

本书适合电气工程师、自动化工程师、PLC 技术初学者等自学使用，也可以用作职业院校、培训学校相关专业的教材及参考书。

图书在版编目（CIP）数据

三菱 FX5U PLC 编程一本通/严伟，胡国珍，胡学明编著. —北京：化学工业出版社，2022.4

ISBN 978-7-122-40821-1

Ⅰ.①三… Ⅱ.①严… ②胡… ③胡… Ⅲ.①PLC 技术-程序设计 Ⅳ.①TM571.61

中国版本图书馆 CIP 数据核字（2022）第 027301 号

责任编辑：耍利娜 　　　　　　　　　　　　文字编辑：林　丹　师明远
责任校对：宋　夏 　　　　　　　　　　　　装帧设计：李子姮

出版发行：化学工业出版社（北京市东城区青年湖南街 13 号　邮政编码 100011）
印　　装：三河市延风印装有限公司
787mm×1092mm　1/16　印张 18½　字数 484 千字　2022 年 6 月北京第 1 版第 1 次印刷

购书咨询：010-64518888 　　　　　　　　　　售后服务：010-64518899
网　　址：http://www.cip.com.cn
凡购买本书，如有缺损质量问题，本社销售中心负责调换。

定　　价：68.00 元

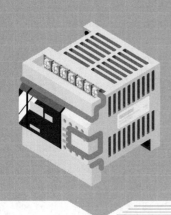

　　PLC（可编程序控制器）是进行工业自动控制的微型计算机，是20世纪60年代因工业自动化生产的迫切需要而诞生的。由于它在电气自动控制方面具有无可比拟的优点，几十年来得到了迅猛发展，功能日趋完善。伴随着"中国制造2025"，我国的制造业正在高速发展，PLC已经广泛应用在机械、化工、采矿、石油、轻工、电力、建材、建筑、交通运输、物流等各个领域。

　　三菱FX5U型PLC是FX3U的改造升级版，它是三菱电机推出的新一代小型PLC，也是工业自动控制领域中的佼佼者。其中内置了数字量、模拟量、通信、高速输入、高速输出等模块，通过扩展板和扩展适配器，轻松地扩展了整个控制系统，在多种智能功能模块的支持下，通过高速的系统总线，发挥出了更为强大的控制功能。FX5U提供了全新的自动控制系统解决方案，具有适合高标准工业通信的接口，适用于多种用途，可以构建出多姿多彩的自动控制系统。

　　FX5U的编程软件是GX Works3，这是一款全新的编程软件。它支持以IEC为标准的主要程序语言。它与GX Works2相比较，具有更为强大的功能。例如，专用功能指令由原来的510种增加到1113种；可以在计算机中通过虚拟PLC进行仿真调试，以确认程序是否正确。

　　FX5U的应用和GX Works3软件的编程，都是自动控制领域的尖端技术，它们的推广和普及，已经形成了一股强劲的趋势。掌握这门技术，就进入了电气自动化领域的前沿。

　　在当前的高职高专电气自动化专业的实践教学中，通常采用三菱电机自动化产品作为实施载体。由于FX5U近几年才上市，具体的编程经验很少。面对这门博大精深的技术，没有PLC基础的读者，可能会有畏难情绪；没有接触过三菱FX5U的读者，也会感到别扭和费解。但是，学习任何一门技术，都有一个入门→了解→熟悉→精通的过程。只要有兴趣，有持之以恒的钻研精神，用不了多久就会掌握它。本书为学习FX5U的应用和GX Works3软件的编程提供了简捷方便的途径。编著者从入门着手，尽量把编程的步骤介绍得详细一些，把文字叙述得通俗一些。读者通过对本书的系统学习和实践，就会成为应用FX5U和GX Works3软件的行家里手。

　　本书介绍了FX5U的一些基础知识、在GX Works3环境下的编程方法、应用实例，并结合编著者的工作经验，介绍了一些PLC故障的维修实例。全书的内容通俗易懂，便于学习和应用。书中以继电器控制电路为参照，引导读者走进FX5U领域。为了便于阅读和理解，机型限于FX5U的基本单元，编程和应用限于基本指令和SFC顺序控制指令。在学习这些内容的基础上，读者可以再进行更深层次的学习。

　　由于编著者的时间和水平有限，书中难免有不妥之处，恳请各位读者批评指正。

编著者

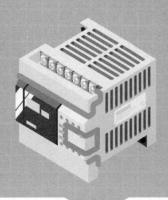

目 录

03 第 3 章
FX5U 的编程元件和编程指令　79

06 第 6 章
三菱 GOT2000 人机界面的编程　166

07 第 7 章
FX5U 与变频器的联合控制　181

08 第 8 章
电气单元电路编程实例　195

09 第 9 章
自动控制装置编程实例　221

10 第 10 章
FX5U 的安全使用和故障诊断　262

01 | 第1章
三菱 FX5U 系列 PLC 介绍

1.1 PLC 的优点

PLC（可编程序控制器）是进行工业自动控制的微型计算机，是 20 世纪 60 年代因工业生产的迫切需要而诞生的，也是专门为工业环境的应用而设计、制造的。由于在电气自动控制方面具有无可比拟的优点，几十年来得到了迅猛的发展，功能日趋完善。

国际电工委员会（IEC）对 PLC 的定义是："可编程序控制器是一种数字运算操作的电子装置，专为在工业环境下应用而设计。它采用可编程序的存储器，用来在其内部存储执行逻辑运算、顺序控制、定时、计数和算术运算等的操作指令，并通过数字式和模拟式的输入和输出控制各种类型的机械或生产过程。可编程序控制器及其有关的外围设备，都应按工业控制系统整体性、易扩展的原则设计。"

伴随着"中国制造 2025"，我国的制造业正在高速发展，PLC 已经广泛地应用到我国的机械、钢铁、化工、石油、电力、建筑、采矿、轻工、交通运输等领域。PLC 具有以下几个方面的优点。

（1）品种齐全，功能强大，通用性强

PLC 的品种齐全，但是每一台 PLC 都不是专门针对某一个具体控制的装置。它可以按照要求配置外围元器件，组成各种形式的控制系统，而不需要用户自己设计和制造 PLC 硬件装置。用户在选定硬件之后，在生产设备更新、工艺流程改变的情况下，不必改变 PLC 的硬件设备，只需要改变控制程序，就可以满足新的控制要求。因此，它在工业自动化中得到了广泛的应用。

PLC 不仅具有逻辑运算、定时、计数、顺序控制等功能，还具有数字和模拟量的输入/输出、功率驱动、人机对话、自检、记录、显示、报警、通信等诸多功能。它既可以控制一台机械设备，又可以控制一条生产线，还可以控制一个完整的生产过程。

（2）可靠性高，具有超强的抗干扰能力

PLC 在设计和制造过程中，为了更好地适应工业生产环境中多粉尘、高噪声、温差大、强电磁干扰等特殊情况，对硬件采取了屏蔽、滤波、电源隔离、调整、保护、模块式结构等一系列抗干扰措施，对软件采取了故障检测、信息保护与恢复、设置警戒时钟（看门狗）、对程序进行检查和校验、对程序和动态数据进行电池后备保护等多种抗干扰措施。

PLC 在出厂时，要进行严格的试验，其中的一项就是抗干扰试验。要求它们能承受 1000V、上升时间 1ns、脉冲宽度为 1μs 的干扰脉冲。一般情况下，PLC 平均故障间隔时间可以达到

几十万甚至上千万小时，构成系统后，也可以达到 5 万小时甚至更长的时间。

（3）编程简单，使用非常方便

通常，PLC 采用继电器控制形式的"梯形图编程方式"，它延续了传统控制电路清晰直观的优点，又兼顾了工矿企业电气技术人员的读图习惯，所以很容易接受和掌握。

在梯形图语言中，编程元件的符号和表达方式，与继电器控制电路原理图非常相似。电气技术人员通过短期培训，阅读 PLC 的用户手册和编程手册，就能够很快地利用梯形图编制控制程序。同时，还可以掌握顺序功能图、语句表等编程语言。用户在熟悉某一品牌的 PLC 之后，可触类旁通，掌握和运用其他品牌的 PLC。

（4）安装简单，调试和维修方便

在 PLC 中，大量的中间继电器、时间继电器、计数器等元器件都被软件所取代，所以电气控制柜中，安装和接线的工作量大大减少，从而减少了许多差错。PLC 的用户程序一般都可以在实验室进行模拟调试，减少了现场的调试工作量。

PLC 本身的故障率很低，各个输入、输出端子上又带有 LED 指示灯，各外部元件的工作状态都在监视之中，一目了然，所以出现故障时很容易查找到有故障的元器件。通过对梯形图的监视，也很容易查找到故障点，所以维修极为方便。

（5）体积小，性价比高

PLC 将微电子技术应用于工业设备，所以产品结构紧凑，体积大大缩小，重量轻，功耗低。又由于它的抗干扰能力强，容易安装在设备的内部，以实现机电一体化。当前，以 PLC 作为控制器的 CNC 设备和机器人已经成为典型的智能控制设备。

随着集成电路芯片功能的提高，价格的降低，PLC 硬件的价格在不断地下降，PLC 软件的价格在系统中所占的比例在不断提高，PLC 的使用使得整个工程项目的进度加快，质量提高，所以 PLC 具有很高的性价比。

1.2　PLC 与继电器-接触器控制系统的区别

PLC 虽然是在继电器-接触器电路的基础上发展起来的，但是又与继电器-接触器控制系统有很大的区别，主要表现在以下几个方面。

（1）在控制器件方面的区别

继电器-接触器控制系统是由各种真正的继电器、接触器组成的。它们的线圈要在控制电源下工作，触点要频繁地切换，很容易损坏，因此线圈和触点经常会发生故障。

在 PLC 梯形图中，控制程序是由许多软继电器组成的，这些软继电器本质上是存储器中的各个触发器，可以置"0"或置"1"，没有磨损现象，大大减少了故障。

（2）在工作方式方面的区别

继电器-接触器电路在工作时，所有的元器件都处于受控状态，只要符合吸合条件，都处于吸合状态，只要符合断开条件，都处于断开状态。这属于"并行"工作方式。

在 PLC 的梯形图中，各软继电器都处于周期循环的扫描工作状态，通电与触点动作并不同时发生，属于"串行"工作方式。

（3）在触点数量方面的区别

在继电器-接触器控制系统中，触点数量是有限的，一般只有 2～4 对，最多也不超过 8 对。如果触点不够，就需要另外增加继电器或接触器，使接线变得非常繁杂。

在 PLC 梯形图中，软继电器的触点数量是无限的，同样一对触点，在编程时可以无数次地反复使用，在外部也不需要接线。

（4）在更改控制功能方面的区别

继电器-接触器控制系统是依靠硬件接线来完成控制功能的，其控制功能一般是固定不变的。如果需要改变控制功能，必须重新安装元器件，更换连接导线。控制功能越复杂，元器件就越多，接线就更为复杂。

PLC 控制系统是采用软继电器，通过编程实现自动控制的。当控制功能改变时，在中间控制环节不需要增加元器件，只要修改程序就行了，控制功能可以灵活地实施，能胜任非常复杂的控制场合。

（5）在故障诊断方面的区别

继电器-接触器控制系统不仅故障较多，而且故障的诊断比较困难，要进行比较复杂的检测排查、诊断分析，往往要花费很多时间，走很多弯路。

PLC 性能稳定，工作可靠，无故障时间可以达到几十万小时，所以本身故障就很少。

在 PLC 的输入和输出单元，每一个端子对应一个 LED 指示灯，输入和输出元件的工作状态一目了然。当发生故障时，通过这些指示灯，就可以捕捉到许多故障信息，迅速找出有故障的元器件。

此外，PLC 具有很多故障检测、故障诊断、故障报警功能，能对故障进行智能诊断，在排查故障方面可以节省很多时间。

1.3　三菱 FX5U 型 PLC 的技术优势

三菱公司的 PLC 是较早进入中国市场的产品。三菱 FX5U（MELSEC iQ-F）系列小型可编程序控制器是 2015 年推出的新产品，它在 FX3U 的基础上升级换代，成为 PLC 大家族中的一朵奇葩。基本性能的全面提升、与驱动产品的无缝链接、软件环境的改善是 FX5U 的显著亮点。针对市场上对产品小型化、大容量存储、多功能、高速度、高性价比的需求，FX5U 采用了可编程序的存储器，用于其内部存储程序，执行逻辑运算、顺序控制、定时、计数与算术操作、运动控制等面向用户的指令，并通过数字式或模拟式输入和输出控制各种类型的自动化生产过程。

FX5U 兼顾了整体式和模块式 PLC 的优点，是当前 FX 系列中功能最强、速度最快的小型 PLC。由于采用了性能更加优秀的中央处理器，所以许多功能在 FX3U 的基础上进一步加强，在容量、速度、内置功能等方面，都有了大幅度的提升。主要表现在以下几个方面。

① 扩充了控制规模。CPU 单元加上扩展模块后，I/O 达到 384 点。通过 CC-Link 或其他方式的远程控制，可以达到 512 点。

② 扩充了内置的用户存储器容量。FX5U 内置了 64K/128K 步的大容量 RAM 内存。除此之外，还为各种用途提供了存储器的数据区，因此可以将 64K/128K 步的大容量 RAM 内存全部用于程序区。

③ 提高了运算速度。与 FX3U 比较，FX5U 系列 PLC 的系统总线速度提高了 150 倍。LD 指令和 MOV 指令的运算速度达到 34ns，基本指令可以达到 14.6 条指令/μs，固定周期中断程序最小为 1ms。

④ 增加了多种扩展模块。扩展模块的型号绝大部分都更新为 FX5 型。无论是 I/O 模块，还是智能功能模块，品种、数量和功能都大量地增加了。

⑤ 强化了通信功能。FX5U 继承了三菱公司传统的 MELSEC 网络，在此基础上，增加了内置以太网通信端口、内置 RS-485 通信端口。在通信中以 CC-Link IE 现场网络和 CC-Link V2 网络为主，支持 AnyWireASLINK 系统。通过使用以太网的 FA 网络，实现层次分明的三层（设备层、控制层、信息层）网络通信，通信功能更胜一筹。系统总线的通信速度可以达到 1.5K 字/ms，这个速度是 FX3U 的 150 倍。在使用通信量较大的智能模块时，也能够实现高速通信。可以连接多种多样的自动化设备，所连接的变频器、伺服驱动器等可以达到 16 台。

RS-485 通信端口带有 MODBUS 功能，可以连接 ID（编码系统）、条形码阅读器、变频器等智能化设备。与三菱通用变频器之间的通信距离可以达到 50m，所连接的变频器可以达到 32 台。通过搭载 FX5-485ADP 型扩展适配器，可以连接 32 台变频器、传感器等设备，通信距离可以达到 1200m。

FX5U 可以与三菱 MELSEC iQ-R/Q/L 系列的 PLC 进行通信。通过计算机的网络浏览器 FTP 访问 Web 网络服务器，监视和诊断 CPU 模块。可以制作客户专用的用户网页，通过 VPN 连接 GX Works3 编程软件，进行程序的写入和读取，传输各种工艺数据和信息，实现远程维护和故障诊断，削减维修成本。

⑥ 内置了模拟量输入输出功能。可以使用扩展适配器和扩展模块进行模拟量（电压、电流等）的输入和输出，以及模拟量控制。其中，CPU 模块中内置了 12 位 2 通道的 A/D 模拟量输入，12 位 1 通道的 D/A 模拟量输出。还可以添加 4 路模拟量输入模块、4 路模拟量输出模块。

⑦ 具有内置定位功能。在 CPU 模块的晶体管输出单元中，可以输出 Y0、Y1、Y2、Y3 共 4 路、200kHz 的高速脉冲串，实现 4 轴定位，而不需要专用的定位智能模块。在定位过程中，还可以变更速度和地址，支持简易线性插补运行。

⑧ 扩充了运动控制功能。除内置定位功能之外，还可以搭载简易运动控制定位模块（支持 SSCNET Ⅲ/H 功能），通过高速脉冲输入/输出模块轻松地实现 4/8 轴运动控制。可以用软件代替齿轮、轴、变速器、凸轮等机械部件，实现定位控制、高速同步控制、凸轮控制、速度与扭矩控制。在表格方式的程序中，可以通过组合直线插补、Z 轴圆弧插补、定长进给、连续轨迹控制，完成各种高精度的机械加工。

⑨ 内置高速计数器。具有 8 通道、200kHz 的高速脉冲输出。

⑩ 加强了数据记录功能。内置了 4GB 的 SD 卡插槽，可以定期地将计算机和网络设备中的信息保存到 SD 存储卡中。通过这些数据，可以高效地分析设备的工作情况。SD 存储卡可以锁定故障发生前后的数据，从中查找出故障原因。还可以通过 FTP 服务器的功能，从远程获取并记录数据。

⑪ 除了 R 或 W 类型的软元件之外，其他的程序和软元件可以通过闪存 ROM 来保存，

它们不需要使用电池，但是也可以使用选件电池，以增加软元件的保存容量。

⑫ 配置有带弹簧夹端子排的继电器输出型 CPU 或 I/O 模块。其不需要做接线端子，通过端子排内部弹簧的压力就能稳固地连接导线的端子，从而快速轻松地完成接线。

可见，FX5U 系列 PLC 的优点非常突出，它虽然是小型 PLC，但是许多欧美中型机和大型机所具有的控制功能，它也可以轻而易举地实现，因此很受用户欢迎。

FX5U 所支持的程序语言有：梯形图（LD）、顺序功能图（SFC）、结构化语言（ST）、FB 图表/梯形图（FBD/LD）。

1.4 FX5U 系列 PLC 基本单元的概貌

基本单元是指配置有电源、CPU（中央处理器）、存储器、输入设备、输出设备、通信接口的可编程序控制器主机，其内部设置有定时器、计数器、内部继电器、数据寄存器等。基本单元可以独立地工作，对各种设备进行自动控制。

1.4.1 基本单元内部的方框图

FX5U 基本单元的内部结构与其他 PLC 大同小异，属于整体式结构，由中央处理器（CPU）、存储器、输入单元、输出单元、电源、I/O 扩展接口、外部设备接口等部分组成，如图 1-1 所示。

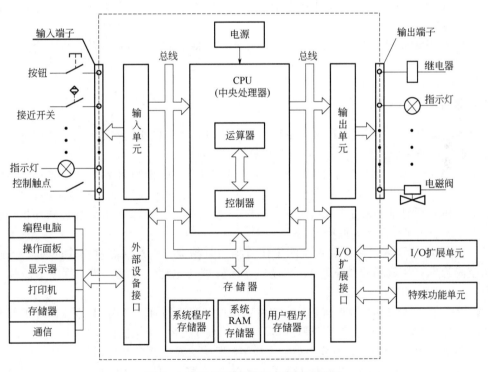

图 1-1 PLC 基本单元内部的方框图

（1）CPU（中央处理器）

它是整个系统的核心部件，主要由运算器、控制器、寄存器以及地址总线、数据总线、控制总线构成，并配置有外围芯片、总线接口及有关电路。CPU类似于人类的大脑和神经中枢，它按照系统程序赋予的功能，读取、解释并执行指令，实现逻辑和算术运算，有条不紊地指挥和协调整个PLC的工作，其主要功能如下。

① 接收并存储上位计算机、编程设备（电脑、编程器等）、键盘等输入的用户程序和数据。

② 通过扫描方式从输入单元读取现场控制信号和数据，并保存到映像寄存器或数据寄存器。

③ 从存储器中逐条读取用户指令，经过命令解释后，产生相应的控制信号去驱动有关的控制电路。

④ 进行数据处理，分时序、分渠道执行数据存取、传送、组合、比较、变换等工作任务，完成用户程序中规定的逻辑和算术运算。

⑤ 根据运算结果，更新有关标志位的状态和输出寄存器的内容，并将结果传送到输出接口，实现控制、制表、打印、数据通信等功能。

⑥ 诊断电源和PLC内部电路的故障，诊断编程中的语法错误。

⑦ CPU模块的其他配置：

a. 在CPU模块外部，具有各种接口。总线接口用于连接I/O模块或特殊功能模块；内存接口用于安装存储器；外设接口用于连接编程设备（电脑、编程器等）；通信接口用于通信联络。

b. CPU模块上还有多个工作状态指示灯，例如电源指示、运行指示、故障指示、输入指示、输出指示等。

CPU在很大程度上决定了PLC的整体性能，如整个系统的控制规模、内存容量、工作速度等。

（2）存储器

存储器即内存，主要用于存储程序和数据，是PLC不可缺少的组成单元。它包括系统程序存储器、系统RAM存储器、用户程序存储器三个部分。

① 系统程序存储器。它用于存储整个系统的监控程序、控制和完成PLC各项功能的程序，相当于单片机的监控程序或微机的操作系统，用户不能更改和调用它。系统程序和硬件一起决定PLC的性能和质量。系统程序又可以分为系统管理程序、用户程序编辑和指令解释程序、标准子程序和调用管理程序。

a. 系统管理程序。它决定系统的工作节拍，包括运行管理（各种操作的时间分配）、存储空间管理（生成用户数据区）、系统自诊断管理（电源、系统出错、程序语法和句法检查）。

b. 用户程序编辑和指令解释程序。它将用户程序解读为内码形式，以便于程序的修改和调试。经过解读后，编程语言转变为机器语言，以便于CPU操作执行。

c. 标准子程序和调用管理程序。它完成某些信息处理，进行特殊运算。

② 系统RAM存储器。它包括I/O缓冲区以及各类软元件，如内部继电器、定时器、计数器、数据寄存器、变址寄存器等。

③ 用户程序存储器。它包括程序存储区、数据存储区。程序存储区用以存储用户实际控制程序；数据存储区用来存储输入和输出状态、内部继电器线圈和接点的状态、特殊功能所要求的数据。

用户程序存储器中的内容由用户根据实际生产工艺的需要进行编写，可以读，可以写，可任意修改、增删。用户程序存储器密度高、功耗低。存储器的形式有 CMOS RAM 读/写存储器、EPROM 可擦除只读存储器、EEPROM 可擦除只读存储器三种。ROM 存储器具有掉电后不丢失信息的特点，而 CMOS RAM 存储器的内容由锂电池实行断电保护，一般能保持 5～10 年，带负载运行也可以保持 2～5 年。

（3）输入/输出单元

输入/输出单元通常称为 I/O 单元，PLC 通过输入单元接收工业生产现场装置的控制信号。按钮开关、行程开关、接近开关以及各种传感器的开关量和模拟量信号，都要通过输入单元送到 PLC 中。这些信号的电平多种多样，但是 CPU 所处理的信息只能是标准电平，因此输入单元需要将这些信号转换成 CPU 能够识别和处理的数字信号。PLC 又通过输出单元送出输出信号，控制负载设备（电动机、电磁阀、指示灯等）的运行。通常 I/O 单元上还有接线端子排和 LED 指示灯，以便于连接和监视。

FX5U 输入单元的接线方式是汇点式，共同使用 1～2 个公共端子 S/S（或 0V、24V）。

FX5U 输出单元的接线方式与输入单元不同，采用分组式，将所有的端子分为若干组，每组都有一个公共的端子，如 COM0、COM1、COM2（或+V0、+V1、+V2）。各组使用同一个电源，而组与组之间的输出电路没有联系。

FX5U 系列的 PLC 根据工业生产的需要，提供具有各种操作电平、各种驱动能力的输入/输出模块，以供用户选择和使用。

（4）电源单元

优质的电源才能保证 PLC 的正常工作。FX5U 基本单元对电源的设计和制造十分重视。不同的电路单元，例如 CPU 和输入/输出单元，需要不同等级的工作电压。基本单元内部配置有高性能的开关式稳压电源，为各电路单元提供所需的稳定的工作电源，例如 CPU、存储器、I/O 单元所需的 5V 直流电源，外部输入单元所需的 24V 直流电源。国内使用的 FX5U，交流电源一般为 220V、50Hz，电压的波动在-15%～+10%的范围之内，PLC 都可以正常工作，不需要采取另外的稳压措施。

需要注意的是，PLC 输出单元外部负载的电源不是由 PLC 内部提供，而是由用户在 PLC 外部另行提供，为了防止负载短路，一般需要配置规格合适的熔断器。

（5）I/O 扩展接口

当基本单元的 I/O 点数不够用时，可以通过 I/O 扩展接口连接 I/O 各种扩展模块，将总点数扩展到 384 点。通过 CC-Link 或其他方式的远程控制，可以达到 512 点。也可以通过 I/O 扩展接口连接特殊功能单元，例如模拟量输入/输出模块、各种智能功能模块，使 PLC 满足不同的控制要求。

（6）外部设备接口

FX5U 配置有多种外部设备接口，以实现与编程计算机、人机界面、变频器、读码器、打印机、传感器等设备的连接。

PLC 本身是不带编程器的，为了对 PLC 进行编程，在 PLC 面板上设置了编程接口，通过编程接口可以连接编程计算机或其他编程设备。操作面板可以操作控制单元，在执行程序的过程中可以直接设置输入量或输出量，还可以修改某些量的数值，以便启动或停止一台外部设备的运行。文本显示器可以显示 PLC 系统的信息，对程序进行实时监视。打印机可以把控制程序、过程参数、运行结果以文字形式输出。

除此之外，PLC 还设置了存储器接口和通信接口。存储器接口的用途是扩展存储区，可以扩展用户程序存储区和用户参数存储区。通信接口的作用是在 PLC 与其他 PLC 之间、PLC 与上位计算机之间建立通信网络。

1.4.2　基本单元的工作原理

同其他 PLC 一样，FX5U 型 PLC 以微处理器为核心，具备微型计算机的许多特点，但是其工作方式与微机有很大的区别。微机一般采用等待命令输入、响应处理的工作方式，当有键盘或鼠标等操作信号触发时，就转入相应的程序，没有输入信号时，就一直等待着。而 PLC 采用不间断循环的顺序扫描工作方式。

在进入扫描之前，PLC 首先进行自检，以检查系统硬件是否正常。在自检过程中，要检查 I/O 模块的连接是否正常，消除各继电器和寄存器状态的随机性，进行复位和初始化处理，再对内存单元进行测试，以确认 PLC 自身是否完好。如果 PLC 正常，则复位系统的监视定时器允许 PLC 进入循环扫描。如果 PLC 有故障，则故障指示灯 ERR 亮起或闪烁，发出红光进行报警，停止执行各项任务。在每个扫描期间，都要进行系统诊断，以便及时发现故障。

进入循环扫描后，其工作过程一般分为三个阶段，即输入采样、用户程序执行和输出刷新。完成这三个阶段称作一个扫描周期，如图 1-2 所示。在整个运行期间，PLC 的 CPU 以一定的扫描速度重复执行上述三个阶段。

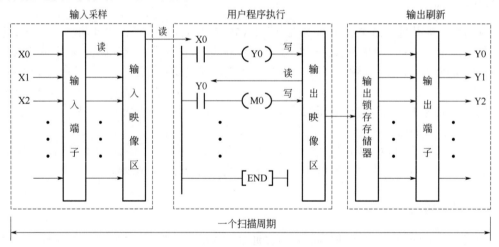

图1-2　PLC 一个扫描周期中的三个阶段

（1）输入采样阶段

在输入采样阶段，PLC 通过输入接口，以扫描方式依次地读入所有输入状态和数据，并将它们存入 I/O 映像区中的相应单元内，这就是输入信号的刷新。输入采样结束后，转入用户程序执行和输出刷新阶段。在这两个阶段中，即使输入状态和数据发生变化，I/O 映像区中相应单元的状态和数据也不会改变。进入下一个周期的输入处理时，再写入这种变化。因此，如果输入的是脉冲信号，则该脉冲信号的宽度必须大于一个扫描周期，才能保证在任何情况下，该输入均能被读入。

（2）用户程序执行阶段

在用户程序执行阶段，PLC 总是按由上而下的顺序，依次地扫描用户程序（梯形图）。在扫描过程中，又总是先扫描梯形图左边的由各个触点构成的控制线路，并按先左后右、先上后下的顺序对由触点构成的控制线路进行逻辑运算。根据逻辑运算的结果，刷新该逻辑线圈在系统 RAM 存储区中对应位的状态，或者刷新该输出线圈在 I/O 映像区中对应位的状态，或者确定是否要执行该梯形图所规定的特殊功能指令。

（3）输出刷新阶段

当用户程序执行结束后，PLC 就进入输出刷新阶段。在此期间，CPU 按照 I/O 映像区内对应的状态和数据，刷新所有的输出锁存电路，再经输出电路驱动相应的外部设备。这时，才是 PLC 的实际输出。

扫描过程可以按照固定的顺序进行，也可以按照用户规定的程序进行，这是因为在较大的控制系统中，需要处理的 I/O 点数较多，可以通过不同的组织模块的安排，分时分批地扫描执行，以缩短扫描周期，提高控制的实时性。此外，有一部分程序不需要每扫描一次就执行一次。

FX5U 基本单元的面板上设置有工作方式开关，将开关置于 RUN（运行）时，执行所有阶段；将开关置于 STOP（停止）时，不执行循环顺序扫描，此时可以进行通信，例如对 PLC 进行写入、读出、联机操作。

1.4.3　基本单元的性能和软元件

（1）主要性能和技术规格

FX5U 基本单元的主要性能和技术规格见表 1-1。

表 1-1　FX5U 基本单元的主要性能和规格

项目		性能和规格
机型		18 种
控制方式		存储程序反复运算
输入输出控制方式		成批刷新（可根据指定直接访问输入和输出）
程序规格	编程语言	LD、SFC、ST、FBD/LD
	编程扩展功能	功能块（FB）、功能（FUN）、标签程序（局部/全局）
	持续扫描	0.2～2000ms（可设定 0.1ms 为单位）
	固定周期中断	1～60000ms（可设定 1ms 为单位）
	定时器性能规格	100ms、10ms、1ms
	执行程序个数	32 个
	FB 文件数	16 个（用户最多可以使用 15 个）

续表

项目		性能和规格
操作规格	执行类型	待机、初始执行、实际扫描、固定周期执行、事件执行
	中断种类	内部定时器中断、输入中断、高速比较一致中断、模块的中断
指令处理速度	LD X0	34ns（程序容量为 64K 步时）
	MOV D0 D1	34ns（程序容量为 64K 步时）
存储容量	程序容量	64K 步/128K 步（128KB/256KB、快闪存储器）
	SD/SDHC 存储卡	最大 16GB
	软元件/标签存储器	120KB
	数据存储器/标准 ROM	5MB
保存文件数	软元件/标签存储器	1 个
	数据存储器 P 文件	32 个
	数据存储器 PB 文件	16 个
	SD 存储卡	2GB 时 511 个；4GB/8GB/16GB 时 65534 个
时钟功能	显示信息	年、月、日、时、分、秒、星期（自动识别闰年）
	精度	月差±45s/25℃（TYP）
输入/输出点数	（1）输入/输出点数	256 点/384 点
	（2）远程 I/O 点数	384 点/512 点
	（1）与（2）合计点数	512 点
停电保持	保持方法	大容量电容器
	保持时间	10 日（环境温度为 25℃）
	软元件保持容量	12K 字
闪存（ROM）写入次数		最多 2 万次

（2）基本单元中的软元件

FX5U 基本单元的软元件列在表 1-2 中。

表 1-2　FX5U 基本单元的软元件

项目		进制	点数
用户软元件	输入继电器（X）	8	1024 点以下（X、Y 合计点数最多为 256 点/384 点）
	输出继电器（Y）	8	1024 点以下（接线端子的 X、Y 合计点数最多为 256 点/384 点）
	内部继电器（M）	10	32768 点（可通过参数变更）
	自锁继电器（L）	10	32768 点（可通过参数变更）
	链锁继电器（B）	16	32768 点（可通过参数变更）
	报警器（F）	10	32768 点（可通过参数变更）
	链锁特殊继电器（SB）	16	32768 点（可通过参数变更）

续表

项目		进制	点数
用户软元件	步进继电器（S）	10	4096 点（固定）
	定时器（T）（通用）	10	1024 点（可通过参数变更）
	累积定时器（ST）	10	1024 点（可通过参数变更）
	计数器（C）	10	1024 点（可通过参数变更）
	超长计数器（LC）	10	1024 点（可通过参数变更）
	数据寄存器（D）	10	8000 点（可通过参数变更）
	链锁寄存器（W）	16	32768 点（可通过参数变更）
	链锁特殊寄存器（SW）	16	32768 点（可通过参数变更）
系统软元件	特殊继电器（SM）	10	10000 点（固定）
	特殊寄存器（SD）	10	12000 点（固定）
模块访问	智能模块软元件	10	65536 点（通过 U□\G□ 指定）
变址寄存器	变址寄存器（Z）	10	24 点
	超长变址寄存器（LZ）	10	12 点
文件寄存器	文件寄存器（R）	10	32768 点（可通过参数变更）
	扩展文件寄存器（ER）	10	32768 点（存储在 SD 存储卡内）
嵌套	嵌套（N）	10	15 点（固定）
指针	指针（P）	10	4096 点
	中断指针（I）	10	178 点（固定）
其他	十进制常数（K）	10	16 位（带符号）：-32768～+32767；
			16 位（无符号）：0～65535；
			32 位（带符号）：-2147483648～+2147483647
			32 位（无符号）：0～4294967295
	十六进制常数（H）	16	16 位：0～FFFF；32 位：0～FFFFFFFF
	实数常数（E）	—	32 位：-3.40282347^{+38} ～ -1.17549435^{-38}、0、1.17549435^{-38} ～ 3.40282347^{+38}
	单精度实数	—	32 位：-2^{128}～-2^{-126}，0，2^{-126}～2^{-128}
	字符串	—	转换 JIS 编码半角为 255 字（含 NULL 在内为 256 字）
	时间	—	32 位：24 日 20 时 31 分 23 秒 648 毫秒

1.4.4　基本单元的外形和结构

（1）基本单元的外形

　　三菱 FX5U 的基本单元（CPU 单元）中，共有 18 种机型，其中 FX5U-32MR/ES 的外形如图 1-3（a）所示，FX5U-64MT/ESS 的外形如图 1-3（b）所示。

　　在基本单元中，搭载了标准 Ethernet 端口、RS-485 端口、SD 储存卡槽。Ethernet 端口可支持 CC-Link IE 现场网络 Basic，因此能连接多种多样的设备，如图 1-4 所示。

 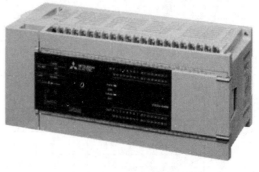

(a) FX5U-32MR/ES的外形　　　　　　　　　　(b) FX5U-64MT/ESS的外形

图1-3　三菱 FX5U 型 PLC 的基本单元

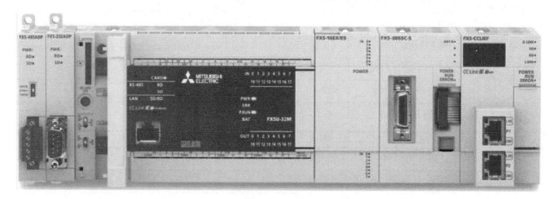

图1-4　在基本单元中进行多种搭载

（2）基本单元的面板结构

以 FX5U-32MR 的基本单元为例，图 1-5 是它的面板结构，其他型号的基本单元面板结构大同小异，主要是输入和输出端子数量不同。

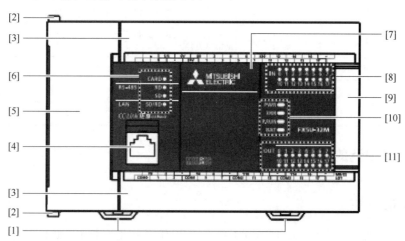

图1-5　FX5U-32MR 基本单元的面板结构（正面）

在图 1-5 中，面板各部位的具体功能见表 1-3。

表 1-3　FX5U-32MR 基本单元面板各部位的功能

序号	名称	功能
[1]	DIN 导轨安装用卡扣	用于将 CPU 模块安装在 DIN46277（宽度：35mm）的 DIN 导轨上
[2]	扩展适配器连接用卡扣	连接扩展适配器时，用此卡扣固定
[3]	端子排盖板	保护端子排的盖板，接线时打开此盖板，运行（通电）时，关上此盖板
[4]	内置以太网通信用连接器	用于连接支持以太网设备的连接器（带盖）。 为防止进入灰尘，将未与以太网电缆连接的连接器装上附带的盖子
[5]	上盖板	保护 SD 存储卡槽、RUN/STOP/RESET 开关等。 内置 RS-485 通信用端子排、模拟量输入输出端子排、RUN/STOP/RESET 开关、SD 存储卡槽等
[6]	CARD LED	显示 SD 存储卡是否可以使用： 灯亮：可以使用或不可拆下； 闪烁：准备中； 灯灭：未插入或可拆下
	RD LED	用内置 RS-485 通信接口接收数据时灯亮
	SD LED	用内置 RS-485 通信接口发送数据时灯亮
	SD/RD LED	用内置以太网通信接口收发数据时灯亮
[7]	连接扩展板用的连接器盖板	保护连接扩展板用的连接器、电池等的盖板，电池安装在此盖板下
[8]	输入显示 LED	输入接通时灯亮
[9]	次段扩展连接器盖板	保护次段扩展连接器的盖板。 将扩展模块的扩展电缆连接到位于盖板下的次段扩展连接器上
[10]	PWR LED	显示 CPU 模块的通电状态： 灯亮：通电中； 灯灭：停电中，或硬件异常
	ERR LED	显示 CPU 模块的错误状态： 灯亮：发生错误中，或硬件异常； 闪烁：出厂状态、发生错误中、硬件异常、复位中； 灯灭：正常动作中
	P.RUN LED	显示程序的动作状态： 灯亮：正常动作中； 闪烁：PAUSE（暂停）状态； 灯灭：停止中，或发生停止错误
	BAT LED	显示电池的状态： 闪烁：发生电池错误； 灯灭：正常动作中
[11]	输出显示 LED	输出接通时灯亮

（3）FX5U-32MR 面板内部的结构

打开基本单元正面的面板，可以看到其内部的结构，如图 1-6 所示。

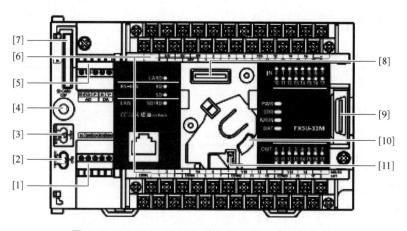

图1-6 FX5U-32MR 基本单元面板内部的结构

在图1-6中，各部位的具体功能见表1-4。

表1-4 FX5U-32MR 基本单元面板内部各部位的功能

序号	名称	功能
[1]	内置 RS-485 通信用端子排	用于连接支持 RS-485 设备的端子排
[2]	RS-485 终端电阻切换开关	切换内置 RS-485 通信用的终端电阻的开关
[3]	RUN/STOP/RESET 开关	操作 CPU 模块的动作状态的开关： RUN：执行程序； STOP：停止程序； RESET：复位 CPU 模块（扳向 RESET 侧保持约 1s）
[4]	SD 存储卡使用的停止开关	拆下 SD 存储卡时，停止存储卡访问的开关
[5]	内置模拟量输入/输出端子排	使用内置模拟量功能的端子排
[6]	接线端子	电源、输入、输出、接地端子
[7]	SD 存储卡槽	安装 SD 存储卡的槽
[8]	连接扩展板用的连接器	用于连接扩展板的连接器
[9]	次段扩展连接器	连接扩展模块的扩展电缆的连接器
[10]	电池座	存放选件电池的支架
[11]	电池用接口	用于连接选件电池的连接器

（4）端子板盖板下面的端子结构

打开 FX5U 面板上部的端子盖板，可以看到输入端子（I）的内部结构；打开面板下部的端子盖板，可以看到输出端子（O）的内部结构。如图 1-7 所示。

在图 1-7 中，[1]是固定和拆卸端子板的螺钉，拧松螺钉后，可以将端子板整体拆卸。[2]是电源和输入/输出端子。

1.4.5 基本单元的型号规格

基本单元的内部配置了 CPU、存储器、I/O 端子、电源、通信接口、内置模拟量输入/输出端子，其型号由图 1-8 所示的符号组成。

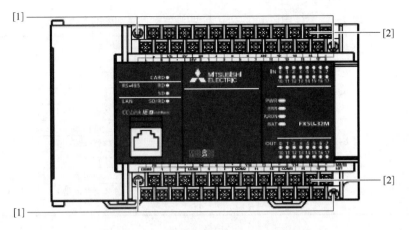

图 1-7　端子板盖板下面的 I/O 端子结构

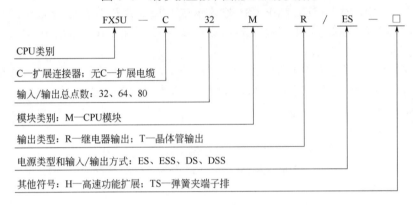

图 1-8　FX5U 基本单元型号的组成

基本单元一共有 18 个型号，其中：

AC 电源/DC 24V 漏型/源型输入通用型，一共有九个，见表 1-5。

DC 电源/DC 24V 漏型/源型输入通用型，一共有九个，见表 1-6。

表 1-5　AC 电源/DC 24V 漏型/源型输入通用型的基本单元

型号	总点数	输入/输出点数		输入形式	输出形式	DC 电源容量/mA		
	I/O	I	O			DC 5V	DC 24V（内）	DC 24V（外）
FX5U-32MR/ES	32	16	16	漏型/源型	继电器	900	400	480
FX5U-32MT/ES					晶体管（漏型）			
FX5U-32MT/ESS					晶体管（源型）			
FX5U-64MR/ES	64	32	32	漏型/源型	继电器	1100	600	740
FX5U-64MT/ES					晶体管（漏型）			
FX5U-64MT/ESS					晶体管（源型）			
FX5U-80MR/ES	80	40	40	漏型/源型	继电器	1100	600	770
FX5U-80MT/ES					晶体管（漏型）			
FX5U-80MT/ESS					晶体管（源型）			

表1-6   DC 电源/DC 24V 漏型/源型输入通用型的基本单元

型号	总点数	输入点数	输出点数	输入形式	输出形式	DC 电源容量/mA	
	I/O	I	O			DC 5V	DC 24V
FX5U-32MR/DS	32	16	16	漏型/源型	继电器	900	480
FX5U-32MT/DS					晶体管（漏型）		
FX5U-32MT/DSS					晶体管（源型）		
FX5U-64MR/DS	64	32	32	漏型/源型	继电器	1100	740
FX5U-64MT/DS					晶体管（漏型）		
FX5U-64MT/DSS					晶体管（源型）		
FX5U-80MR/DS	80	40	40	漏型/源型	继电器	1100	770
FX5U-80MT/DS					晶体管（漏型）		
FX5U-80MT/DSS					晶体管（源型）		

举例说明：

① 在表 1-5 中，有 FX5U-32MR/ES，它表示这个 PLC 是基本单元，AC 电源，输入单元是 DC 24V，漏型/源型输入通用，输入/输出总点数为 32（输入 16、输出 16），继电器输出，负载电源是交流、直流通用。

② 在表 1-6 中，有 FX5U-64MT/DSS，它表示这个 PLC 是基本单元，DC 电源，输入单元是 DC 24V，漏型/源型输入通用，输入/输出总点数为 64（输入 32、输出 32），晶体管（源型）输出，负载电源是直流。

从表 1-5 和表 1-6 可知：

① 基本单元的符号是 M（扩展模块的符号是 E）。

② 电源类型有 AC 电源（100～240V，允许范围为 AC 85～264V）、DC 电源（允许范围为 DC 16.8～28.8V）。

③ 输入形式有漏型、源型。

④ 输出形式有继电器输出、晶体管漏型输出、晶体管源型输出。

1.5   FX5U 基本单元的接线端子

本节中所描述的接线端子包括电源端子、接地端子、数字量输入/输出端子；不包括通信端子、模拟量输入/输出端子、其他接线端子。

1.5.1   AC 电源、DC 输入型的接线端子

在 FX5U 型系列 PLC 的基本单元中，AC 电源、DC 输入型的接线端子分布在图 1-9～图 1-14 中，其中：

FX5U-32MR/ES、FX5U-32MT/ES 的输入/输出端子排列见图 1-9；

FX5U-32MT/ESS 的输入/输出端子排列见图 1-10；

FX5U-64MR/ES、FX5U-64MT/ES 的输入/输出端子排列见图 1-11；

FX5U-64MT/ESS 的输入/输出端子排列见图 1-12；

FX5U-80MR/ES、FX5U-80MT/ES 的输入/输出端子排列见图 1-13；

FX5U-80MT/ESS 的输入/输出端子排列见图 1-14。

从图 1-9 可知，在 FX5U-32MR/ES、FX5U-32MT/ES 的输出端子中，每 4 个为一组，共同使用一个 COM 端子。各组的公共端分别是 COM0、COM1、COM2、COM3。各组之间互相隔离，以便于各组的负载设备分别采用不同的电源（如 AC 220V、DC 24V 等）。

⏚	S/S	0V	X0	X2	X4	X6	X10	X12	X14	X16	•
L	N	•	24V	X1	X3	X5	X7	X11	X13	X15	X17
FX5U-32MR/ES　　FX5U-32MT/ES											
Y0	Y2	•	Y4	Y6	•	Y10	Y12	•	Y14	Y16	•
COM0	Y1	Y3	COM1	Y5	Y7	COM2	Y11	Y13	COM3	Y15	Y17

图 1-9　FX5U-32MR/ES、FX5U-32MT/ES 的输入/输出端子排列

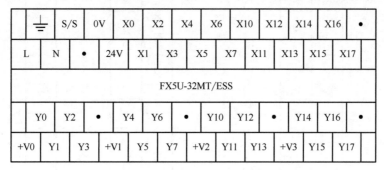

⏚	S/S	0V	X0	X2	X4	X6	X10	X12	X14	X16	•
L	N	•	24V	X1	X3	X5	X7	X11	X13	X15	X17
FX5U-32MT/ESS											
Y0	Y2	•	Y4	Y6	•	Y10	Y12	•	Y14	Y16	•
+V0	Y1	Y3	+V1	Y5	Y7	+V2	Y11	Y13	+V3	Y15	Y17

图 1-10　FX5U-32MT/ESS 的输入/输出端子排列

从图 1-10 可知，在 FX5U-32MT/ESS 的输出端子中，每 4 个为一组，共同使用一个+V电源接线端子。各组的公共端分别是+V0、+V1、+V2、+V3。各组之间互相隔离，以便于各组的负载设备分别采用不同的直流电源。

⏚	S/S	0V	0V	X0	X2	X4	X6	X10	X12	X14	X16	X20	X22	X24	X26	X30	X32	X34	X36	•
L	N	•	24V	24V	X1	X3	X5	X7	X11	X13	X15	X17	X21	X23	X25	X27	X31	X33	X35	X37
FX5U-64MR/ES　　FX5U-64MT/ES																				
Y0	Y2	•	Y4	Y6	•	Y10	Y12	•	Y14	Y16	•	Y20	Y22	Y24	Y26	Y30	Y32	Y34	Y36	COM5
COM0	Y1	Y3	COM1	Y5	Y7	COM2	Y11	Y13	COM3	Y15	Y17	COM4	Y21	Y23	Y25	Y27	Y31	Y33	Y35	Y37

图 1-11　FX5U-64MR/ES、FX5U-64MT/ES 的输入/输出端子排列

⏚	S/S	0V	0V	X0	X2	X4	X6	X10	X12	X14	X16	X20	X22	X24	X26	X30	X32	X34	X36	•
L	N	•	24V	24V	X1	X3	X5	X7	X11	X13	X15	X17	X21	X23	X25	X27	X31	X33	X35	X37
FX5U-64MT/ESS																				
Y0	Y2	•	Y4	Y6	•	Y10	Y12	•	Y14	Y16	•	Y20	Y22	Y24	Y26	Y30	Y32	Y34	Y36	+V5
+V0	Y1	Y3	+V1	Y5	Y7	+V2	Y11	Y13	+V3	Y15	Y17	+V4	Y21	Y23	Y25	Y27	Y31	Y33	Y35	Y37

图 1-12　FX5U-64MT/ESS 的输入/输出端子排列

FX5U-80MR/ES

FX5U-80MT/ES

图1-13　FX5U-80MR/ES、FX5U-80MT/ES 的输入/输出端子排列

FX5U-80MT/ESS

图1-14　FX5U-80MT/ESS 的输入/输出端子排列

1.5.2　DC 电源、DC 输入型的接线端子

在 FX5U 型系列 PLC 的基本单元中，DC 电源、DC 输入型的接线端子分布在图 1-15～图 1-20 中，其中：

FX5U-32MR/DS、FX5U-32MT/DS 的输入/输出端子排列见图 1-15；

FX5U-32MT/DSS 的输入/输出端子排列见图 1-16；

FX5U-64MR/DS、FX5U-64MT/DS 的输入/输出端子排列见图 1-17；

FX5U-64MT/DSS 的输入/输出端子排列见图 1-18；

FX5U-80MR/DS、FX5U-80MT/DS 的输入/输出端子排列见图 1-19；

FX5U-80MT/DSS 的输入/输出端子排列见图 1-20。

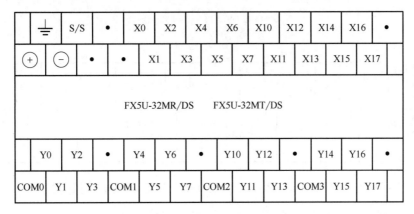

图 1-15　FX5U-32MR/DS、FX5U-32MT/DS 的输入/输出端子排列

从图 1-15 可知，在 FX5U-32MR/DS、FX5U-32MT/DS 的输出端子中，每 4 个为一组，共同使用一个 COM 端子。各组的公共端分别是 COM0、COM1、COM2、COM3。各组之间互相隔离，以便于各组的负载设备分别采用不同的电源（如 AC 220V、DC 24V 等）。

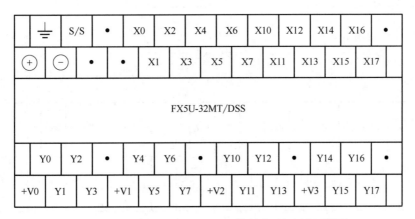

图 1-16　FX5U-32MT/DSS 的输入/输出端子排列

　　从图 1-16 可知，在 FX5U-32MT/DSS 的输出端子中，每 4 个为一组，共同使用一个+V 电源接线端子。各组的公共端分别是+V0、+V1、+V2、+V3。各组之间互相隔离，以便于各组的负载设备分别采用不同的直流电源。

⏚	S/S	•	•	X0	X2	X4	X6	X10	X12	X14	X16	X20	X22	X24	X26	X30	X32	X34	X36	•
(+)	(−)	•	•	•	X1	X3	X5	X7	X11	X13	X15	X17	X21	X23	X25	X27	X31	X33	X35	X37

FX5U-64MR/DS　　FX5U-64MT/DS

Y0	Y2	•	Y4	Y6	•	Y10	Y12	•	Y14	Y16	•	Y20	Y22	Y24	Y26	Y30	Y32	Y34	Y36	COM5
COM0	Y1	Y3	COM1	Y5	Y7	COM2	Y11	Y13	COM3	Y15	Y17	COM4	Y21	Y23	Y25	Y27	Y31	Y33	Y35	Y37

图 1-17　FX5U-64MR/DS、FX5U-64MT/DS 的输入/输出端子排列

⏚	S/S	•	•	X0	X2	X4	X6	X10	X12	X14	X16	X20	X22	X24	X26	X30	X32	X34	X36	•
(+)	(−)	•	•	•	X1	X3	X5	X7	X11	X13	X15	X17	X21	X23	X25	X27	X31	X33	X35	X37

FX5U-64MT/DSS

Y0	Y2	•	Y4	Y6	•	Y10	Y12	•	Y14	Y16	•	Y20	Y22	Y24	Y26	Y30	Y32	Y34	Y36	+V5
+V0	Y1	Y3	+V1	Y5	Y7	+V2	Y11	Y13	+V3	Y15	Y17	+V4	Y21	Y23	Y25	Y27	Y31	Y33	Y35	Y37

图 1-18　FX5U-64MT/DSS 的输入/输出端子排列

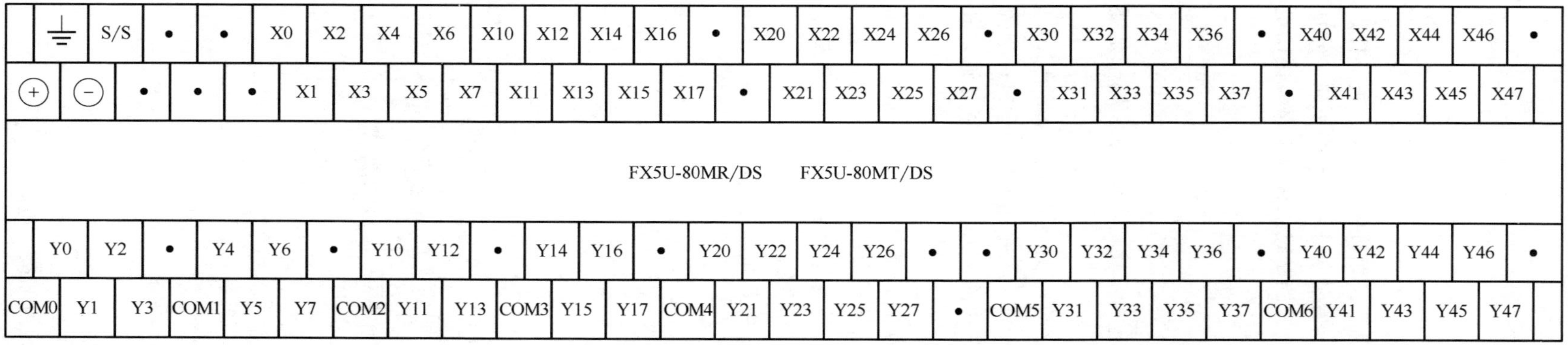

图 1-19　FX5U-80MR/DS、FX5U-80MT/DS 的输入/输出端子排列

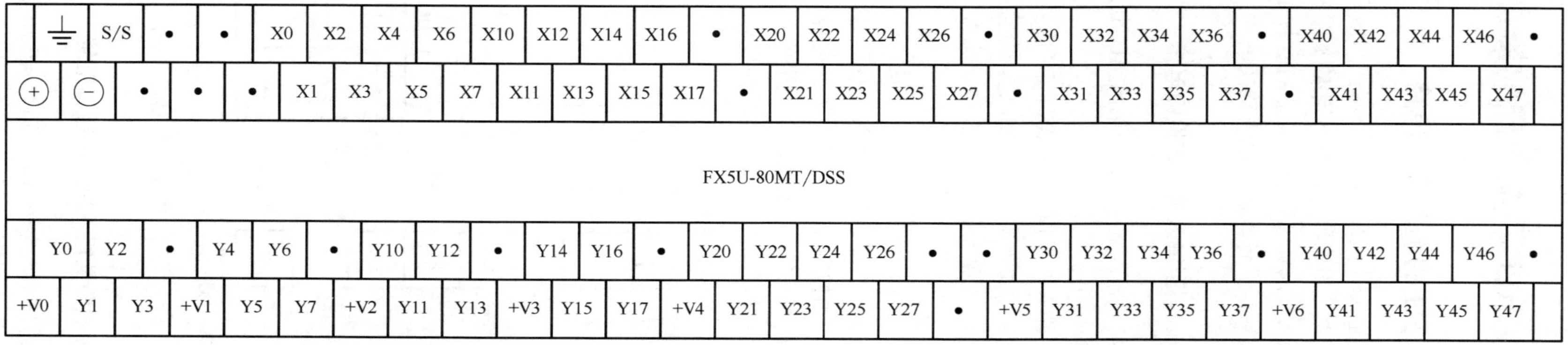

图 1-20　FX5U-80MT/DSS 的输入/输出端子排列

1.6　FX5U 基本单元的接口电路

1.6.1　FX5U 的输入接口电路

FX5U 的输入端子 X 是接收外部控制信号的窗口，控制组件（如按钮、转换开关、接近开关、行程开关、传感器等）的一端连接在 X 端子上，另外一端根据输入方式的不同，分别连接到 S/S、0V、24V 等端子上。在 PLC 内部，与输入端相连接的是输入接口电路。接口电路将信号引入后，进行滤波及电平转换。

（1）AC 电源、漏型输入单元的接口电路

图 1-21 是以输入端子 X0 为例的 AC 电源、漏型输入单元内部接口电路，S/S 端子是漏型/源型输入的切换端子。

所谓漏型输入，是指将 S/S 端子连接到 24V，控制元件 K 的一端连接到输入端子 X0，另一端连接到直流 0V 端子。在 X0 处，电流好像"漏"掉了一样。电路的工作原理是：当控制元件 K 闭合时，输入电流从 S/S 端子流入，光电耦合器中左边的一只发光二极管导通，其电流回路是：

$$24V \rightarrow S/S 端子 \rightarrow 发光二极管 \rightarrow R1 \rightarrow X0 \rightarrow 控制元件 K \rightarrow 0V$$

于是，光敏三极管也导通，放大整形电路 T 输出低电平信号到数据处理电路，输入指示灯 LED 亮起。当控制元件 K 断开时，光电耦合器中的发光二极管不导通，光敏三极管处于截止状态，放大整形电路 T 输出高电平信号，输入指示灯 LED 熄灭。

在接口电路的内部，主要组件是光电耦合器，它可以提高 PLC 的抗干扰能力，并将 24V 高电平转换为 5V 低电平。

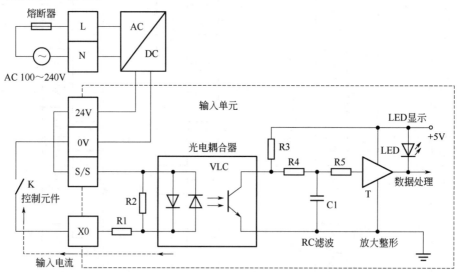

图 1-21　AC 电源、漏型输入单元的接口电路

（2）AC 电源、源型输入单元的接口电路

图 1-22 是以输入端子 X0 为例的 AC 电源、源型输入单元内部接口电路。

所谓源型输入，是指将 S/S 端子连接到 0V，控制元件 K 的一端连接到输入端子 X0，另外一端连接到直流 24V。当 K 接通时，输入电流从 24V 端子出发，经过控制元件 K 之后，从 X0 端子流入，经过光电耦合器中右边的一只发光二极管，再经过 S/S 和 0V 端子流向 PLC 的外部，如图中虚线所示。在 X0 处，输入电流就像一个"源"。电路的工作原理与图 1-21 相似。

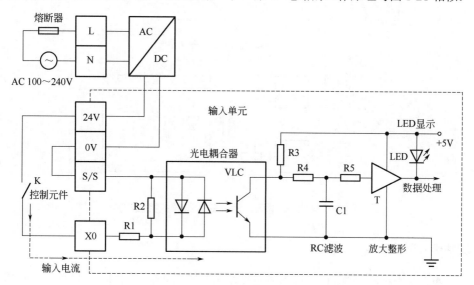

图 1-22　AC 电源、源型输入单元的接口电路

（3）DC 电源、漏型输入单元的接口电路

图 1-23 是以输入端子 X0 为例的 DC 电源、漏型输入单元内部接口电路。控制元件 K 的一端连接到输入端子 X0，另一端连接到外部直流 24V 电源的"−"端子。光电耦合器右边的电路与图 1-22 相同。

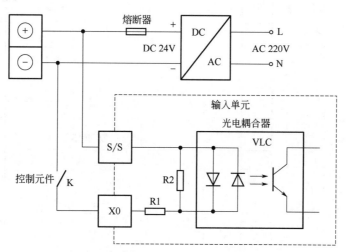

图 1-23　DC 电源、漏型输入单元的接口电路

（4）DC 电源、源型输入单元的接口电路

图 1-24 是以输入端子 X0 为例的 DC 电源、源型输入单元内部接口电路。控制元件 K 的

一端连接到输入端子 X0，另一端经过熔断器连接到外部直流 24V 电源的"+"端子。

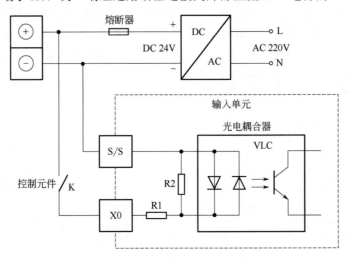

图1-24　DC 电源、源型输入单元的接口电路

（5）三端传感器的接线

在实际接线中，经常会遇到三端传感器等输入元件，此时需要按照图 1-25～图 1-28 接线，其中：

图 1-25 是 AC 电源、漏型输入时三端传感器的接线；

图 1-26 是 AC 电源、源型输入时三端传感器的接线；

图 1-27 是 DC 电源、漏型输入时三端传感器的接线；

图 1-28 是 DC 电源、源型输入时三端传感器的接线。

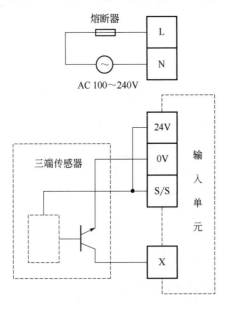

图1-25　AC 电源、漏型输入时
三端传感器的接线

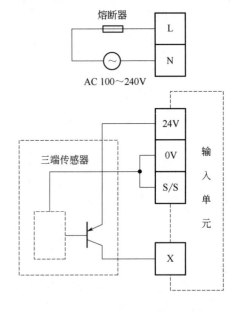

图1-26　AC 电源、源型输入时
三端传感器的接线

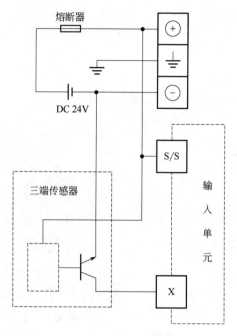

图 1-27　DC 电源、漏型输入时
三端传感器的接线

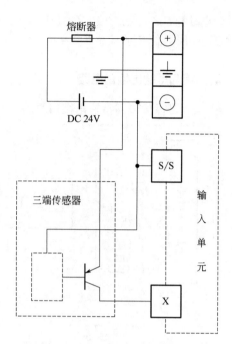

图 1-28　DC 电源、源型输入时
三端传感器的接线

1.6.2　FX5U 的输出接口电路

(1) 继电器输出的接口电路

继电器输出的接口电路见图 1-29。其内部电路与实际继电器的线圈相连接，继电器的常开触点连接到 PLC 的输出端，内部电路与外部电路之间，通过继电器进行隔离。

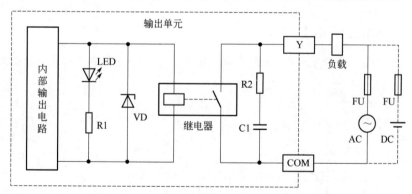

图 1-29　继电器输出的接口电路

在图 1-29 中，当 PLC 内部输出电路输出高电平信号时，输出继电器通电吸合，其常开触点闭合，外部负载经过常开触点接通电源。与此同时，LED 二极管点亮，提示有输出信号。

继电器输出既可以连接交流负载，也可以连接直流负载，所以图 1-29 中的负载电源既可以连接交流电源，也可以采用直流电源。但是继电器动作时的速度较慢，只能用于低速控制的场合。

当采用继电器输出时，继电器触点的使用寿命与负载性质有密切的关系。如果是感性负载，在其断电时触点之间会产生很高的反向电动势，引起电弧放电现象，将触点烧坏。为了延长继电器触点的使用寿命，对直流感性负载应并联反偏二极管，对交流感性负载应并联 RC 高压吸收电路。

（2）晶体管漏型输出接口电路

图 1-30 是晶体管漏型输出接口电路，其负载电源必须使用直流电源。

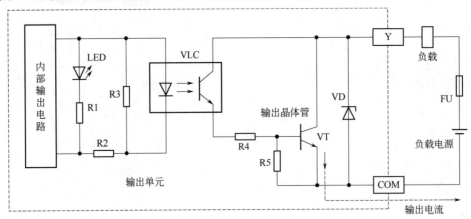

图 1-30　晶体管漏型输出的接口电路

所谓漏型输出，是指将直流负载电源的负极连接到公共端子 COM，也就是负公共端，正极经熔断器、外部负载连接到输出端子 Y。在公共端子 COM 处，输出电流从 PLC 的内部流向外部，如图中带箭头的虚线所示，好像电流"漏"掉了一样。也可以说负载电流从输出端子 Y 的外部流向内部。

在图 1-30 中，输出单元的内部电路与外部电路之间，采用光电耦合方式进行隔离和绝缘。当 PLC 内部输出电路输出高电平信号时，光电耦合器 VLC 中的发光二极管通电发光，VLC 中的晶体管导通，接通输出晶体管 VT 的基极回路，使 VT 饱和导通，外部负载经过晶体管 VT 接通电源。与此同时，LED 二极管点亮，提示有输出信号。

（3）晶体管源型输出接口电路

图 1-31 是以输出端子 Y、+V 为例的晶体管源型输出接口电路，其负载电源也必须使用直流电源。

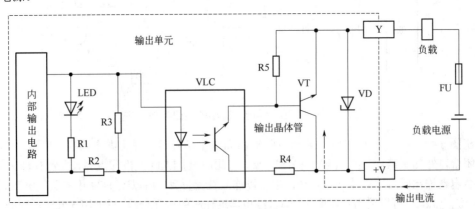

图 1-31　晶体管源型输出的接口电路

所谓源型输出，是指将直流负载电源的正极连接到 +V 端子，负极经熔断器、外部负载连接到输出端子 Y。在 +V 端子处，输出电流从 PLC 的外部流向内部，像"源"一样，如图中带箭头的虚线所示。也可以说负载电流从输出端子 Y 的内部流向外部。

晶体管输出的接口电路适用于高速控制的场合，例如步进电动机的控制。在输出端内部已经并联了反向击穿二极管，对输出晶体管进行过压保护。

从图 1-29～图 1-31 可知，在 FX5U 型 PLC 输出单元的内部没有设置熔断器，因此在负载电源上必须串联小型断路器或熔断器进行短路保护。

1.7 FX5U 型 PLC 的扩展模块

扩展模块是用于增加输入和输出（I/O）的点数，以解决基本单元 I/O 点数不足的问题。它们不能独立工作，必须连接到基本单元上，和基本单元一起使用。

基本单元（CPU 模块）在连接 I/O 扩展模块、智能模块、各种转换模块之后，输入和输出点数（包括各种模块所占用的点数）之和可以达到 384 点。如果再连接 CC-Link 等远程 I/O，整个系统的总点数则可以达到 512 点。

扩展模块的外部端子包括 AC 电源端子（L、N、地）、DC 24V 电压端子（24V+、COM）、输入端子（X）、输出端子（Y）。面板上有电源指示灯（POEWR）、输入指示灯、输出指示灯。

扩展模块的型号由图 1-32 所示的符号组成。

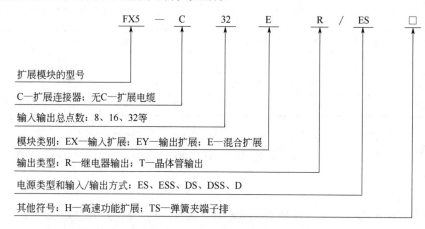

图 1-32　FX5U 扩展模块型号的组成

FX5U 型 PLC 的扩展模块可以分为三大类：第一类是带有内置电源的输入/输出模块，其外形与 CPU 单元相似；第二类是扩展电缆型的输入/输出模块，它们通过扩展电缆进行连接；第三类是扩展连接器型的输入/输出模块，它们通过扩展连接器进行连接。下面分别进行介绍。

1.7.1 带有内置电源的输入/输出模块

这类模块是带有内置电源的 I/O 扩展组件，但是没有 CPU。

（1）带有内置电源的输入/输出模块的外形

以 FX5-32ER/ES 和 FX5-32ET/DSS 为例，它们的外形见图 1-33 和图 1-34，与基本单元的外形相似。

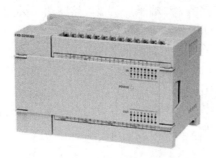
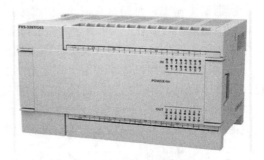

图 1-33　FX5-32ER/ES 的外形　　　　图 1-34　FX5-32ET/DSS 的外形

（2）带有内置电源的输入/输出模块的型号

这类模块共有 6 个型号，见表 1-7。

表 1-7　带有内置电源的输入/输出模块的型号

型号	电源	输入电源	输入类型	总点数	输入点数	输出点数	输出形式
				I/O	I	O	
FX5-32ER/ES	AC	DC 24V	漏型/源型	32	16	16	继电器
FX5-32ET/ES	AC	DC 24V	漏型/源型	32	16	16	晶体管（漏型）
FX5-32ET/ESS	AC	DC 24V	漏型/源型	32	16	16	晶体管（源型）
FX5-32ER/DS	DC	DC 24V	漏型/源型	32	16	16	继电器
FX5-32ET/DS	DC	DC 24V	漏型/源型	32	16	16	晶体管（漏型）
FX5-32ET/DSS	DC	DC 24V	漏型/源型	32	16	16	晶体管（源型）

从表 1-7 可知，模块的型号是 FX5，而不是 FX5U。其属性如下：

① 供电电源有两种形式：第一种是 AC（AC 100～240V，一般采用 AC 220V）；第二种是 DC（DC 24V）。

② 总点数为 32 点：16 点输入，16 点输出。

③ 输入有两种形式：第一种是 DC 24V 漏型输入；第二种是 DC 24V 源型输入。

④ 输出有三种形式：第一种是继电器输出；第二种是晶体管漏型输出；第三种是晶体管源型输出。

举例说明：

① FX5-32ER/ES，表示总电源是 AC，输入单元的电源是 DC 24V，漏型、源型输入通用，输入/输出总点数为 32（输入 16 点、输出 16 点），继电器输出。

② FX5-32ET/DSS，表示总电源是 DC，输入单元的电源是 DC 24V，漏型、源型输入通用，输入/输出总点数为 32（输入 16 点、输出 16 点），晶体管源型输出。

在选用输入和输出扩展模块时，应尽量选用与基本单元相同的输入电源、输入类型和输出形式。

（3）带有内置电源的输入/输出模块的接线端子图

FX5-32ER/ES、FX5-32ET/ES 的接线端子排列见图 1-35。

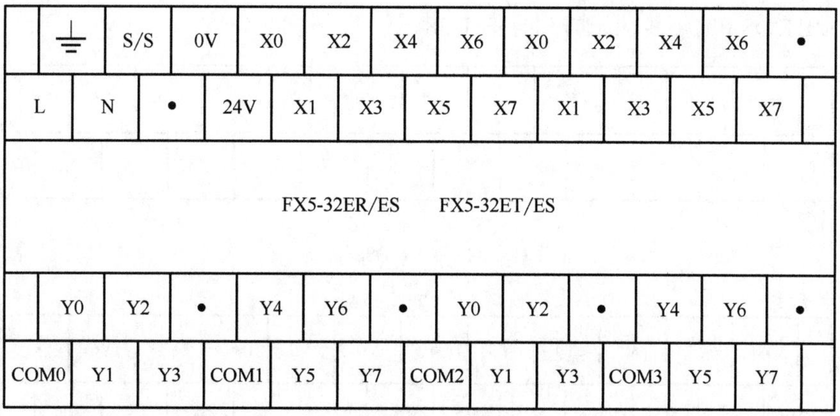

⏚	S/S	0V	X0	X2	X4	X6	X0	X2	X4	X6	•
L	N	•	24V	X1	X3	X5	X7	X1	X3	X5	X7

FX5-32ER/ES　　　FX5-32ET/ES

	Y0	Y2	•	Y4	Y6	•	Y0	Y2	•	Y4	Y6	•
COM0	Y1	Y3	COM1	Y5	Y7	COM2	Y1	Y3	COM3	Y5	Y7	

图 1-35　扩展单元 FX5-32ER/ES、FX5-32ET/ES 的接线端子排列

FX5-32ET/ESS 的接线端子排列见图 1-36。

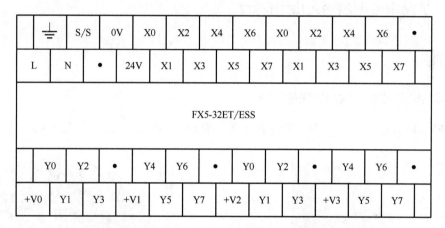

图 1-36　扩展单元 FX5-32ET/ESS 的接线端子排列

FX5-32ER/DS、FX5-32ET/DS 的接线端子排列见图 1-37。

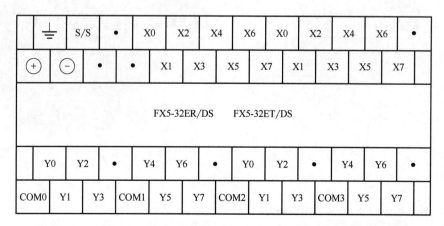

图 1-37　扩展单元 FX5-32ER/DS、FX5-32ET/DS 的接线端子排列

FX5-32ET/DSS 的接线端子排列见图 1-38。

⏚	S/S	•	X0	X2	X4	X6	X0	X2	X4	X6	•
⊕ ⊖	•	•	X1	X3	X5	X7	X1	X3	X5	X7	
FX5-32ET/DSS											
Y0	Y2	•	Y4	Y6	•	Y0	Y2	•	Y4	Y6	•
COM0	Y1	Y3	COM1	Y5	Y7	COM2	Y1	Y3	COM3	Y5	Y7

图 1-38　扩展单元 FX5-32ET/DSS 的接线端子排列

1.7.2　扩展电缆型的输入/输出模块

这类模块的内部既没有电源，也没有 CPU，它们通过扩展电缆（排线）与基本单元或其他模块相连接。

（1）扩展电缆型的输入/输出模块的外形

以 FX5-8EX/ES 和 FX5-16ET/ESS-H 为例，它们的外形见图 1-39 和图 1-40。

图 1-39　FX5-8EX/ES 外形图　　　　图 1-40　FX5-16ET/ESS-H 外形图

（2）扩展电缆型的输入/输出模块的型号

这类模块共有 13 个型号，见表 1-8。

表 1-8 扩展电缆型的输入/输出模块的型号

型　号	类别	总点数	输入点数 I	输出点数 O	输入电源	输入类型	输出类型	备注
FX5-8EX/ES	输入	8	8	0	DC	漏/源	—	—
FX5-16EX/ES	输入	16	16	0	DC	漏/源	—	—
FX5-8EYR/ES	输出	8	0	8	—	—	继电器	—
FX5-8EYT/ES	输出	8	0	8	—	—	晶体管（漏型）	—
FX5-8EYT/ESS	输出	8	0	8	—	—	晶体管（源型）	—
FX5-16EYR/ES	输出	16	0	16	—	—	继电器	—
FX5-16EYT/ES	输出	16	0	16	—	—	晶体管（漏型）	—
FX5-16EYT/ESS	输出	16	0	16	—	—	晶体管（源型）	—
FX5-16ER/ES	输入/输出	16	8	8	DC	漏/源	继电器	—
FX5-16ET/ES	输入/输出	16	8	8	DC	漏/源	晶体管（漏型）	—
FX5-16ET/ESS	输入/输出	16	8	8	DC	漏/源	晶体管（源型）	—
FX5-16ET/ES-H	输入/输出	16	8	8	DC	漏/源	晶体管（漏型）	高速脉冲
FX5-16ET/ESS-H	输入/输出	16	8	8	DC	漏/源	晶体管（源型）	高速脉冲

从表 1-8 可知，扩展电缆型的输入/输出模块的特征是：

① 模块类型（三种）：输入型、输出型、输入+输出混合型。

② I/O 点数（五种）：8 点输入、16 点输入、8 点输出、16 点输出、8 点输入+8 点输出。

③ 输入类型（两种）：既可以漏型输入，也可以源型输入。

④ 输出类型（三种）：继电器输出、晶体管漏型输出、晶体管源型输出。

举例说明：

① FX5-8EX/ES，表示输入模块，输入端电源是 DC，漏型/源型输入通用，输入/输出总点数为 8（输入 8 点、输出 0 点）。

② FX5-16EYR/ES，表示输出模块，输入/输出总点数为 16（输入 0 点、输出 16 点），继电器输出。

③ FX5-16ET/ESS，表示输入+输出模块，输入端电源是 DC，输入/输出总点数为 16（输入 8 点、输出 8 点），漏型/源型输入通用，晶体管源型输出。

在选用输入和输出扩展模块时，应尽量选用与基本单元相同的输入电源、输入类型和输出形式。

（3）扩展电缆型的输入/输出模块的接线端子图

FX5-8EX/ES 的输入扩展模块接线端子见图 1-41（a）。

FX5-16EX/ES 的输入扩展模块接线端子见图 1-41（b）。

FX5-8EYR/ES、FX5-8EYT/ES 的输出扩展模块接线端子见图 1-41（c）。

FX5-8EYT/ESS 的输出扩展模块接线端子见图 1-41（d）。

FX5-16EYR/ES、FX5-16EYT/ES 的输出扩展模块接线端子见图 1-41（e）。

FX5-16EYT/ESS 的输出扩展模块接线端子见图 1-41（f）。

FX5-16ER/ES、FX5-16ET/ES、FX5-16ET/ES-H 的输入/输出扩展模块接线端子见图 1-41（g）。

FX5-16ET/ESS、FX5-16ET/ESS-H 的输入/输出扩展模块接线端子见图 1-41（h）。

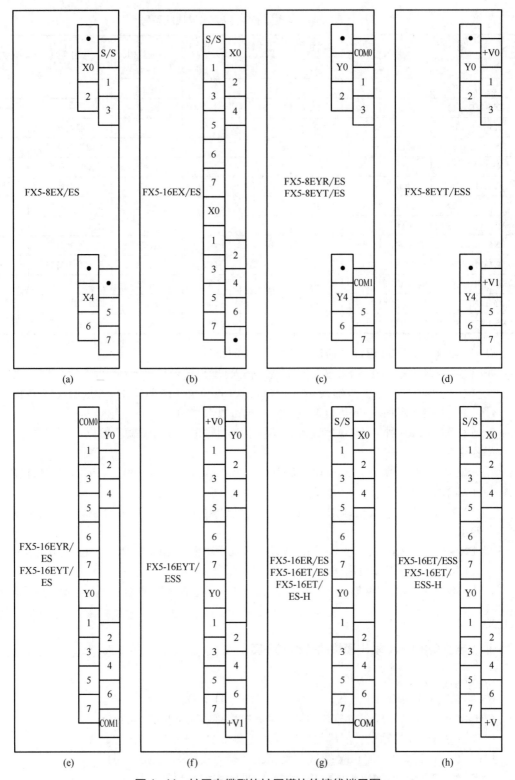

图 1-41 扩展电缆型的扩展模块的接线端子图

在图 1-41 中,有些 I/O 端子的编号是重复的,这是因为扩展模块不能独立工作,总是连接在基本单元的后面,其 I/O 端子编号是延续基本单元的 I/O 端子的编号,所以在这里不能给定确切的编号，具体的编号要在具体的设计电路中确定。

1.7.3 扩展连接器型的输入/输出模块

在三菱 FX5UC 的基本单元和 I/O 模块中，开发了新型的继电器输出型弹簧夹端子排，它可以快速、轻松地进行接线，提高了接线的效率。

这类扩展模块的内部也没有电源和 CPU，它们通过扩展连接器与基本单元或其他模块相连接。连接器上配置有弹簧夹端子排，不需要做接线端子，通过端子排内部弹簧的压力就能长期地、稳固地连接导线的端子，从而快速轻松地完成接线。即使存在振动现象，导线的端子也不会脱落。

扩展连接器型通过锁定杆，可以轻松地安装和拆卸。

（1）扩展连接器型输入/输出模块的外形

图 1-42（a）是具有 16 个输入端子的扩展连接器 FX5-C16EX/DS，图 1-42（b）是在基本单元 FX5UC-32MT/D 上安装的，具有 32 个输出端子的扩展连接器 FX5-C32EYT/D。

(a) FX5-C16EX/DS　　　　(b) 在基本单元上安装的 FX5-C32EYT/D

图 1-42 扩展连接器 FX5-C16EX/DS 和 FX5-C32EYT/D

图 1-43（a）是具有 32 个输出端子的扩展连接器 FX5-C32EYT/DSS-TS，图 1-43（b）是它与基本单元 FX5UC-32MT/DS-TS 的连接。

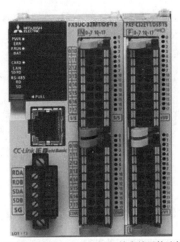

(a) FX5-C32EYT/DSS-TS　　　　(b) FX5-C32EYT/DSS-TS 与基本单元的连接

图 1-43 扩展连接器 FX5-C32EYT/DSS-TS

（2）扩展连接器型的输入/输出模块的型号

这类模块共有 16 个型号，见表 1-9。

表 1-9　扩展连接器型的输入/输出模块的型号

型　号	类别	总点数	输入点数 I	输出点数 O	输入电源	输入类型	输出类型	备注
FX5-C16EX/D	输入	16	16	0	DC	漏型	—	—
FX5-C16EX/DS	输入	16	16	0	DC	漏/源	—	—
FX5-C32EX/D	输入	32	32	0	DC	漏型	—	—
FX5-C32EX/DS	输入	32	32	0	DC	漏/源	—	—
FX5-C32EX/DS-TS	输入	32	32	0	DC	漏/源	—	弹簧夹
FX5-C16EYT/D	输出	16	0	16	—	—	晶体管（漏型）	—
FX5-C16EYT/DSS	输出	16	0	16	—	—	晶体管（源型）	—
FX5-C16EYR/D-TS	输出	16	0	16	—	—	继电器	弹簧夹
FX5-C32EYT/D	输出	32	0	32	—	—	晶体管（漏型）	—
FX5-C32EYT/DSS	输出	32	0	32	—	—	晶体管（源型）	—
FX5-C32EYT/D-TS	输出	32	0	32	—	—	晶体管（漏型）	弹簧夹
FX5-C32EYT/DSS-TS	输出	32	0	32	—	—	晶体管（源型）	弹簧夹
FX5-C32ET/D	输入/输出	32	16	16	DC	漏型	晶体管（漏型）	—
FX5-C32ET/DSS	输入/输出	32	16	16	DC	漏/源	晶体管（源型）	—
FX5-C32ET/DS-TS	输入/输出	32	16	16	DC	漏/源	晶体管（漏型）	弹簧夹
FX5-C32ET/DSS-TS	输入/输出	32	16	16	DC	漏/源	晶体管（源型）	弹簧夹

从表 1-9 可知，扩展连接器型的输入/输出模块的属性是：

① 模块类型（三种）：输入型、输出型、输入+输出混合型。

② I/O 点数（五种）：16 点输入、32 点输入、16 点输出、32 点输出、16 点输入+16 点输出。

③ 输入端子类型（两种）：漏型输入、漏型/源型输入。

④ 输出端子类型（三种）：继电器输出、晶体管漏型输出、晶体管源型输出。

此外，部分模块带有弹簧夹。

举例说明：

① FX5-C16EX/D，表示输入模块，输入端电源是 DC，漏型，输入/输出总点数为 16（输入 16 点、输出 0 点）。

② FX5-C32EYT/DSS，表示输出模块，输入/输出总点数为 32（输入 0 点、输出 32 点），晶体管源型输出。

③ FX5-C32ET/DS-TS，表示输入+输出模块，输入端电源是 DC，输入/输出总点数为 32（输入 16 点、输出 16 点），漏型/源型输入通用，晶体管漏型输出，带有弹簧夹。

在选用输入和输出扩展模块时，应尽量选用与基本单元相同的输入电源、输入类型和输出形式。

（3）扩展连接器型的输入/输出模块的接线端子图

① 输入模块的接线端子图见图 1-44，其中：

FX5-C16EX/D 的输入扩展模块接线端子见图 1-44（a）。

FX5-C16EX/DS 的输入扩展模块接线端子见图 1-44（b）。

FX5-C32EX/D 的输入扩展模块接线端子见图 1-44（c）。

FX5-C32EX/DS 的输入扩展模块接线端子见图 1-44（d）。

FX5-C32EX/DS-TS 的输入扩展模块接线端子见图 1-44（e）。

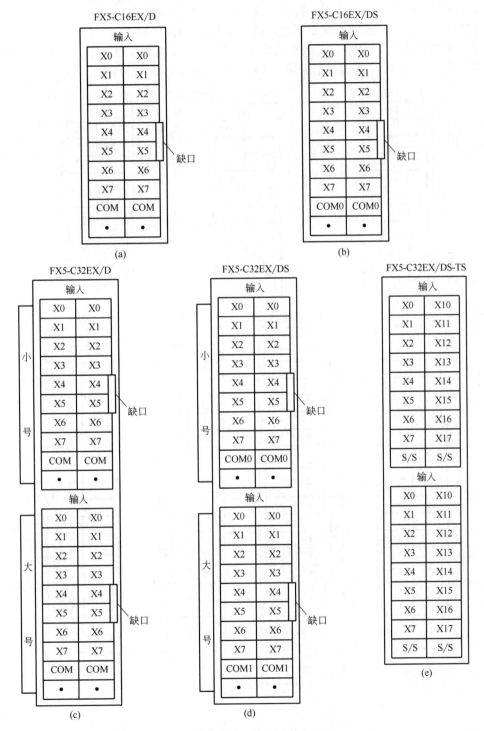

图 1-44　输入模块（扩展连接器型）的接线端子图

② 输出模块的接线端子图见图 1-45，其中：

FX5-C16EYT/D 的输出扩展模块接线端子见图 1-45（a）。

FX5-C16EYT/DSS 的输出扩展模块接线端子见图 1-45（b）。

FX5-C16EYR/D-TS 的输出扩展模块接线端子见图 1-45（c）。

FX5-C32EYT/D 的输出扩展模块接线端子见图 1-45（d）。

FX5-C32EYT/DSS 的输出扩展模块接线端子见图 1-45（e）。

FX5-C32EYT/D-TS 的输出扩展模块接线端子见图 1-45（f）。

FX5-C32EYT/DSS-TS 的输出扩展模块接线端子见图 1-45（g）。

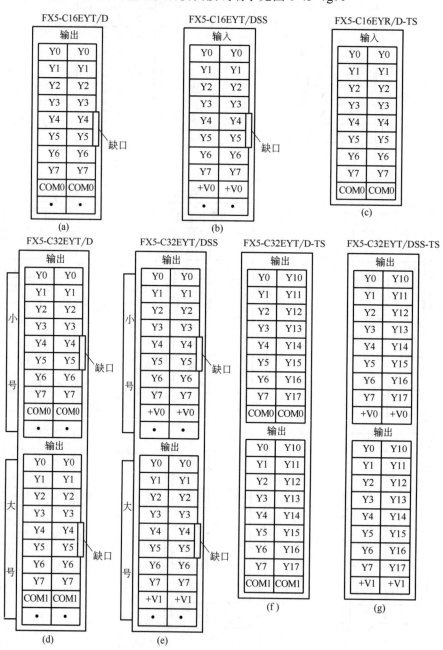

图 1-45　输出模块（扩展连接器型）的接线端子图

③ 输入/输出扩展模块的接线端子图见图 1-46，其中：

FX5-C32ET/D 的输入/输出扩展模块，接线端子见图 1-46（a）。

FX5-C32ET/DSS 的输入/输出扩展模块，接线端子见图 1-46（b）。

FX5-C32ET/DS-TS 的输入/输出扩展模块，接线端子见图 1-46（c）。

FX5-C32ET/DSS-TS 的输入/输出扩展模块，接线端子见图 1-46（d）。

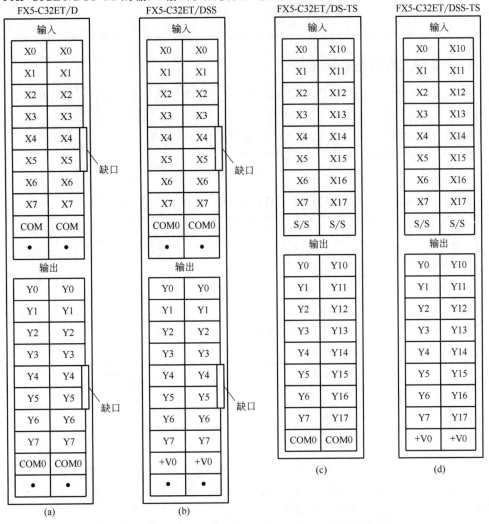

图 1-46　输入/输出模块（扩展连接器型）的接线端子图

（4）各种模块输入端子消耗的电流

在 CPU 模块和各种扩展模块输入端子需要的电流见表 1-10。

表 1-10　CPU 模块和各种扩展模块输入端子需要的电流

类别	端子	DC 5V	DC 24V
		需要电流/mA	需要电流/mA
CPU 模块	X0~X17	0	每个端子 5.3
	X20 之后	0	每个端子 4.0

续表

类别	端子	DC 5V	DC 24V
		需要电流/mA	需要电流/mA
电源内置型模块	输入端子	0	每个端子 4.0
扩展电缆型模块	输入端子	0	每个端子 4.0
扩展连接器型模块	输入端子	0	每个端子 4.0

1.7.4　FX5U 的其他扩展模块

FX5U 还可以使用其他扩展模块，其中有一些是智能功能模块，但是不能连接 FX2 智能功能模块。

FX3 智能功能模块（九种，用于 FX5U 型 PLC）见表 1-11。

FX5 智能功能模块（十四种）见表 1-12。

其他功能模块（十五种）见表 1-13。

表 1-11　FX3 智能功能模块一览表（用于 FX5U 型 PLC）

型号	功能	点数	消耗电流/mA		
			DC 5V	DC 24V	外接 DC 24V
FX3-4AD	4 通道电压/电流输入	8	110	—	90
FX3-4DA	4 通道电压/电流输出	8	120	—	160
FX3-4LC	4 通道温控（热电阻/热电偶/低电压）	8	160	—	50
FX3-1PG	1 轴控制脉冲输出	8	150	—	40
FX3-2HC	2 通道高速计数器	8	245	—	—
FX3-16CCL-M	CC-Link 系统主站	8	—	—	240
FX3-64CCL	CC-Link 智能设备站	8	—	—	220
FX3-128ASL-M	AnyWireASLINK 系统主站	8	130	—	100
FX3-32DP	PROFIBUS-DP 从站	8	—	145	—

在这里要注意：FX5U 不能连接 FX3 特殊适配器。在连接表中的 FX3 智能功能模块时，还需要配置总线转换模块 FX5-CNV-BUS。

表 1-12　FX5 智能功能模块一览表

型号	功能	点数	消耗电流/mA		
			DC 5V	DC 24V	外接 DC 24V
FX5-4AD	4 通道电压/电流输入	8	100	40	—
FX5-4DA	4 通道电压/电流输出	8	100	—	150
FX5-8AD	8 通道电压/电流/热电偶/热电阻输入	8	—	40	100
FX5-4LC	4 通道温控（热电阻/热电偶/低电压）	8	140	—	25
FX5-20PG-P	2 轴控制脉冲输出（晶体管输出）	8	—	—	120
FX5-20PG-D	2 轴控制脉冲输出（差动驱动输出）	8	—	—	165

续表

型号	功能	点数	消耗电流/mA		
			DC 5V	DC 24V	外接 DC 24V
FX5-40SSC-S	简单运动 4 轴控制（支持 SSCNET Ⅲ/H）	8	—	—	250
FX5-80SSC-S	简单运动 8 轴控制（支持 SSCNET Ⅲ/H）	8	—	—	250
FX5-ENET	以太网通信	8	—	110	—
FX5-ENET/IP	以太网通信、EtherNet/IP	8	—	110	—
FX5-CCL-MS	CC-Link 系统主站、智能设备站	8	—	—	100
FX5-CCLIEF	CC-Link IE 现场网络智能设备站	8	10	—	230
FX5-ASL-M	AnyWire ASLINK 系统主站	8	200	—	100
FX5-DP-M	PROFIBUS-DP 主站	8	—	150	

表 1-13　用于 FX5U 的其他扩展模块

型号	功能	点数	消耗电流/mA	
			DC 5V	DC 24V
FX3-1P5U-5V 扩展电源模块	提供扩展电源，DC 5V 容量为 1000mA，DC 24V 容量为 300mA	—	—	—
FX5-1P5U-5V 扩展电源模块	提供扩展电源，DC 5V 容量为 1200mA，DC 24V 容量为 300mA	—	—	—
FX5-C1P5-5V 扩展电源模块	提供扩展电源，DC 5V 容量为 1200mA，DC 24V 容量为 625mA	—	—	—
FX5-CNV-1F 连接器转换模块	FX5 扩展电缆型→FX5 扩展连接器型转换	—	—	—
FX5-CNV-BUS 总线转换模块	总线转换：FX5 扩展电缆型→FX3 扩展电缆型	8	150	—
FX5-CNV-BUSC 总线转换模块	总线转换：FX5 扩展连接器型→FX3 扩展连接器型	8	150	—
FX5-232-BD 扩展板	RS-232C 通信	—	20	
FX5-485-BD 扩展板	RS-485 通信	—	20	
FX5-422-BD-GOT 扩展板	RS-422 通信（GOT 连接用）	—	20	
FX5-232ADP 扩展适配器	RS-232C 通信	—	30	30
FX5-485ADP 扩展适配器	RS-485 通信	—	20	30
FX5-4AD-ADP 扩展适配器	4 通道电压/电流输入	—	10	20
FX5-4AD-PT-ADP 扩展适配器	4 通道温度传感器（热电阻）输入	—	10	20
FX5-4AD-TC-ADP 扩展适配器	4 通道温度传感器（热电偶）输入	—	10	20
FX5-4DA-ADP 扩展适配器	4 通道电压/电流输出	—	10	160①

① 此电流（160mA）由外接 DC 24V 电源提供。

1.7.5　基本单元与扩展设备的连接

带有内置电源的输入/输出模块，虽然自身带有内置电源，但是没有 CPU，必须与 FX5U 的基本单元组合，才能正常使用。基本单元的供电一般有 AC 电源、DC 电源两种方式，带有内置电源的模块。组合时需要注意连接方式，尽可能地选择同一种类型。下面举几个例子。

① AC 电源/DC 24V 漏型/源型输入通用型中，采用漏型输入（负公共端），基本单元与

同类型扩展模块的电源连接。接线图见图1-47，其中：

　　a．基本单元和带有内置电源的模块使用同一个交流电源时，L端子与L端子连接，N端子与N端子连接，然后接入AC 100～240V电源；

　　b．接地端也互相连接，并做好接地；

　　c．输入扩展模块的S/S端子连接到基本单元的S/S端子上；

　　d．基本单元和扩展模块中的0V端子，是输入单元中的负公共端，要互相连接；

　　e．在基本单元和扩展模块中，S/S端子均与24V端子相连接。但是，不能将两个单元中的24V端子并联在一起。

　　② AC电源/DC 24V漏型/源型输入通用型中，采用源型输入（正公共端），基本单元与同类型扩展模块的电源连接。接线图见图1-48，其中：

　　a.、b.、c.与图1-47的要求相同；

　　d．在基本单元和扩展模块中，S/S端子均与0V端子相连接，它们的S/S、0V端子都并联在一起；

　　e．基本单元和扩展模块中的24V端子是各自的输入正公共端，不能连接在一起。

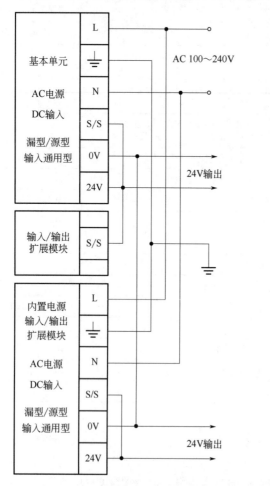

图1-47　AC电源、漏型输入
（负公共端）的连接

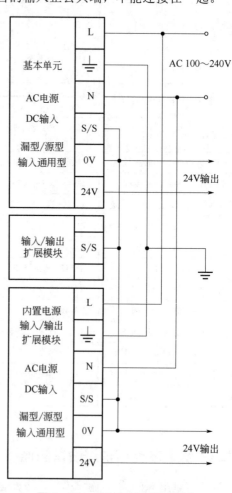

图1-48　AC电源、源型输入
（正公共端）的连接

　　③ DC电源/DC 24V漏型/源型输入通用型中，采用漏型输入（负公共端），基本单元与

同类型扩展模块的电源连接。接线方法见图 1-49，其中：

a. 基本单元和带有内置电源的扩展模块使用同一个直流电源，正端子与正端子连接，负端子与负端子连接，然后接入 DC 24V 电源；

b. 在基本单元和扩展模块中，各 S/S 端子均与 DC 24V 电源的正端子相连接；

c. 接地端也互相连接，并做好接地。

④ DC 电源/DC 24V 漏型/源型输入通用型中，采用源型输入（正公共端），基本单元与同类型扩展模块的电源连接。接线图见图 1-50，它与图 1-49 基本相同，只是在基本单元和扩展模块中，各 S/S 端子均与 DC 24V 电源的负端子连接。

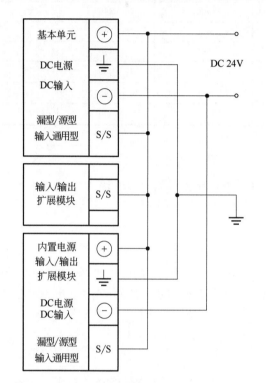

图 1-49 DC 电源、漏型输入（负公共端）的连接　　　　图 1-50 DC 电源、源型输入（正公共端）的连接

扩展电缆的连接方式如下。

① 直接连接。扩展单元或扩展模块本身带有扩展电缆，如果直接安装在基本单元的右侧，将扩展电缆直接连接即可。

② 用延长电缆连接。如果基本单元与扩展单元相距较远，可以用延长电缆连接。

1.8 FX5U 基本单元的电源容量

当 FX5U 的输入端连接各种控制元件、各种扩展模块时，必须为它们提供电流。基本单元电源的容量是有限的，所以在设计 PLC 控制装置时，必须了解各种输入端子和扩展模块需要多少电流，并且对 PLC 消耗的电流进行计算，避免在运行中过载。

在 FX5U 的输出单元中，一般采用外接电源，不需要 PLC 提供电源。

（1）FX5U 基本单元的电源容量

在 FX5U 基本单元的内部有 DC 5V 和 DC 24V 电源。它们的电源容量从表 1-5、表 1-6 中可以查到，为方便起见，再将这些数据汇集到表 1-14 中。

表 1-14　基本单元中 DC 5V 和 DC 24V 电源的容量

电源类型	型号	DC 5V/mA	DC 24V/mA		功率 /W
			DC 24V（内部）	DC 24V（外部）	
AC 100~240V	FX5U-32M	900	400	480	30
	FX5U-64M	1100	600	740	40
	FX5U-80M		600	770	45
DC 24V	FX5U-32M	900	—	480	30
	FX5U-64M	1100	—	740	40
	FX5U-80M		—	770	45

（2）FX5U 各种模块需要的电流

在 CPU 模块和各种扩展模块中，输入端子所需要的电流已列于表 1-10 中。

在各种智能模块中，需要消耗的电流已列于表 1-11~表 1-13 中。

（3）FX5U 输出端子的负载电流

输出端子的负载电流都是由外部电源提供的，但是内部继电器的触点和晶体管的电流容量都有限制。继电器的每个输出端子，电流不超过 2A；晶体管的每个输出端子，电流不超过 0.5A。在设计 FX5U 的电路时，要考虑这些因素，保证 FX5U 在安全环境下工作。

（4）FX5U 供电能力计算举例

CPU 模块为 FX5U-64MT/DS，连接 2 个扩展电缆型输入模块 FX5-16EX/ES，1 个 4 通道电压/电流输入的智能模块 FX5-4AD，各模块消耗的电流为：

CPU 模块（32 个输入端子）DC 24V：$16×5.3+16×4.0=148.8$（mA）。

扩展电缆型模块 1（16 个输入端子）DC 24V：$16×4.0=64$（mA）。

扩展电缆型模块 2（16 个输入端子）DC 24V：$16×4.0=64$（mA）。

智能模块 DC 5V：100mA；DC 24V：40mA。

消耗电流合计：

DC 5V：100mA；

DC 24V：316.8mA。

查表 1-14，可知 FX5U-64MT/DS 可以提供所需要的电流，不必增加电源模块。

02

第2章
FX5U 的编程软件 GX Works3

2.1 编程软件 GX Works3 简介

编程软件 GX Works3 与 GX Works2 名称相似，但它并不是 GX Works2 的升级软件，而是另外一种完全不同的编程软件。这两款软件可以安装在同一台计算机上，它们支持不同的三菱 PLC 产品。

GX Works2 支持大家所熟悉的三菱 FX2N、FX3U、FX3G 等 PLC，以及三菱 Q 系列和 A 系列的大型 PLC。它秉承三菱公司 PLC 的风格，具有简单工程和结构化工程两种编程模式，默认的模式是简单工程，其梯形图直观易懂，初学者比较容易接受。

GX Works3 则是三菱公司新一代的综合 PLC 编程软件，是专门用于三菱 FX5U（MELSEC iQ-F）系列以及 MELSEC iQ-R 系列 PLC 模块组态、程序编制、调试、维护的工具。支持 LD（梯形图）、SFC（顺序功能图）、ST（结构化语言）、FBD/LD（功能块图/梯形图语言）等编程语言。可以进行模块组态、程序编辑、参数设定、网络设定、程序监控、调试及在线更改、智能功能模块设置。

对 FX5U 系列 PLC 进行编程时，编程软件只能使用 GX Works3。

与 GX Works2 相比较，GX Works3 的功能更为强大，它具有以下特点。

① 大幅度增加了内部软元件的数量。例如输入继电器（X）和输出继电器（Y）都增加到 1024 点，内部继电器（M）增加到 32768 点，定时器和计数器都增加到 2048 点。增加了自锁继电器、链锁继电器。此外，在内部继电器中，可以根据工程项目的需要，对多种软元件的点数进行调整和更改。

② 兼容了 FX3U 的所有指令，并且在 FX3U 指令的基础上添加了许多新的指令。专用功能指令由原来的 510 种增加到 1113 种。其中有 MELSEC iQ-R 内部的互换指令、内置功能的专用指令。在 FX3U 中用 GX Developer 软件和 GX Works2 软件编写的所有程序，都可以直接导入到 FX5U 中，并进行修改、编辑或其他各种操作。

③ 具有模块硬件组态功能。在导航栏和编程界面中，通过模块配置图和部件库，可以快速选择工程项目所需的 CPU 模块，以及各种 I/O 模块、智能功能模块。

④ 具有多种程序创建功能。编程界面比 GX Developer 软件和 GX Works2 软件更为直观，可以进行图表化的操作。可以根据工程需要，编制符合工艺路线的梯形图、顺序功能图、结构化语言、功能块图/梯形图。在一种程序中使用的标签和软元件，可以在其他不同语言的程

序中共享使用。

⑤ 具有更为方便的结构化编程功能。在导航栏中，通过在主程序"MAIN"下面新建数据，可以建立一系列的子程序文件，在各子程序文件中，分别编辑某一功能。这样程序的总体结构更为清晰，调试更为方便。

⑥ 具有参数设置功能。可以设置各种 CPU 模块的参数、扩展单元的参数、扩展模块的参数、智能功能模块的参数。

⑦ 具有多种 FB 功能模块。其中 CPU 输入和输出 FB 有 15 种，定位 FB（FX5-20PG-P、FX5-20PG-D 等）有 14 种，以太网 FB 有 21 种，简单运动 FB 有 30 种，模拟量 FB（FX5-4AD、FX5-4DA 等）有 10 种。

⑧ 具有性能更好的内置好速计数器。可以进行 3 种模式（通用模式、脉冲密度测量模式、旋转速度测量模式）的输入和测量。在高速比较表中，可以设置 32 个表格。在多点输出高速比较表中，可以设置 128 个表格。还可以通过 DHCMOV 指令将最新值读取到特殊寄存器中。

⑨ 强化了内置定位功能。通过表格运行指令，可以轻松地实现定位控制。此外，使用多个表格运行指令（DRVTBL）、多轴表格运行指令（DRVMUL），也可以轻松地实现简易线性插补定位。

⑩ 具有简单运动控制编程的功能。可以设定简单运动模块的参数、定位数据、伺服参数，轻松地实现伺服电动机的启动和调整。

⑪ 具有写入/读取功能。通过菜单或工具栏中的"写入至可编程控制器"可以将 GX Works3 中编制的程序写入到 FX5 系列 PLC 中。反过来，通过菜单或工具栏中的"从可编程控制器读取"可以将 PLC 中的程序读取到编程计算机的 GX Works3 软件中。此外，通过"在 RUN 中写入"功能，可以在 CPU 模块处于运行的状态下更改控制程序。

⑫ 具有监视和调试功能。当 CPU 运行时，可以对软元件的值进行监视。在没有连接 PLC 的情况下，通过使用编程软件中的 GX Simulator3，可以使用虚拟的 PLC 来进行程序的模拟调试，即使没有伺服放大器和伺服电动机，也可以模拟实机的动作。

⑬ 具有模块诊断功能。可以对错误状态和错误信息进行诊断，以缩短诊断故障的时间。此外，通过系统监视功能，可以识别智能功能模块的详细信息，甄别故障的具体原因。

2.2 GX Works3 的下载和安装

2.2.1 编程软件 GX Works3 的下载

初学PLC 编程的电气技术人员，一般不熟悉 FX5U编程软件的下载途径，有时为此颇费周折，所以很有必要进行一步一步地引导。

① 打开"三菱电机自动化（中国）有限公司"官方网站，先要进行注册，使自己成为"三菱电机自动化（中国）有限公司"的会员，然后进行登录。如果原来已经注册，就可以直接登录该公司的网站。

② 点击其中的"资料中心"→"控制器"→"可编程控制器 MELSEC"→"软件"，弹出三菱 PLC 编程软件的列表，如表 2-1 所示。

表 2-1 三菱 PLC 的编程软件

文件标题	文件类别	更新日期	操作
iQ-F 安全模块配置指南	可编程控制器 MELSEC	2020 年 02 月 26 日	查看

续表

文件标题	文件类别	更新日期	操作
iQ-L 选型软件	可编程控制器 MELSEC	2020 年 02 月 26 日	查看
iQ-R 在线选型软件	可编程控制器 MELSEC	2021 年 01 月 08 日	查看
iQ-F 选型软件（中文）	可编程控制器 MELSEC	2020 年 06 月 22 日	查看
SW1DNN-EIPXTFX5-ED 00A	可编程控制器 MELSEC	2020 年 01 月 22 日	查看
GX Works3	可编程控制器 MELSEC	2020 年 12 月 07 日	查看
GX Works2	可编程控制器 MELSEC	2020 年 03 月 09 日	查看

③ 从表 2-1 中找到 GX Works3，点击这一行最右边的"查看"，弹出"软件下载"的界面，如图 2-1 所示。

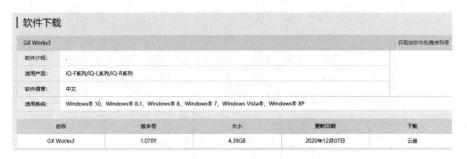

图 2-1　GX Works3 编程软件下载的提示界面

④ 从图中可以看到，这个软件的版本号是 1.070Y，4.39GB，需要使用"云盘"下载。

⑤ 点击图中的"云盘"，弹出登录界面，输入自己的用户名和密码，出现压缩文件的符号"ZIP"。点击这个符号，弹出"新建下载任务"界面，如图 2-2 所示。

图 2-2　"新建下载任务"界面

⑥ 选择存放软件压缩包的下载路径，再点击图 2-3 中的"下载"按钮，执行编程软件 GX Works3 的下载，如图 2-3 所示。

图 2-3　编程软件 GX Works 的下载

2.2.2　编程软件 GX Works3 的安装

GX Works3 软件安装（或更新）的步骤如下。

① GX Works3 是以压缩文件的形式下载的，在安装之前，首先要对其进行解压。解压后的文件目录如图 2-4 所示。

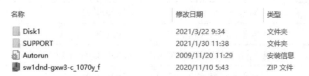

图 2-4　GX Works3 安装包解压后的文件目录

② 点击图中的文件夹 Disk1，再点击其中的安装文件 setup，并指定一个存放 GX Works3 软件的文件夹，如图 2-5 所示。默认的安装文件夹是 C:\Program Files（x86）\MELSOFT\，如果改用 C 盘以外的其他驱动器，可能会影响编程软件的正常工作。

图 2-5　指定存放编程软件 GX Works3 的文件夹

③ 点击图中的"下一步"按钮，进行具体的安装，或者对原来安装的编程软件进行更新，如图 2-6 所示。

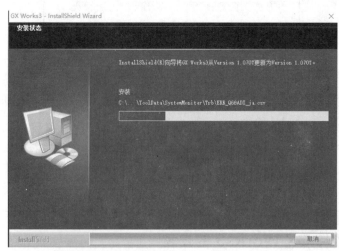

图 2-6　进行中的编程软件 GX Works3 的安装

④ 安装或更新结束时，会出现提示，如图 2-7 所示。

图 2-7　安装或更新结束时出现的提示

点击图中的"完成"按钮，重新启动计算机，桌面上会出现 GX Works3 的快捷方式，此时就可以运行编程软件 GX Works3 了。

2.3　GX Works3 的梯形图编辑环境

双击计算机桌面上的快捷方式，弹出 GX Works3 初始启动界面，如图 2-8 所示。

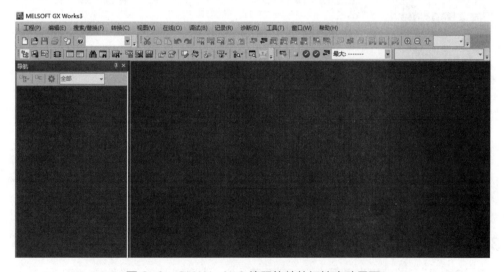

图 2-8　GX Works3 编程软件的初始启动界面

在初始启动界面中，除了主菜单之外，其他各种工具大多数都是灰色的，不能进行操作。但是不要着急，按照下述的步骤操作，就会进入到 GX Works3 的编辑界面。

2.3.1　新建 FX5U 的设计工程

在初始界面中，执行菜单"工程"→"新建"，弹出"新建"工程项目的对话框，如图 2-9 所示。

图 2-9　新建 FX5U 设计工程对话框

在图 2-9 中，需要对所 FX5U 的设计工程进行一些定义：

① 系列（S）：选择"FX5CPU"；

② 机型（T）：选择"FX5U"或"FX5UJ"；

③ 程序语言（G）：选择"梯形图"，或"ST（结构化语言）""SFC（顺序功能图）""FBD/LD（功能块图/梯形图语言）"。

完成上述的各项定义之后，点击图 2-9 中的"确定"按钮，弹出图 2-10 所示的 GX Works3 梯形图编辑主界面。

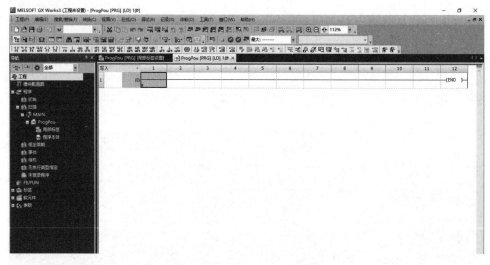

图 2-10　GX Works3 梯形图编辑主界面

2.3.2　梯形图的主菜单栏和工具条

在图 2-10 所示的编辑主界面中，包括主菜单栏、各种工具条、导航栏、编辑区、工程数据列表、状态区等。

（1）主菜单栏

主菜单栏如图 2-11 所示。它以菜单的形式展示各种编程功能，包括工程（P）、编辑（E）、搜索/替换（F）、转换/（C）、视图（V）、在线（O）、调试（B）、记录（R）、诊断（D）、工具（T）、窗口（W）、帮助（H）这 12 个主菜单。

图 2-11　GX Works3 的主菜单栏

点击主菜单后，还会弹出一系列的子菜单。有些子菜单中又嵌套着下一级的子菜单，可以根据编程的需要，一步一步地选用。

（2）工具条

在 GX Works3 中，工具条的种类比较多，下面分别介绍。

① 标准工具条。如图 2-12 所示，它包括 7 个标准工具，从左至右依次是：文档的新建、打开、保存、打印、更新履历、GX Works3 帮助、GX Works3 帮助搜索。

图 2-12　GX Works3 的标准工具条

② 程序通用工具条。如图 2-13 所示，它包括 28 个程序通用工具，从左至右依次是：编程元件的剪切、编程元件的复制、编程元件的粘贴、编程操作的撤销、编程操作的恢复、软元件搜索、指令搜索、触点和线圈搜索、后退、前进、写入至可编程控制器、从可编程控制器读取、监视开始（全窗口）、监视停止（全窗口）、监视开始、监视停止、软元件/缓冲存储器批量监视、当前值更改、转换、转换+RUN 中写入、全部转换、模拟开始、模拟停止、系统模拟启动、放大、缩小、编辑器与窗口宽度匹配、缩放比例。

图 2-13　程序通用工具条

③ 折叠窗口工具条。如图 2-14 所示，它包括 21 个工具，从左至右依次是：导航、连接目标、书签、部件选择、输出、进度、搜索/替换、搜索结果、交叉参照、软元件使用一览、数据流解析、软元件分配确认、FB 属性、标签注释、配置详细信息输出、电源容量/I/O 点数检查结果、模块起始 I/O 号关联内容、监看、智能功能模块监视、事件履历（离线监视）、进度条（离线监视）。

图 2-14　折叠窗口工具条

④ 梯形图工具条。如图 2-15 所示，它包括 47 个工具。它们在窗口中是一整排，为了便于显示，在图中将它们分为上下两排。

图 2-15　梯形图工具条

在上面一排中，有 22 个工具，从左至右依次是：常开触点、常开触点并联、常闭触点、常闭触点并联、输出线圈、应用指令、输入横线、输入竖线、删除横线、删除竖线、上升沿脉冲、下降沿脉冲、并联上升沿脉冲、并联下降沿脉冲、非上升沿脉冲、非下降沿脉冲、非并联上升沿脉冲、非并联下降沿脉冲、运算结果上升沿脉冲化、运算结果下降沿脉冲化、运算结果反转、插入内嵌 ST 框。

在下面一排中，有 25 个工具，从左至右依次是：软元件/标签注释编辑、声明编辑、注解编辑、声明/注解批量编辑、行间声明一览、登录标签、模板显示、模板参数选择（左）、模板参数选择（右）、选择范围的注释化、选择范围的注释解除、读取模式、写入模式、监视模式、监视（写入模式）、软元件显示、标签输入时使用分配软元件、添加参数、删除参数、梯形图暂时更换、撤销更改、应用更改的梯形图、梯形图暂时更改一览、导入文件、导出至文件。

⑤　监视状态工具条。如图 2-16 所示，它共有 7 个工具，从左至右分别是连接状态（连接目标指定）、CPU 运行状态（远程操作）、ERROR 状态（模块诊断）、USER 状态（模块诊断）、可否从可编程控制器读取、扫描时间、监视对象选择。

⑥　过程控制扩展工具条。如图 2-17 所示，它共有 4 个工具，从左至右分别是：过程控制扩展设置、标记 FB 设置、程序文件设置、导出分配信息数据库文件。

图 2-16　监视状态工具条　　　　　　　　图 2-17　过程控制扩展工具条

以上工具条的种类和数量较多，可能挤占较多的编程界面位置。而在实际编程时，总有一部分工具按钮暂时不需要使用，可以点击工具条最右边的三角箭头，对工具按钮进行勾选，将不使用的工具按钮暂时隐藏起来，这样可以少占用一些编程界面的位置。当需要使用这些工具按钮时，再进行添加。

2.3.3　梯形图编辑界面的导航栏

执行菜单"视图"→"折叠窗口"→"导航"，或者点击折叠窗口工具条最左边的"导航"按钮，就可以打开或关闭"导航"窗口，如图 2-18 所示。它位于编辑界面的最左边，其作用是显示程序的结构，在编程或浏览程序时，可以引导我们进入各种不同的项目。

点击"导航"窗口中的项目，就可以在模块配置、程序、标签、软元件、参数等界面之间进行切换。

例如，点击"工程"下面的"模块配置图"，在编辑区就会出现与工程有关的 CPU 模块。右击该模块并点击"属性"，就会显示 PLC 的型号、工作电源、输入端电源、输出类型、程序容量、通信端口、I/O 点数等，如图 2-19 所示。

右击模块配置图后，依次点击"检查"→"电源容量/I/O 点数"→"执行"，可以查看到有关的 FX5U 基本单元的电源容量、消耗电流、剩余容量，如图 2-20 所示。

如果需要打开梯形图的编程界面，在导航栏中可以依次点击"程序"→"扫描"→"MAIN"→"ProgPou"→"程序本体"。

如果需要对通用软元件添加注释，在导航栏中可以依次点击"软元件"→"软元件注释"→"通用软元件注释"，出现软元件注释表格，在这里对软元件进行注释，如图 2-21 所示。

在图 2-21 中，只显示了数字量输入继电器 X 的注释表。如果需要对其他软元件添加注释，在"软元件名"右边的方框中键入一个相应的软元件（例如 Y0、M1 等），再点击回车键，就可以打开有关的软元件注释表。

图 2-18　GX Works3 的导航窗口

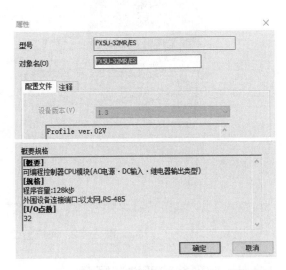

图 2-19　从模块配置图中打开的 CPU 模块属性

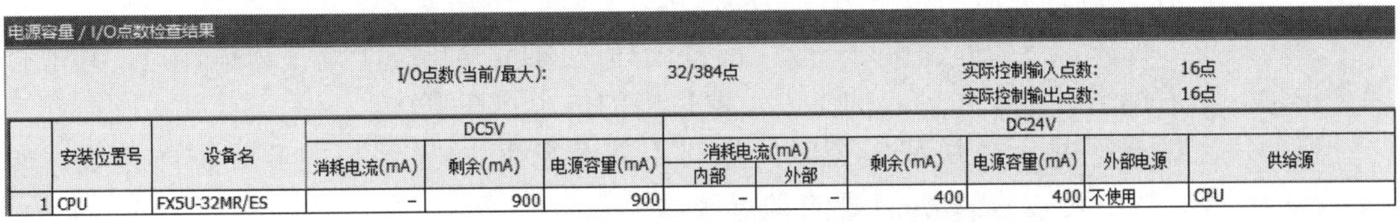

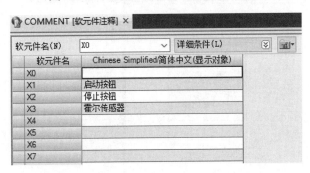

图 2-20　从模块配置图中查看电源容量

图 2-21　从导航栏中打开的软元件注释表

导航栏中的项目可以隐藏或添加。例如，在"程序"→"扫描"→"MAIN"→"ProgPou"下面有一个栏目"局部标签"，它的作用是编辑结构化程序、功能块等，而在梯形图中使用得较少。可以将它隐藏起来，操作方法是：

① 点击菜单中的"工具"→"选项"，弹出"选项"对话框，如图 2-22 所示。

② 点击这个对话框中的"工程"→"导航"→"显示设置"→"显示标签"。

③ 通过右边的黑色小三角箭头选择"否"，即可隐藏这个"局部标签"。

以后如果要使用"局部标签"，可以再打开这个对话框，在这个选项中选择"是"，将"局部标签"添加到导航栏中。

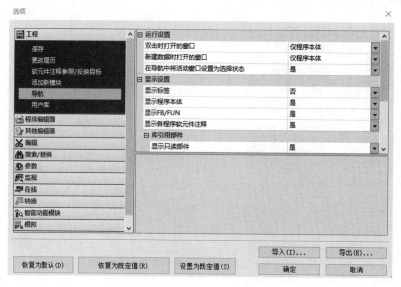

图 2-22　导航窗口中显示项目的设置

2.3.4　梯形图的部件选择窗口

在 GX Works3 编程界面的最右边，是部件选择窗口。

点击菜单"视图"→"折叠窗口"→"部件选择"，就会弹出这个部件选择窗口，其中有多个选项。随着编辑区中工作内容的不同，窗口中的内容也在变化。

例如，当编辑区显示模块配置图时，窗口中就会出现 FX5 系列的各种扩展模块，如图 2-23 所示，从中可以选取所需要的扩展模块。

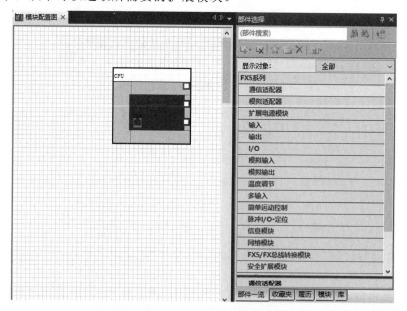

图 2-23　在部件选择窗口中显示各种扩展模块

在进行梯形图编程时，窗口中就会出现各种编程指令，如图 2-24 所示，从中可以选取所需要的编程指令。

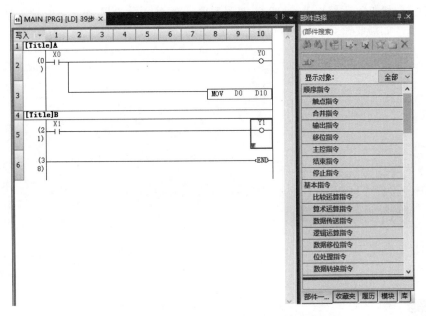

图 2-24　在部件选择窗口中显示各种编程指令

在部件选择窗口中，可以快捷地进行软元件、编程指令的搜索和替换。

执行菜单"搜索/替换"→"软元件/标签搜索"，就会出现图 2-25 所示的窗口，从中进行搜索，搜索的结果将显示在编辑区的下方。

执行菜单"搜索/替换"→"指令替换"，就会出现图 2-26 所示的窗口，从中将某一个指令替换为另一个指令，替换的结果将显示在编辑区的下方。

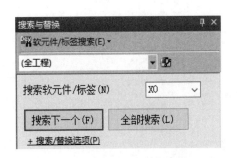

图 2-25　软元件/标签搜索窗口

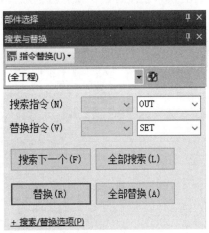

图 2-26　指令替换窗口

2.4　在 GX Works3 中打开其他格式的文件

GX Works3 编程软件功能强大，兼容三菱电机自动化有限公司以前的多种 PLC 编程软件，例如 GX Works2、GX Developer 等。

在 GX Works3 的编辑环境中，可以将编程软件 GX Works2 的设计文件打开，进行修改并加以利用。例如，在 GX Works2 的编程界面中，有一个"水泵自动控制"梯形图，如图 2-27 所示，如需要在 GX Works3 中将这个工程文件打开，具体操作步骤如下：

```
      X001
0    ──┤├──────────────────────────────────────────────(M1 )
      低水位                                              低水位
      信号

      X002
2    ──┤├──────────────────────────────────────────────(M2 )
      高水位                                              高水位
      信号

      M1      M2      X003
4    ──┤├──────┤/├──────┤├─────────────────────────────(Y001)
      低水位   高水位   电动机                             接触器
                       过载

      Y001
     ──┤├────┘
      接触器                                              (Y002)
                                                         运行指示

12   ████────────────────────────────────────────────[END ]
```

图 2-27　在 GX Works2 的编程界面中的"水泵自动控制"梯形图

① 在编程软件 GX Works2 的梯形图界面中，将需要转换的工程——"水泵自动控制"的 PLC 类型更改为 FX5U 等类型，如果是 FX2N 等类型，就不能直接转换了。

② 将编程软件 GX Works2 关闭。

③ 在编程软件 GX 中 Works3 的编程界面中，执行菜单"工程"→"打开其他格式文件"→"GX Works2 格式"→"打开工程"，弹出 GX Works2 格式的程序文件，如图 2-28 所示。

图 2-28　GX Works2 格式的程序文件

④ 选择图中的"图 3-33 水泵自动控制梯形图", 点击"打开"按钮, 出现"选择机型/转换方式"对话框, 如图 2-29 所示。

图 2-29　"选择机型/转换方式"对话框

⑤ 在图中的"更改目标机型"中, 将 PLC 的机型选择为 FX5U 或 FX5UJ, 然后点击"执行"按钮开始转换。转换结束时, 出现图 2-30 所示的对话框。

图 2-30　转换结束时的对话框

⑥ 点击图中的按钮"确定", 就可以将设计文件"图 3-33 水泵自动控制梯形图"导入到 GX Works3 的梯形图编辑环境中, 如图 2-31 所示。

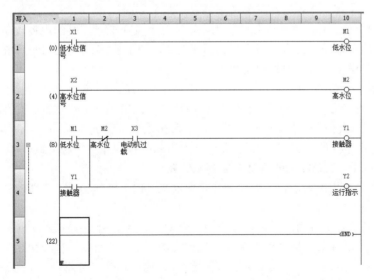

图 2-31　导入到 GX Works3 中的"水泵自动控制"梯形图

从图中可以看到, 导入到 GX Works3 中的"水泵自动控制"梯形图与图 2-27 所示的 GX Works2 的程序界面有一些区别, 例如：

① 输出线圈的图形标志不同。在图 2-27 中是括弧"（）", 而在图 2-31 中是一个小圆圈"○"。

② 在梯形图上方，可以显示每一行的触点数，触点数可以在 9～45 之间设置。在图 2-31 中，每一行有 9 个触点（显示的列数为 10）。

③ 在梯形图左边，可以显示梯形图的行数。

GX Developer 格式的文件也可以用类似的方法在 GX Works3 的编程环境中打开。

2.5　FX5U 控制系统的程序设计

在了解并掌握 FX5U 型 PLC 的基本工作原理以及 GX Works3 编程技术的基础上，就可以结合电气控制中的具体任务，运用 FX5U 进行实际的工业自动控制设计。

2.5.1　编程的前期准备工作

（1）现场调研，确定技术方案

在设计之前，要进入工程现场，进行实地调研、考察，全面地、详细地了解被控制对象的实际情况和生产工艺。与此同时，要搜集各种技术资料，与其他各个专业的工程技术人员、现场操作员工进行沟通和交流，了解工艺过程，明确控制任务和设计要求，拟定出电气控制方案。例如手动、半自动、全自动、单机运行、多机联动运行等。还要明确系统的其他功能，例如诊断检测、故障检测、故障报警、管理功能、通信功能、紧急情况的处理和保护。根据这些具体情况，选择最佳的 PLC 控制方案。

（2）进行 PLC 和外围设备的选型

选择 FX5U 机型的基本原则，是在满足各项功能的前提下，寻求最高的性价比，并能够在一定的范围内升级。具体选择时要考虑到以下几个方面：

① 控制功能的选择。对于以开关量为主，带有少量模拟量控制的电控设备，一般小型的 FX5U 型 PLC 就可以满足要求。对于以模拟量为主，具有很多闭环控制的系统，可以按照规模的大小和复杂程度，选用中档和高档机。

② 输入/输出点数的选择。先列出输入/输出元件表，统计出 I/O 元件所需要的点数，据此，确定 PLC 的 I/O 总点数。总点数要比当前的实际点数多出 20% 左右，以预备日后的设备改造升级。

③ 存储容量的选择。选择存储容量时，通常采用以下公式：

存储容量（字节）=开关量 I/O 点数×10+模拟量 I/O 通道数×100

在一般情况下，FX5U 均能满足存储容量的要求。

④ 其他方面的技术要求。例如诊断和报警功能、PID 控制功能、特殊控制功能、通信功能、网络功能、外接端口等。

综合考虑以上各个方面的因素，就可以有针对性地选择合适的 FX5U 机型。

PLC 的外围设备主要是供电电源（交流或直流、电压等级）、输入设备（如按钮、转换开关、接近开关、限位开关、模拟量输入元器件）、输出设备（如继电器、接触器、电磁阀、信号灯）等。这些外围设备也要根据具体的控制要求，进行选择和定型。

（3）分配 I/O 地址，进行 FX5U 控制系统的硬件设计

对输入端子、输出端子进行合理的安排后，列出 I/O 地址分配表，并对输入单元、输出

单元进行地址分配。

① 在对输入单元进行地址分配时，可以将所有的控制元件进行集中配置，相同类型的输入端子尽可能地分配在同一个组。对每一种类型的控制元件，按顺序定义输入端子的地址。如果有多余的输入端子，可以将各输入组（或输入扩展模块）分别配置给同一台设备。如果有噪声大的输入模块，要尽量摆放到远离 CPU 的插槽内，以避免交叉干扰。

② 在对输出单元进行地址分配时，也要尽量将同类型设备的输出端子集中在一起。按照设备的类型，顺序地定义输出地址。如果有多余的输出端子，可以将各输出组（或输出扩展模块）分别配置给同一台设备。对彼此有关联的输出器件，如电动机的正转和反转接触器，其输出地址尽可能地连续分配。

③ FX5U 控制系统的硬件设计包括电气主回路接线图、输入接线图、输出接线图、辅助电路接线图、设备安装图等。它们与 PLC 的外围元件一起，构成一个完整的电气控制系统。

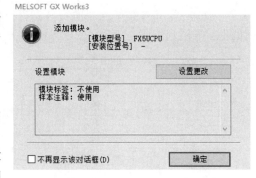

图 2-32　"添加模块"对话框

2.5.2　在编程软件中进行模块配置

模块配置包括 CPU 主模块和各种扩展模块的配置，具体步骤是：

① 打开 GX Works3 编程软件，新建一个设计工程，弹出图 2-32 所示的对话框，提示"添加模块"。

② 在导航栏中，点击"参数"→"系统参数"，弹出系统参数表，如图 2-33 所示，从中选择所需要的 CPU 模块。

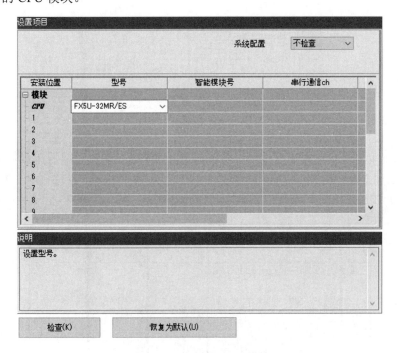

图 2-33　选择 CPU 模块

③ 选择 CPU 模块后，这个模块便显示在编程界面中。

图2-34　"更改CPU型号"对话框

④ 执行菜单"编辑"→"模块信息显示"，就会在CPU主模块中间显示这个模块的型号，例如"FX5U-32MR/ES"。将光标放在模块中间，还会显示模块的I/O点数。

⑤ 如果这个模块不符合要求，就需要重新配置。可以右击CPU模块，在弹出的菜单中点击"CPU型号更改"，弹出"CPU型号更改"对话框，从中选择所需要的CPU模块，如图2-34所示。

⑥ 添加扩展模块。在导航栏中，点击"参数"菜单，再用右键点击"模块信息"→"添加新模块"，弹出"添加新模块"对话框，如图2-35所示。

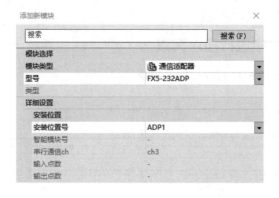

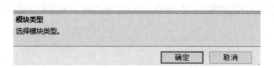

图2-35　"添加新模块"对话框

⑦ 在图2-35中，在"模块类型"一栏中查找扩展模块的类型，在"型号"栏目中选择所需要的扩展模块的型号。

⑧ 所添加的各种扩展模块，按先后顺序自动添加到模块配置图中，并和CPU主模块排列成一排。在图2-36中，在CPU主模块左边添加了通信模块FX5-232ADP，在右边添加了模拟量输入模块FX5-4AD、输入扩展模块FX5-16EX/ES、输出扩展模块FX5-8EYR/ES。输入、输出扩展模块的类型要参照CPU主模块的类型。

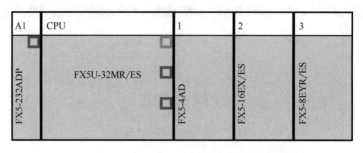

图2-36　在CPU主模块两侧添加扩展模块

2.5.3　进行 CPU 各项参数的设置

在添加各种模块后，需要设置系统参数和各模块的参数。

（1）通过导航窗口设置各项参数

① CPU 模块参数：在导航栏中的"参数"→"FX5U CPU"→"模块参数"中设置。其中有 CPU 模块的各种内置功能，包括以太网端口、485 串口、高速 I/O、输入响应时间、模拟输入、模拟输出、扩展插板。

例如，在"以太网端口"中，可以设置 CPU 的 IP 地址、子网掩码等；在"模拟输入"中，可以设置比例缩放的上限值、下限值等。

② 存储卡参数：使用 SD 存储卡时，需要设置存储卡参数。在导航栏中的"参数"→"FX5U CPU"→"存储卡参数"中设置。

其他各项参数都可以采用类似的方法进行设置。

（2）通过模块配置图设置各项参数

CPU 参数、模块参数也可以通过模块配置图进行设置，操作步骤如下：

① 在导航栏中，点击"模块配置图"，将 CPU 模块显示在编辑区中。

② 在菜单栏中，依次点击"视图"→"折叠窗口"→"部件选择"，将各种模块参数显示在编程窗口的右侧，从中选择所需要的模块，添加到 CPU 模块的两侧。

③ 右击所添加的 CPU 模块或其他扩展模块，在弹出的菜单中选择"参数"→"配置详细信息输入窗口"，在这里可以看到 CPU 的 IP 地址、I/O 点数等。

2.5.4　进行程序设计的步骤

FX5U 的所有控制功能都是以程序的形式表达的，最大的工作量是进行程序的设计。在一般情况下，使用 GX Works3 进行程序设计的步骤是：

① 打开 GX Works3 编程软件；

② 新建工程，或打开某个类似的工程；

③ 绘制程序流程图；

④ 设置各项参数；

⑤ 创建程序部件；

⑥ 创建注释表、全局标签、局部标签；

⑦ 编辑各程序块的具体程序；

⑧ 转换，纠正程序中存在的语法错误；

⑨ 通过模拟调试软件"GX Simulator3"进行模拟调试；

⑩ 将编程计算机连接到 FX5U 型 PLC 上，并进行连接设置；

⑪ 将程序和参数写入到 CPU 模块中；

⑫ 进行实际调试，完善控制程序；

⑬ 编写程序的文字说明书；

⑭ 对设计文件进行存档、打印。

在上述内容中，有以下几处需要补充说明：

① 绘制程序流程图：这里所说的流程图可以是 SFC 流程图，也可以是程序方框图，它

以功能单元的结构形式来表示，其用途是描述系统的控制流程走向，据此可以了解各控制单元在整个程序中的功能和作用。详细的程序流程图，非常有利于程序的编写和调试。

② 设置各项参数：主要是对参数表进行定义。参数表包括输入继电器的定义、输出继电器的定义、各内部继电器的定义、有关数据寄存器/文件寄存器的定义等。参数表的定义因人而异，但总的原则是简洁、明确、便于使用。

③ 编辑各程序块的具体程序：这是整个工程中的核心工作，一般都是采用梯形图形式的程序。以编程软件 GX Works3 为平台，结合一系列编程指令、一系列编程元件、各种数据，编制出符合实际需要的控制程序。

2.5.5 梯形图程序文件的规划

对于比较复杂的梯形图程序，可以划分为若干个程序块，每个程序块完成一项任务。

梯形图的程序块可以分为主程序块、子程序块、中断程序块。在每个程序块中，还可以进一步划分为若干个程序段。

在导航栏中，可以对程序文件进行规划，将一个工程的控制程序拆分为多个程序文件。操作步骤是：

① 点击"程序"→"扫描"→"MAIN"，其下方出现"ProgPou"，它的中文含义是"项目"。右击"ProgPou"，在弹出的菜单中选择"数据名更改"，将"ProgPou"更改为"ProgPou1"，这样便建立了第 1 个程序文件。

② 右击"扫描"或"MAIN"，在弹出的菜单中选择"新建数据"，弹出"新建数据"对话框，如图 2-37 所示。

③ 在图 2-37 中，将数据名"ProgPou"更改为"ProgPou2"，程序语言选择"梯形图"。予以确定后，在导航栏的"程序"→"扫描"→"MAIN"下方出现了"ProgPou2"，这样便建立了第 2 个程序文件。

④ 采用同样的方法，可以建立更多的程序文件 ProgPou3、ProgPou4……实际上它们就是主程序 MAIN 下面的一些子程序，也可以将它们更改为中文名称，比如手动部分、自动部分、循环扫描等。

在编程之前，这些程序文件以红色字体显示在导航栏中，在完成梯形图的编程和转换后，则以白色字体显示在导航栏中，如图 2-38 所示。

图 2-37 "新建数据"对话框

图 2-38 建立多个程序文件

程序文件的执行顺序，不一定是从小编号开始到大编号结束，可以通过设置予以改变。执行菜单"转换"→"程序文件设置"，弹出"程序文件设置"对话框，如图 2-39 所示。

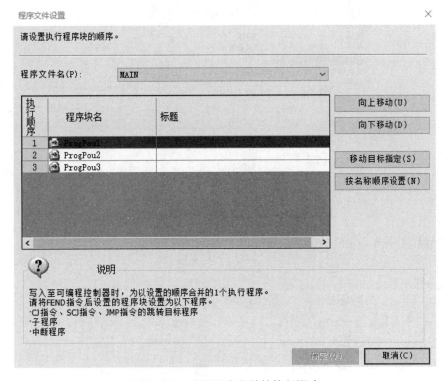

图 2-39　设置程序文件的执行顺序

在图 2-39 中，可以设置 3 个程序文件的执行顺序。例如，选中"ProgPou1"，然后点击右边的"向下移动"按钮，就可以改变 ProgPou1 的执行顺序。

2.5.6　FX5U 程序的调试

为了安全起见，在通电调试之前，要将主回路断开进行预调，确认没有故障之后，再接入主回路。

PLC 程序一般都是在计算机中编制的。编制完毕后，可以先在 GX Works3 编辑环境中通过模拟调试软件"GX Simulator3"进行模拟调试（详见本章第 2.9 节）。

通过模拟调试，基本上可以检查出程序中是否存在语法错误。如果没有发现问题，就可以通过编程电缆，将计算机中的程序下载到 FX5U 型 PLC 中。然后将 FX5U 连接输入元件、输出元件、主回路，进行实际调试。在调试过程中，让 PLC 驱动所控制的设备，并修改不合理的部分，直到各部分的功能正常，构成一个完整的自动控制系统。

2.5.7　梯形图的个性化设计

在梯形图编辑界面中，打开"视图"菜单，执行某些子菜单的功能，或者在工具栏中点击某些工具按钮，可以根据自己的喜好对梯形图编程界面进行个性化设计。

① 点击子菜单"颜色及字体"，可以对梯形图中的字体、颜色进行设置。如图 2-40 所示，"字体"一般选择"宋体"，"字形"一般选择"常规"，"大小"可以选择四至五号，"字符集"采用"中文 GB2312"。

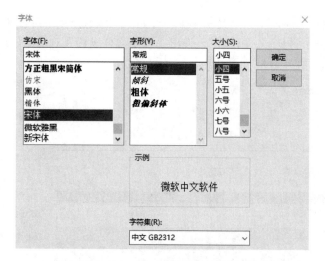

图 2-40　梯形图中的字体设置

对编程界面中多个项目的颜色设置如图 2-41 所示。

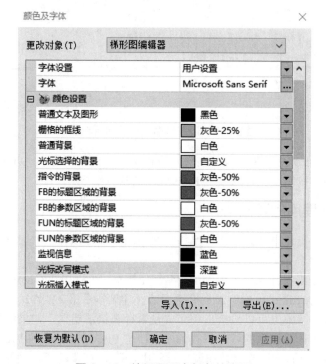

图 2-41　编程界面中颜色的设置

② 点击工具栏中的任何一个按钮，都可以打开或关闭相应的工具条。这样可以把暂时不需要使用的工具条关闭。

③ 点击子菜单"放大/缩小"，或者点击"程序通用"工具条中的缩放按钮，就可以调整梯形图界面的大小，默认的选项是"自动倍率"。在一般情况下，选用 100% 的倍率比较合适。

④ 点击子菜单"注释显示"，可以在梯形图中显示元件的注释，或者不显示注释（将元件的注释隐藏起来）。

⑤ 点击子菜单"栅格显示"，可以在梯形图编辑界面中显示栅格，或者隐藏栅格。

⑥ 点击子菜单"软元件注释显示格式"，会弹出图 2-42 所示的画面，对显示格式的多个项目进行设置。例如：

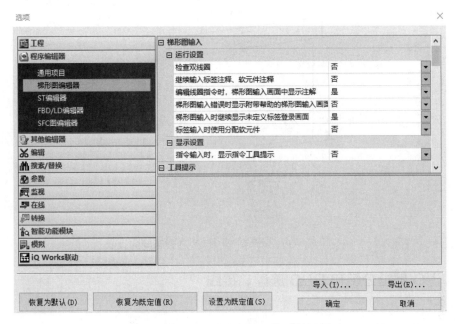

图 2-42　软元件注释显示格式的设置

a. 对"注释显示"所占用的行数和字符数进行设置。在"注释显示"中，文字的行数可以在 1～4 行之间选择。占用行数越少，梯形图越紧凑。但是如果选择 1 行，注释显示可能不完整。字符数可以在 5、8、单元格宽度这 3 个选项中进行选择。

b. 对"梯形图的显示触点数"进行设置。这项设置需要在梯形图转换之后进行，可以使梯形图每一行所显示的触点数在 9～45 之间进行选择。

c. 对"触点显示宽度"进行设置，设置范围是 1～4。

2.6　GX Works3 环境中的编程实例

下面以一个简单的实倒——仓库卷闸门自动开闭电路说明怎样在 GX Works3 编辑环境中进行梯形图主程序的编辑。

2.6.1　仓库卷闸门控制原理

图 2-43 是仓库卷闸门自动开闭示意图。在仓库卷闸门的上方，安装有一个超声波探测开关 S01，当有人员、车辆或其他物体进入超声波发射范围时，S01 便检测出超声回波，从而产生控制信号，这个信号使接触器 KM1 得电吸合，卷闸电动机 M 正向运转，仓库卷闸门升起。

在仓库门的下方，安装有一套光电开关 S02，用于检测物体是否通过仓库门。光电开关包括两个部件：一个是发光器，它安装在门的一侧，用于产生连续的光源；另一个是接收器，它安装在门的另外一侧，用于接收光束，并将其转换成电脉冲。当光束被物体遮断时，接收器检测不到光束，不产生电脉冲信号，此时仓库门保持打开的状态。当物体通过卷闸门之后，接收器检测到了光束，输出电脉冲信号，接触器 KM2 得电吸合，电动机 M 反向运转，仓库门下降并关闭。

图中有两个限位开关，其中一个是 XK1，用于检测仓库卷闸门的开门上限，使电动机正转开门停止，另一个是 XK2，用于检测仓库卷闸门的关门下限，使电动机反转，关门停止。

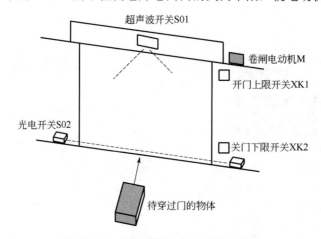

图 2-43　仓库卷闸门自动开闭示意图

2.6.2　I/O 地址分配和 PLC 选型、接线

（1）输入/输出元件的 I/O 地址分配

仓库卷闸门自动开闭电路 I/O 地址分配，见表 2-2。

表 2-2　仓库卷闸门自动开闭电路 I/O 地址分配表

I（输入）			O（输出）		
组件代号	组件名称	地址	组件代号	组件名称	地址
S01	超声波探测开关	X0	KM1	正转接触器	Y0
S02	光电开关	X1	KM2	反转接触器	Y1
XK1	开门上限开关	X2	XD1	开门指示	Y2
XK2	关门下限开关	X3	XD2	关门指示	Y3

（2）PLC 的选型

本电路中，输入和输出端子都比较少，可以选用三菱 FX5U-32MT/ES 型 PLC。从表 1-5 可知，它是 AC 电源、DC24V 漏型/源型输入通用型，工作电源为 AC 中 100～240V，这里设计为 AC 220V，总点数 16，输入端子 8 个，输出端子 8 个，晶体管漏型输出，负载电源为直流，本例选用 DC 24V。

（3）PLC 接线图

按照上述要求，结合 FX5U-32MT/ES 型 PLC 的接线端子图（图 1-9），设计出卷闸门自动开闭电路的 PLC 接线图，如图 2-44 所示。

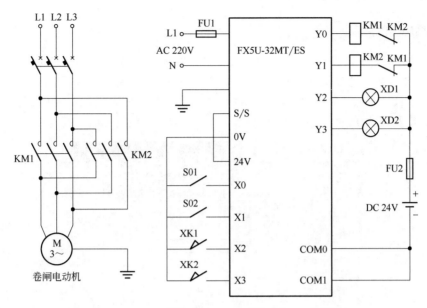

图 2-44 仓库卷闸门自动开闭电路 PLC 接线图

注意：KM1 与 KM2 必须互锁，以防止线圈同时得电，造成主回路短路。对于正反转控制电路，仅仅在梯形图程序中设置"软"互锁是不行的，必须在接线中加上"硬"互锁。将 KM2 的辅助常闭触点串联到 KM1 线圈上；将 KM1 的辅助常闭触点串联到 KM2 线圈上。

2.6.3 在编程软件中创建 PLC 新工程

点击桌面上的 GX Works3 图标，弹出图 2-8 所示的 GX Works3 编程软件的初始启动界面，执行菜单"工程"→"新建"，弹出图 2-9 所示的"新建"对话框。

① 在"系列（S）"中，选择"FX5CPU"；

② 在"机型（T）"中，选择"FX5U"；

③ 在"程序语言（G）"中，选择"梯形图"或其他语言。

点击图 2-9 中的"确定"按钮之后，弹出图 2-10 所示的 GX Works3 梯形图编辑主界面，就可以进行梯形图的编辑。

2.6.4 为软元件添加注释

在梯形图中，软元件如果没有添加注释，读图就比较困难，读懂复杂的梯形图更不容易。

注释就是为软元件添加一个名称，通过这个名称对它的功能进行解释，有了注释，就容易读懂梯形图，所以添加注释是很有必要的。

在图 2-18 中，点击 GX Works3 的导航窗口中的"软元件"→"软元件注释"→"通用软元件注释"，弹出图 2-21 所示的软元件注释表。这个注释表是在新建工程时自动生成的，从中可以添加各种软元件的注释。

另外一种方法是：在梯形图中，选中需要添加注释的软元件，再点击右键，在弹出的菜单中依次点击"编辑"→"创建文档"→"软元件/标签注释编辑"，也可以为这个元件添加注释。

在本例中，要用到两种编程软件，一是输入继电器 X，二是输出继电器 Y。

（1）输入继电器的注释

在图 2-21 左上角的"软元件名"中写入"X0"，并点击"显示"，则显示输入继电器 X0～X1777 的列表，可依次为各个输入元件添加注释。这里为 X0 加上注释"超声波探测开关"；为 X1 加上注释"光电开关"；为 X2 加上注释"开门上限开关"；为 X3 加上注释"关门下限开关"。如图 2-45 所示。

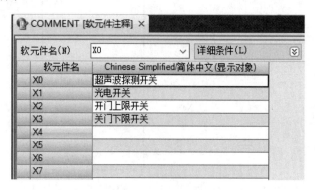

图 2-45　输入继电器 X 的注释

（2）输出继电器的注释

按照同样的方法，在左上角"软元件名"中写入"Y0"，并点击"显示"，则显示输出继电器 Y0～Y1777 的列表。这里为 Y0 加上注释"正转接触器"；为 Y1 加上注释"反转接触器"；为 Y2 加上注释"开门指示"；为 Y3 加上注释"关门指示"。如图 2-46 所示。

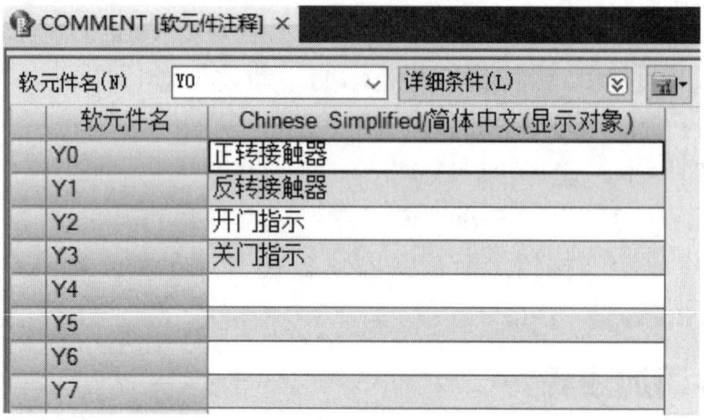

图 2-46　输出继电器 Y 的注释

其他各种软元件都可以采有这种方法添加注释。

2.6.5　梯形图的编辑和转换

（1）梯形图的编辑

为编程元件加上注释后，点击图 2-18"导航"窗口中的"程序"→"扫描"→"MAIN"→"ProgPou"→"程序本体"，回到图 2-10 的 GX Works3 梯形图编辑主界面，就可以在操作编辑区中添加各种编程指令、软元件，开始编程。

在梯形图编辑界面中，左侧母线、右侧母线已经自动添加了，其他元件必须一个一个地添加。在本例中，需要添加输入继电器 X0～X3、输出继电器 Y0～Y3、横向连线、竖向连线，以构成仓库卷闸门自动开闭梯形图。

（2）梯形图的转换

完成梯形图的编辑之后，梯形图的背景色是浅灰色的，需要进行"转换"。"转换"是对梯形图进行查错的过程。如果没有转换，则不能进行某些项目的编辑，例如不能显示程序步号，不能进行触点数的更改。

依次点击菜单中的"转换"→"全部转换"→"选项设置"，弹出图 2-47 所示"选项"界面，可以对其中的项目进行选择，然后点击"确定"按钮。

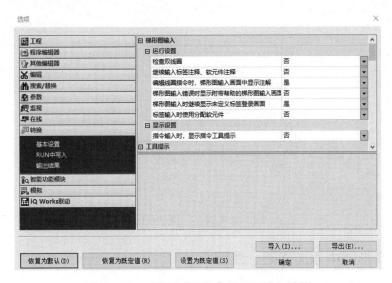

图 2-47　对需要"转换"的项目进行选择

"转换"之后，梯形图的背景色转变为白色。梯形图中如果有错误，在变换时出错区将保持灰色，需要进行改错，否则不能进行转换。本工程转换后的梯形图如图 2-48 所示。

（3）梯形图控制原理

在图 2-43 中，当超声波开关检测到某一物体时，输入继电器 X0 接通，正转接触器 Y0 得电吸合，其常开触点自保，电动机正转，仓库卷闸门上升，让物体通过。开门上限开关 X2 原来的状态是常开触点断开，常闭触点闭合。卷闸门上升到位时，X2 的状态转换，常开触点闭合，常闭触点断开，Y0 失电，电动机正转停止。

当物体进入卷闸门时，光电开关发射器发出的光源被物体遮断，接收器不能接收光源，X1 没有信号。物体通过卷闸门后，接收器接收到光信号，X1 输出上升沿脉冲，反转接触器 Y1 得电吸合，其常开触点自保，电动机反转，仓库卷闸门下降并关闭。关门下限开关 X3 原来的状态是常开触点断开，常闭触点闭合。卷闸门下降到位时，X3 的状态转换，常开触点闭合，常闭触点断开，Y1 失电，电动机反转停止。

Y2 是开门指示灯，Y3 是关门指示灯。

图 2-48 的控制原理与图 2-43 的要求完全吻合。

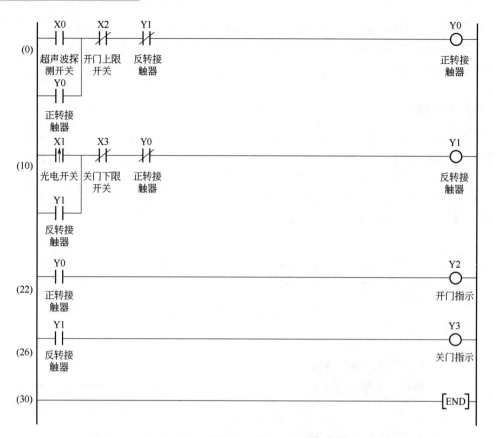

图 2-48　仓库卷闸门自动开闭梯形图

2.6.6　在梯形图中添加声明、注解

为了使读图更加方便，更容易理解，还可以在梯形图中添加声明和注解。

（1）添加声明

有些梯形图程序的容量太大，不便于阅读理解、分析调试，此时可以在梯形图中添加"行间声明"，也就是梯形图的分段注释，使程序的阅读和调试得以简化。

声明包括行间声明、P 声明、I 声明。行间声明是对梯形图某一行添加注释或说明，P 声明是对指针编号添加注释，I 声明是为中断指针的编号添加注释。在这里主要介绍行间声明的编辑方法。

在梯形图中，点击需要添加声明的某一行，再点击右键，在弹出的菜单中依次点击"编辑"→"创建文档"→"声明编辑"，出现图 2-49 所示的对话框，从中可以添加行间声明。

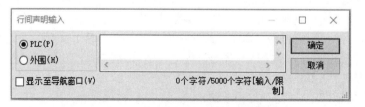

图 2-49　编辑行间声明的对话框

例如，在梯形图 2-48 中，可以为第 1、2 行梯形图添加行间声明"卷闸门上升"；为第 3、4 行梯形图添加行间声明"卷闸门下降"；为第 5、6 行梯形图添加行间声明"状态指示"。

所添加的声明注释自动显示在这一行梯形图的左上方。此时，原来的行编号会发生变化，自动地添加。

如果在"显示至导航窗口"的左边打对勾，所添加的声明就会自动进入至导航栏中，显示在梯形图"程序本体"的下方。

（2）添加注解

注解是对软元件进行进一步的诠释，一般添加于输出线圈之类的软元件，对触点等软元件则不能添加。

在梯形图中，点击需要添加注解的某一个线圈或指令，再点击右键，在弹出的菜单中依次点击"编辑"→"创建文档"→"注解编辑"，出现图 2-50 所示的对话框，从中可以添加线圈的注解。

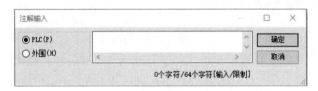

图 2-50　编辑注解的对话框

例如，在本例中，可以为输出线圈 Y0 添加注解"控制 KM1"；为输出线圈 Y1 添加注解"控制 KM2"。

在图 2-48 所示的梯形图中添加行间声明和注解后，演变为图 2-51。

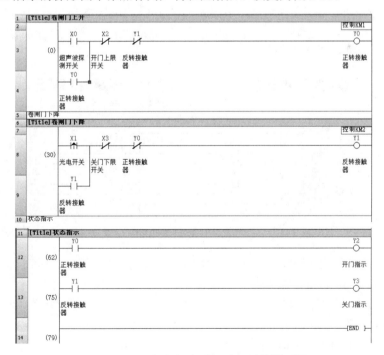

图 2-51　添加行间声明和注解后的梯形图

添加行间声明后，在导航栏的"程序本体"下面如果点击某个行间声明的标签，在梯形图中就只能显示有关的内容，其他的内容则全部隐藏了。例如点击"卷闸门上升"标签，就只能显示梯形图中的第1、2行，如图2-52所示。此时，读图和调试就限定在这个范围中。

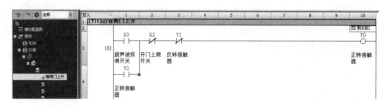

图2-52　点击"卷闸门上升"标签后显示的梯形图

在进行注释、注解、声明的编辑之后，在"视图"菜单中分别勾选"注释显示""注解显示""声明显示"，就可以将它们显示在梯形图中，如果不勾选，则处于隐藏状态。

2.7　用标签编辑梯形图

编程软件GX Works3还有一个亮点，就是可以通过标签进行编程，类型于西门子S7-1200型PLC中的符号地址编程。在使用范围上，标签可以分为局部标签和全局标签。局部标签只能在某一个程序段内使用，在不同的程序段中，可以建立名称相同的标签，不会互相影响。而全局标签可以在同一工程之下所有的程序段内使用。

用局部标签和全局标签对梯形图、语句表、时序图进行编程时，可以方便记忆，不需要查看注释。

在三菱的结构化工程中，每建立一个程序段，就会自动地生成一个相应的局部标签文件，这里仍以本章2.6节的仓库卷闸门控制装置为例，说明用标签编辑梯形图的具体方法。

首先对标签名进行列表。在导航栏中，每一个程序段下面都带有"局部标签"。依次点击"程序"→"扫描"→"MAIN"→"ProgPou"→"局部标签"，弹出局部标签设置图表，如图2-53所示。

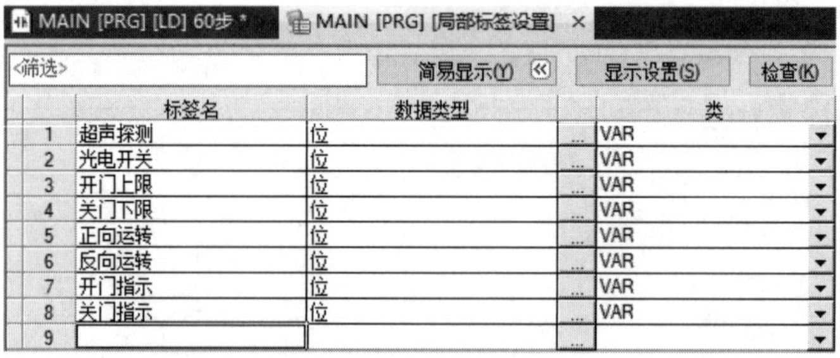

图2-53　仓库卷闸门控制装置的标签名列表

表中最左边一列是"标签名"，可以任意编写。FX5U支持中文，但要注意不要写PLC保留字，比如bit、int、word等。

标签名右边的一列是"数据类型"，可以是位、字、双字、单精度实数、时间、字符串、指针、定时器、计数器等。

"数据类型"右边的一列是"类"，其中包括：

① VAR：中间变量，可以在任意时刻进行判断和赋值；

② VAR_CONSTANT：常数变量，设定常数后不能被程序赋值；

③ VAR_RETAIN：保持变量，它比 VAR 多一个掉电数据保持功能。

下面将图 2-48 中的输入元件 X0～X3、输出元件 Y0～Y3 分别用标签表示，写入到图 2-53 中，注意不要把数据类型弄错。

接着，根据表中的标签名，就可以编辑梯形图了，如图 2-54 所示。

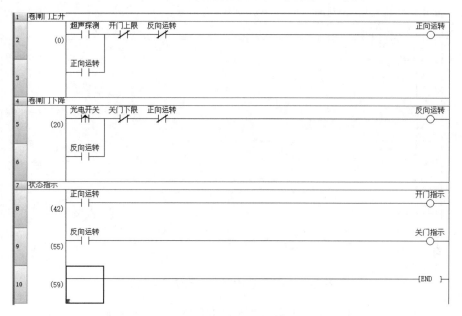

图 2-54　用标签编辑的仓库卷闸门梯形图

从图中可知，使用标签进行编程时，编程指令中所显示的不是软元件的具体地址，而是文字标签。而标签所表示的内容，是编程工程师定义的，在连接外部的输入、输出元件时，还需要将标签与软元件的地址对应起来，也就是需要分配软元件的地址给标签。

局部标签不能分配软元件的地址。全局标签具有分配软元件地址的功能。如果需要同时使用软元件和标签，就应当使用全局标签。

在导航栏中，依次点击“标签”→“全局标签”→“Global”，会弹出设置图表。

为仓库卷闸门中的软元件所设置的全局标签，如图 2-55 所示，在其中分配了软元件的输入和输出地址。

ProgPou [PRG] [LD] 1步 *　Global [全局标签设置] ×

<筛选>　简易显示(Y)　显示设置(S)　检查(K)

	标签名	数据类型		类	分配(软元件/标签)
1	超声探测	位	...	VAR_GLOBAL	X0
2	光电开关	位	...	VAR_GLOBAL	X1
3	开门上限	位	...	VAR_GLOBAL	X2
4	关门下限	位	...	VAR_GLOBAL	X3
5	正向运转	位	...	VAR_GLOBAL	Y0
6	反向运转	位	...	VAR_GLOBAL	Y1
7	开门指示	位	...	VAR_GLOBAL	Y2
8	关门指示	位	...	VAR_GLOBAL	Y3
9			...		

图 2-55　仓库卷闸门中的全局标签（分配了软元件的地址）

分配软元件地址后，执行菜单“视图”→“软元件显示”，在梯形图中就可以同时显示软元件和标签，如图 2-56 所示。

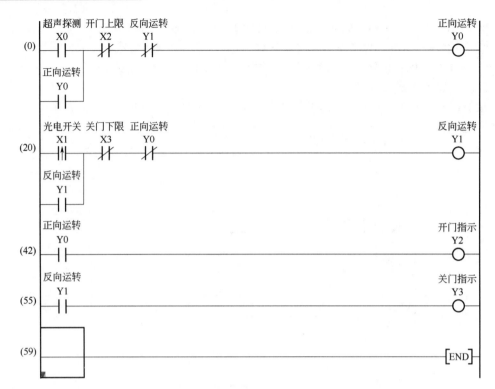

图 2-56　在梯形图中同时显示软元件和标签

从这个程序来看，好像标签没有起到任何便利的作用，反而多此一举。这是因为这个程序太简单，还不能体现出标签的便捷。如果在大型工程中使用，就可以提高编程的效率。

2.8　编辑梯形图的其他问题

（1）写入模式/读出模式的选择

如果进行编程，在菜单"编辑"→"梯形图编辑模式"中必须选择"写入模式"。如果选择"读取模式"，则不能进行编程，也不能对原来的程序进行任何修改。

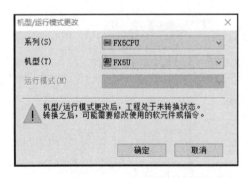

图 2-57　PLC 系列和机型的更改

（2）PLC 系列和机型的更改

如果需要改变 PLC 的系列和机型，点击菜单"工程"→"机型/运行模式更改"，弹出图 2-57 所示的对话框，在"系列（S）"栏目中，通过下拉箭头，可以选用三菱 FX5CPU 或 RCPU，在"机型（T）"栏目中，可以选择 FX5U 或 FX5UJ。

（3）在梯形图中添加软元件的其他方法

① 键盘输入法，又称指令法。如果对编程指令的助记符及其含义非常熟悉，就可以利用计算机的键盘直接输入编程指令和参数，以提高编

程速度。

例如，要将 X1 的常开触点连接到左侧的母线，可以键入"LD X1"；要串联 X2 的常闭触点，可以键入"ANI X2"；要将一个设置值为 100 的定时器 T10 线圈连接到右侧的母线，可以键入"OUT T10 K100"。

用键盘输入时，可以不考虑程序中各编程元件的连接关系，直接输入有关的指令和编程元件。但是助记符和操作数之间要用空格隔离开，不能连在一起。出现分支、自保持等关系时，可以直接用竖线补上。

② 对话法。在需要放置元件的位置，双击鼠标左键，弹出编程元件对话框，点击元件下拉箭头，显示元件列表。从列表中选择所需的元件，并输入元件的编号，即可在梯形图中放置指令和编程元件。

③ 复制/粘贴法。对于梯形图中已经存在的软元件，可以通过复制/粘贴的方法将其放置在梯形图的其他位置。

（4）软元件/标签、指令、字符串的搜索和替换

在实际编程过程中，经常需要对软元件/标签、指令、字符串等进行替换。点击菜单中的"搜索/替换"，就可以进行有关的操作。

例如，需要将某个梯形图中的输入继电器 X0 全部替换为 X5。点击菜单中的"搜索/替换"→"软元件/标签替换"，弹出图 2-58 所示的界面，在"搜索软元件/标签（N）"右边的方框中输入"X0"，在"替换软元件/标签"右边的方框中输入"X5"，然后点击"全部替换"按钮，就可以将 X0 全部替换为 X5。

（5）软元件的批量替换

有时需要进行软元件的批量替换。例如在图 2-48 中，需要将 X0 全部更换为 X10，X1 全部更换为 X11，Y0 全部更换为 Y10，Y1 全部更换为 Y11。点击菜单中的"搜索/替换"→"软元件批量替换"，弹出图 2-59 所示的"搜索与替换"表。在"搜索软元件"一列中，输入 X0、X1、Y0、Y1；在"替换软元件"一列中，对应地输入 X10、X11、Y10、Y11。然后点击图表底部的"全部替换"按钮，就可以完成替换。

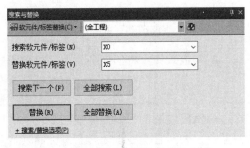

图 2-58　编程元件的搜索与替换　　　　图 2-59　软元件的批量替换

2.9　GX Works3 编辑环境中的模拟调试

当 PLC 程序编制完毕后，需要进行调试，检查程序是否符合实际工程的控制要求。依照传统的方法，必须将 PLC 连接到输入元件、输出元件、工作电源、输出电源，然后通过编程电缆把程序下载到 PLC 中，才能进行调试和检验。这样调试比较麻烦，要把所有的设备都准备好，如果程序中出错，还可能造成事故。

在 GX Works3 编辑环境中，Ver.1.025B 以上的版本带有模拟调试软件"GX Simulator3"，它具有模拟仿真功能，可以将编写好的程序在虚拟的 FX5U 型 PLC 中运行，以便对所设计的程序进行模拟调试，而不需要连接实际的 PLC。万一程序中存在错误，出现异常的输出信号，也能保证安全。

下面，以图 2-48 所示的仓库卷闸门自动开闭梯形图程序为例，在 GX Works3 编辑环境中进行模拟调试，具体操作步骤如下。

（1）进入"模拟调试"环境

对编辑完毕的梯形图进行转换后，执行菜单"调试"→"模拟"→"模拟开始"，或点击"程序通用"工具条中的"模拟开始"按钮，弹出图 2-60 所示的"GX Simulator3"简图，提示可以进行模拟调试。

与此同时，还弹出图 2-61 所示的画面，将所编制的 PLC 梯形图程序自动写入到用于模拟调试的 FX5U 型 PLC 中。

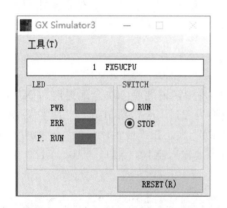

图 2-60　GX Simulator3 的简图

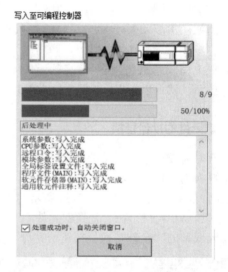

图 2-61　程序自动写入到模拟 PLC 中

"写入"完成后，点击图 2-60 中的最小化按钮，将其放入计算机的任务栏中，以免影响程序画面。

此时，梯形图进入模拟调试状态，如图 2-62 所示。原来已经闭合的触点、已经得电的输出线圈，都是深蓝色；而没有闭合的触点和没有得电的输出线圈，都保持原来的白色。从图中可以看到，X2、X3、Y0、Y1 的常闭触点都是深蓝色，表示它们处于闭合状态；而其他触点和输出线圈 Y0～Y3 都没有得电，保持原来的白色。

（2）对软元件强制 ON/OFF，观察程序运行的结果

例如，需要将输入继电器 X0 强制 ON。用鼠标选中图 2-62 中的 X0，再执行菜单中的"调试"→"当前值更改"，X0 便从原来的白色转变为深蓝色，即由断开状态强制为接通状态。

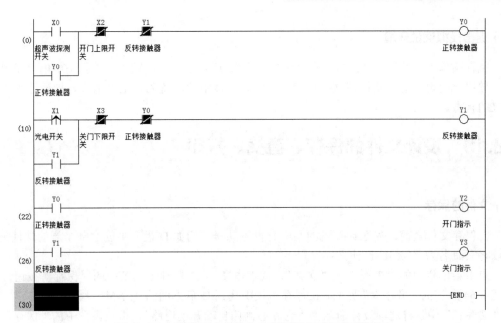

图 2-62　模拟调试中的仓库卷闸门自动开闭梯形图

与此同时，梯形图的状态由图 2-62 转变为图 2-63，其中的输出继电器 Y0 亦呈现深蓝色，说明它得电并自保，同时 Y2 也得电（深蓝色）。而 Y1、Y3 均不得电（保持为白色）。这与设计要求是吻合的。

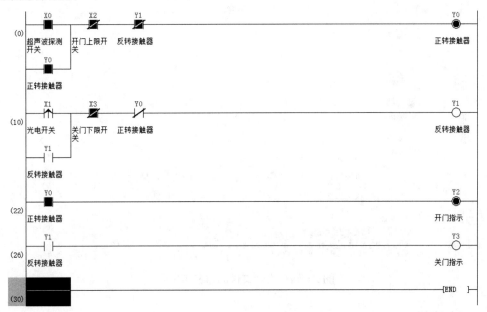

图 2-63　X0 强制 ON 时的模拟调试梯形图

　　用同样的方法可以将 X1 上升沿脉冲强制 ON，观察 Y1 和 Y3 是否得电，Y0 和 Y2 是否失电。

　　注意：此时 X1 上升沿脉冲不会长时间保持深蓝色，因为它只是在瞬间接通。

　　在梯形图中，其他软元件都可以用这种方法强制其"ON"或"OFF"，然后观察程序的变化，该得电的软元件是否都得电了，不该得电的是否不得电，以此检验所设计的程序是否符合要求。

（3）退出模拟调试环境

执行菜单"调试"→"模拟"→"模拟停止"，或点击"程序通用"工具条中的"模拟停止"按钮，就可以退出模拟调试的环境，此时软元件中的深蓝色标记都消失，梯形图恢复到原来的状态。

2.10　设计文件的保存、查找、打印

（1）文件的保存

在保存文件之前，先在计算机的某一磁盘驱动器（例如 D 盘）中创建一个新的文件夹，可以将它命名为"FX5U 设计文件"。

点击菜单栏中的"工程"→"保存"，或点击图 2-12 标准工具条中的"保存"按钮，弹出图 2-64 所示的"另存为"界面，在保存路径中找到 D 盘下面的"FX5U 设计文件"文件夹，在"文件名"中，将这项设计命名为"仓库卷闸门自动开闭电路"，再点击图中的"保存"按钮，这个设计文件便保存到 D 盘下面的"FX5U 设计文件"文件夹中。

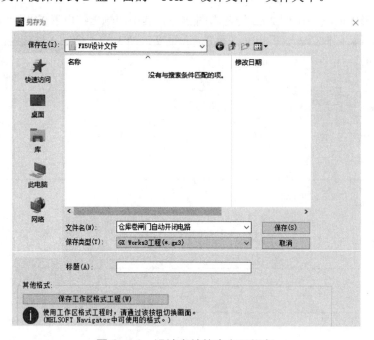

图 2-64　设计文件的命名和保存

（2）文件的查找

在保存文件的磁盘驱动器中，打开这个文件夹就能找到这个文件。可以再进行查看、编辑、修改、打印，或下载到 PLC 中进行实际运行。

再次打开图 2-10 所示的梯形图编辑主界面后，如果没有看到原来编制的梯形图，可以点击"导航"窗口中的"程序"→"扫描"→"MAIN"→"ProgPou"→"程序本体"，将梯形图显示在编辑界面中。

（3）文件的打印

在实施工程项目的过程中，有时需要对 FX5U 的设计文件进行打印，以便于存档和管理，操作步骤如下：

① 点击菜单"工程"→"打印"，或点击图 2-12 标准工具条中的"打印"按钮，出现图 2-65 所示的"打印"界面，从中进行打印项目和内容的设置。

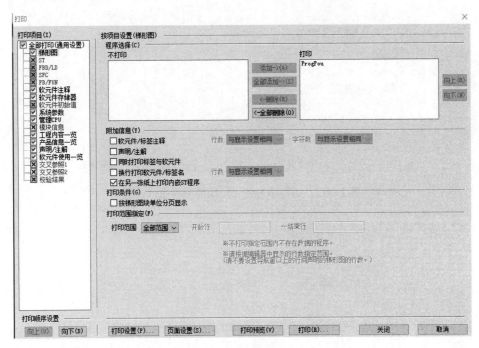

图 2-65　打印项目和内容的设置

② 在图 2-65 的左边，是"打印项目"列表，在其中勾选需要打印的项目，然后点击底部的"打印"按钮，出现"是否执行打印"对话框，如图 2-66 所示。

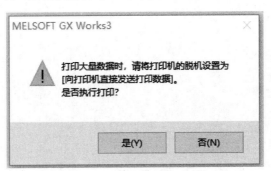

图 2-66　"是否执行打印"对话框

③ 点击图中的"是"，出现另一"打印"对话框，在其中可以对打印方法、打印范围等项目进行设置，如图 2-67 所示。

④ 点击图中的"确定"按钮，就可以进行打印。

⑤ 打印完毕后，一般需要对打印的文件进行命名和保存。

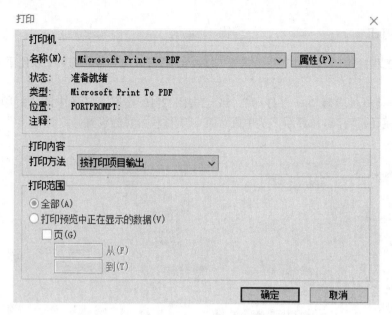

图 2-67 对打印方法、打印范围等进行设置

第 3 章
FX5U 的编程元件和编程指令

PLC 是通过程序来实现具体的控制功能的。PLC 的厂家和经销商一般不提供用户程序，由用户根据工艺要求或生产流程自行设计，将工艺和流程编制成 PLC 能够识别的程序。

在第2章中，已经对FX5U的编程软件GX Works3进行了比较详细的介绍。除了编程软件之外，编制 PLC 的用户程序还需要三个要素：一是编程语言；二是编程元件；三是编程指令。在本章分别对它们进行介绍。

3.1 FX5U 的编程语言

FX5U 型 PLC 有 4 种编程语言，分别是梯形图语言（LD）、结构化文本语言（ST）、顺序功能图语言（SFC）、功能块图/梯形图语言（FBD/LD）。

3.1.1 梯形图语言（LD）

LD 是一种图形化的编程语言，它使用符号化的触点及线圈等表达逻辑控制回路。

梯形图是 PLC 程序设计中最常用的，与继电器电路类似的一种编程语言。由于电气技术人员对继电器控制电路非常熟悉，因此，梯形图语言很受欢迎，得到了广泛的应用。

梯形图语言的特点是：通过联机把 PLC 的编程软元件连接在一起，用以表达PLC 指令及其顺序。梯形图沿用了电气工程技术人员熟悉的继电器控制原理图，以及相关的一些形式和概念，例如继电器线圈、常开触点、常闭触点、串联、并联等术语和图形符号，如图 3-1 所示，并与计算机的特点相结合，增加了许多功能强大、使用灵活的指令，使得编程较容易。由于梯形图具有直观、形象等特点，分析方法也与继电器控制电路类似，只要具备电气控制系统的基础知识，熟悉继电器控制电路，就很容易接受它，所以梯形图语言特别适合具备逻辑控制回路相关知识的工程师。

梯形图的联机有两种：一种是左侧和右侧的母线，另一种是内部的横线和竖线。母线是用来连接指令组的，内部的横线和竖线则把一个又一个的梯形图符号连接成指令组，每个指令组都是从放置 LD 指令开始，再加入若干个输入指令，以建立逻辑关系。最后为输出类指令，以实现对设备的控制。

梯形图语言与原有的继电器控制的不同之处是：梯形图中的联机不是实际的导线，能流不是实际意义的电流，内部的继电器也不是实际存在的继电器。实际应用时，需要与原有继电器控制的概念区别对待。

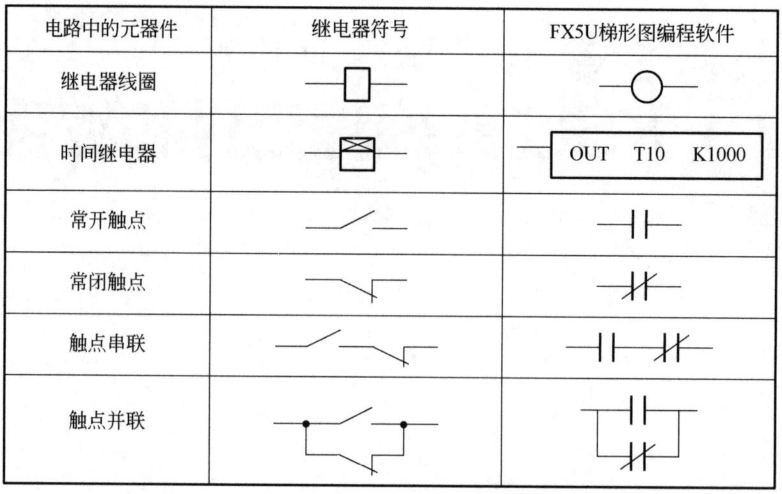

电路中的元器件
继电器符号
FX5U梯形图编程软件
继电器线圈
时间继电器
OUT T10 K1000
常开触点
常闭触点
触点串联
触点并联

图 3-1 继电器符号与梯形图编程软元件案例

用语句表达的 PLC 程序并不直观，较复杂的程序更是难以读懂，所以一般的程序都采用梯形图的形式，学习PLC 技术的电气技术人员都需要掌握梯形图。图 3-2 是一个梯形图的实例，当控制信号 X0 接通时，输出线圈 Y0 得电，同时数据寄存器 D0 中的数据移送到 D10 中。

写入
1
2
3
4
5
6
7
8
9
10
(0)
X0
Y0
MOV
D0
D10
(8)
END

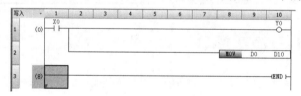

图 3-2 梯形图的实例

本书中所涉及的 PLC 控制程序，将以梯形图为主。

3.1.2 结构化文本语言（ST）

（1）ST 语言

ST 语言是使用 IF 语句或运算符等方式表达程序的文本语言。 在一个 ST 语言的程序部件中，最多可以创建 32 个工作表。

ST 语言通常用于大型的 PLC 控制工程。与梯形图语言相比，ST 语言可以对比较复杂的逻辑运算进行简洁而直观的表达，因此它适用于复杂的算术运算、比较运算等。此外，它也可以与 C 语言等一样，通过条件语句选择分支，通过循环语句对重复性的语句进行表达，从面简洁地编写程序。

ST 语言适合具备 C 语言等编程知识的工程师。

FX5U 的程序也可以采用 ST 语言表达，具体的编辑方法是：

① 执行菜单“工程”→“新建”，弹出“新建”对话框；

② 在“程序语言”栏目中选择“ST”，弹出“ST”语言的编程界面；

③ 在编程界面中，通过键盘直接输入有关的字符和标点符号。

在图 3-3（a）所示的梯形图中，用 3 个按钮控制电机正反转。按下正转启动按钮 X1 时，电机正转（Y1 得电）；按下反转启动按钮 X2 时，电机反转（Y2 得电）；按下停止按钮 X3 时，电机停止。

同样的功能用 ST 语言来编程，当按下 X1 时，位软元件 Y1 的值为 TRUE（ON 或导通），Y2 的值为 FALSE（OFF 或断开）。X2 与 X1 的控制原理相同。按下 X3 时，输出 Y1 和 Y2 的值都为 FALSE。如图 3-3（b）所示。

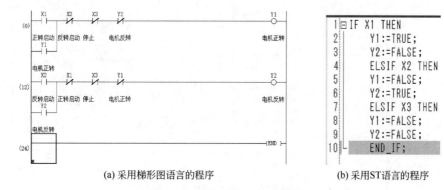

(a) 采用梯形图语言的程序　　　　　　(b) 采用ST语言的程序

图 3-3　电动机正反转的两种语言程序

在图 3-3（b）中：

"IF"的中文意思是"如果"，在程序中用于判断是否满足某个条件，当满足其中一个条件时，在这个条件下面可以进行一些操作，在所有条件都不满足时不操作。

"：="是 ST 语言的赋值符号，它既可以给开关量赋值，也可以给数字量赋值，既可以赋值常数，也可以赋值变量，类似于梯形图里面的 MOV 指令。

"；"是分号结束符，在每条赋值语句和每个结束指令后面都要添加。

在程序里所有的符号都要用英文符号编写。

在 ST 语言中，软元件赋值后如果没有其他的赋值操作，就可以一直保持，类似于梯形图中的 SET/RST 指令。

（2）内嵌 ST 语言

内嵌 ST 语言是指在梯形图编辑器内创建并编辑与梯形图程度相当的指令，显示在内嵌的 ST 框中。用这种方法，可以轻松地在梯形图程序内进行数据运算或进行字符串处理。

图 3-4 是没有使用内嵌 ST 语言的梯形图程序。

图 3-5 是同样的控制程序，但是采用了内嵌 ST 语言，使梯形图程序得到了大幅度的简化。

在使用内嵌 ST 语言时，要注意以下几个问题：

① 在梯形图程序的每一行中，只能创建一个内嵌 ST 框，而且不能同时使用内嵌 ST 框和 FB。

② 如果在触点相应的指令位置创建内嵌 ST 框，在线圈相应的指令位置也会自动创建内嵌 ST 框。

③ 在内嵌 ST 框内，最多可以输入的字符数为 2048 个。

④ 在内嵌 ST 框内，如果执行上升沿指令、下降沿指令、特殊定时器指令、通用 FB、边缘检测 FB、计数器 FB 等，有可能不能正常运行，因此不要使用这些指令。

⑤ 如果在内嵌 ST 框内使用"RETURN"语句，则不会结束程序块的处理，而是结束内

嵌 ST 框程序的处理。

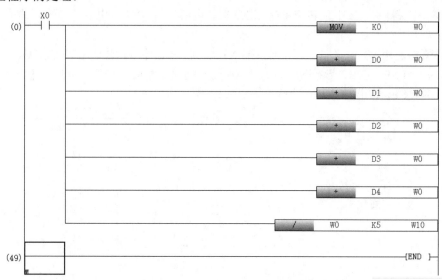

图 3-4 没有采用内嵌 ST 语言的梯形图程序

图 3-5 采用内嵌 ST 语言简化的梯形图程序

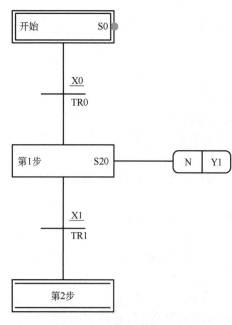

图 3-6 顺序功能图的形式

3.1.3 顺序功能图语言（SFC）

SFC 语言是为了满足顺序逻辑控制而设计的编程语言。在工业控制领域，有一些比较复杂的顺序控制过程，如果采用一般的梯形图编程，程序设计就比较复杂，也不容易读懂，调试也比较麻烦。在这种场合，用顺序功能图（SFC）来编程就显得比较简洁，既便于设计，又容易读懂。

图 3-6 是顺序功能图的形式。

需要说明的是，FX5U 型 PLC 并不支持 SFC 语言的顺序功能图，但是可以用 SFC 语言编辑图 3-6 形式的 SFC 流程图。在这种 SFC 流程图的基础上，再为 FX5U 编辑其他形式的顺序功能图（步进指令方式、起-保-停方式、SET 和 RST 指令方式）就比较方便了。具体的编辑方法将在第 4 章中详细叙述。

3.1.4 功能块图/梯形图语言（FBD/LD）

FBD/LD 是采用功能部件、FB 部件、变量部件、常数部件等，沿着数据和信号的流动方向进行连接，以此来表达控制程序的图表语言。在梯形图编程时如果遇到较为复杂的程序，它能够轻松地创建这类程序，从而提高编程的效率。FBD/LD 语言也特别适合具有顺序程序控制、逻辑回路相关知识的工程师。

在一个 FBD/LD 语言程序中，最多可以创建 32 个工作表。

对于图 3-2 所示的梯形图，也可以采用图 3-7 所示的 FBD/LD 语言来表达。

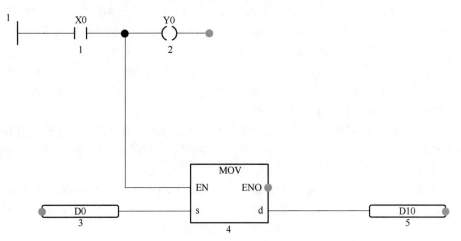

图 3-7　用 FBD/LD 语言表达图 3-2 所示的梯形图

这个程序的编辑方法是：

① 执行菜单"工程"→"新建"，弹出"新建"对话框；

② 在"程序语言"栏目中选择"FBD/LD"，弹出"FBD/LD"语言的编程界面；

③ 在编程界面中，直接从工具条中选取常开触点 X0、输出线圈 Y0，将它们添加到图中；

④ 在"折叠窗口"工具条中，点击"部件选择"按钮，在编程界面的右边弹出"部件选择"对话框；

⑤ 从这个对话框中，依次查找到"基本指令"→"数据传送指令"→"MOV（16 位数据传送）"，将"MOV"指令拖拽到编程界面的合适位置；

⑥ 点击"FBD/LD"工具条（FBD/LD 语言专用工具条）中的按钮"变量"，在"MOV"指令的"s"端子上连接变量"D0"，在"d"端子上连接变量"D10"；

⑦ 用线条连接图中的各个元件。

3.1.5　程序块的划分

在一个工程文件中，可以将总体程序划分为若干个程序块，在各程序块中分别创建主程序、子程序、中断程序，这样程序的设计和修改就比较容易了。

主程序从第 0 步开始，到"END"指令结束。

子程序从指针（P）开始，到"END"指令结束。它需要通过子程序调用指令 CALL、XCALL 来执行。

中断程序从中断指针（I）开始，到 IRET 指令结束。如果发生中断原因，则执行与该中断指针编号相对应的中断程序。

在执行程序时，会按照指定的顺序执行。如果没有指定顺序，则自动按照程序块名的顺序（升序）执行。

在梯形图中，程序文件的规划见第 2 章中 2.5.5 节。

3.2 FX5U 的编程软元件

从本质上来说，PLC 的编程软元件就是电子组件和内存。考虑到 PLC 是从继电器控制系统发展而来的，为了便于电气工程技术人员学习和掌握，按照他们的专业工作习惯，借用继电器控制系统中类似的元器件名称对编程软元件进行命名，分别把它们称为输入继电器（X）、输出继电器（Y）、辅助继电器（M）、步进继电器（S）、定时器（T）、计数器（C）、数据寄存器（D）、指针（P、I）、常数（K、H、E）等。为了与硬件区别，又将这些软元件称为"软继电器"。这些"继电器"与实际的继电器完全不同，它们本质上是与二进制数据相对应的，没有实际的物理触点和线圈。我们在编程时，必须充分熟悉这些软元件的符号、编号、特性、使用方法和技巧。

FX5U 型 PLC 所用编程软元件，已经包含在表 1-2 中。它由字母和数字两部分组成，字母表示软元件的类型，数字表示软元件的编号。其中的输入继电器、输出继电器用八进制编号，其他均采用十进制编号。编程软元件有多种，可以分为三类：

第一类是位软元件，包括输入继电器（X）、输出继电器（Y）、辅助继电器（M）、自锁继电器（L）、链锁继电器（B）、步进继电器（S）等。在存储单元中，1 位表示一个继电器，其状态为"1"或"0"，"1"表示继电器得电，"0"表示继电器失电。

第二类是字软元件，例如数据寄存器 D。一个数据寄存器可以存放 16 位二进制数，两个可以存放 32 位二进制数，以用于数据处理。

第三类是位与字混合的软元件，例如定时器（T）和计数器（C），其线圈和触点是位软元件，而设定值和当前值寄存器是字软元件。

熟悉 FX5U 和 GX Works3 的编程软元件，了解它们的特征和用途，是学习和使用 FX5U 型 PLC 的重要基础。

3.2.1 输入继电器（X）

输入继电器是通过按钮、切换开关、限位开关、接近开关、数字开关等外部设备，向 CPU 模块发送控制指令及数据的软元件。

输入继电器是 PLC 接收外部开关量信号的唯一窗口。PLC 将输入信号的状态读入后，存储在对应的输入继电器中。外部组件接通时，对应的输入继电器的状态为"1"，也就是 ON。此时相应的 LED 指示灯亮，表示输入继电器的常开触点闭合，常闭触点断开。输入继电器的状态取决于外部输入信号，不受用户程序的控制，因此在梯形图中绝对不能出现输入继电器的线圈。

在 PLC 内部，输入继电器就是电子继电器，它通过光电耦合器与输入端子相隔离，其常开、常闭触点可以无数次地反复使用。

FX5U 基本单元的输入继电器由字母 X 和八进制数字表示，其编号与输入接线端子的编号一致。编号系列是 X0～X7、X10～X17……在不带扩展模块时，可以达到 40 点。带上扩展模块之后，输入、输出继电器的总点数可以达到 384 点。如果再连接 CC-Link 远程输入和输出（I/O），I/O 点数之和则可以达到 512 点。在各种型号的基本单元中，输入继电器的编号和点数见表 3-1。

表 3-1 FX5U 基本单元中输入继电器的编号和点数

型号	输入端子	输入点数
FX5U-32M	X0～X17	16
FX5U-64M	X0～X37	32
FX5U-80M	X0～X47	40

3.2.2　输出继电器（Y）

输出继电器是将程序的控制结果取出，输送到外部的信号灯、继电器、接触器、电磁阀、数字显示器等受控设备的软元件。

输出继电器是 PLC 向外部负载发送控制信号的唯一窗口。它将输出信号传送给输出接口电路，再由接口电路驱动外部负载。输出接口电路通过继电器或光电耦合器件与外部负载隔离。

输出继电器的线圈由 PLC 的程序控制，一个线圈（Y）一般只能使用一次。其常开、常闭触点供内部程序使用，使用次数不受限制。

FX5U 基本单元的输出继电器由字母 Y 和八进制数字表示，其编号与输出接线端子的编号一致。编号系列是 Y0～Y7、Y10～Y17……不带扩展模块时，可以达到 40 点。各种型号的基本单元中，输出继电器的编号和点数见表 3-2。

表 3-2　FX5U 基本单元中输出继电器的编号和点数

型号	输出端子	输出点数
FX5U-32M	Y0～Y17	16
FX5U-64M	Y0～Y37	32
FX5U-80M	Y0～Y47	40

3.2.3　各种内部继电器

（1）辅助继电器（M）

辅助继电器相当于继电器控制系统中的中间继电器，它用于存储程序的中间状态或其它信息，与外部没有联系，只能在程序内部使用，不能直接驱动外部负载。

同输出继电器一样，辅助继电器的线圈由 PLC 内部编程软元件的触点驱动，一个线圈（M）一般只能使用一次。其常开、常闭触点供内部程序使用，使用次数不受限制。

辅助继电器的编号采用十进制，它没有断电保持功能。如果线圈得电时突然停电，线圈就会失电，再次来电时，线圈仍然失电。

（2）特殊继电器（SM）

特殊继电器用来执行 PLC 的某些特定功能。它具有两大类：

第一类的线圈由 PLC 自行驱动，如 SM400（常 ON）、SM402（初始脉冲）、SM412（1s 时钟脉冲）等。不需要编制程序，可以直接使用它们的触点。

第二类是可以对线圈进行驱动的特殊继电器，被用户程序驱动后，可以执行特定的动作。因此，特殊继电器不能像辅助继电器那样在程序中随意编辑，但是，可以根据需要将它们设置为 ON 或 OFF 状态，以执行某些控制功能。

（3）自锁继电器（L）

自锁继电器是在 CPU 模块内部使用的，可以进行停电保持的辅助继电器。在停电或复位时，运算结果仍然存在。

（4）链锁继电器（B）

在网络模块与 CPU 模块之间，当刷新"位"数据时，是 CPU 模块侧使用的软元件在 CPU 模块内的链锁继电器可以与网络模块的链锁继电器（LB）相互收发数据。刷新范围在网络模块的参数中设置。未用于刷新的位软元件，可以用于其他用途。

（5）链锁特殊继电器（SB）

链锁特殊继电器的作用是：网络模块的通信状态和异常检测状态将被输入到网络内的链锁特殊继电器中以供使用。未用于刷新的链锁特殊继电器，可以用于其他用途。

（6）报警器（F）

报警器是由用户创建的，在检测设备故障的程序中使用的内部继电器。将报警器置为 ON 时，SM62（报警器检测）将为 ON。SD62～SD79（报警器检测编号表）中将会存储变为 ON 的报警器的个数及编号。

（7）步进继电器（S）

步进继电器是在步进梯形图指令中使用的软元件。它与步进顺序控制指令配合使用，以编写SFC顺序控制程序，完成对某一工序的步进顺序控制。步进继电器没有用于步进梯形图时，可以作为辅助继电器使用。

3.2.4　定时器（T、ST）

同其他 PLC 一样，FX5U 中的定时器相当于继电器控制系统中的时间继电器，它通过对时钟脉冲的累积来计时。时钟脉冲一般有 1ms、10ms、100ms 三种，以适应不同的要求。

定时器可以分为两类：

① 通用定时器（T）：它不具备断电保护功能，当停电或输入回路断开时，定时器清零（复位）。

② 累积定时器（ST）：它具有计时累积的功能，如果停电或定时器线圈失电，能记忆当前的时间值；通电或线圈重新得电后，在原有数值的基础上继续累积；只有将它复位，当前值才能变为0。

如果按速度划分，定时器又可以分为三种：定时范围是 0.001～3276.7s。

① 低速定时器：时钟脉冲为 100ms，定时范围是 0.1～3276.7s；

② 中速定时器：时钟脉冲为 10ms，定时范围是 0.01～327.67s；

③ 高速定时器：时钟脉冲为 1ms，定时范围是 0.001～32.767s。

定时器的设定值可以采用内存的常数K，在 K0～K32767 之间选择。也可以通过数据寄存器 D、文件寄存器 R 等进行间接设置。

通用定时器和累积定时器均为 1024 点，编号按十进制分配，在 CPU 内置存储容量的范围之内，可以通过参数进行变更。

每个定时器只有一个输入，设定值由用户根据工艺要求确定。与常规的时间继电器一样，当所计的时间达到设定值时，线圈得电，常闭触点断开，常开触点闭合。但是 PLC 中的定时器没有瞬动触点，这一点有别于普通的时间继电器。

定时器的线圈一般只能使用一次，但触点的使用次数没有限制。

3.2.5　计数器（C、LC）

同其他 PLC 一样，FX5U 中的常用的计数器是加法计数器，每一个计数脉冲上升沿到来时，原来的数值加 1。如果当前值达到设定值，便停止计数，此时触点动作，常闭触点断开，常开触点闭合。当复位信号的上升沿到来时，计数器被复位。此时计数器线圈失电触点恢复到常态，如果计数脉冲的上升沿再次到来，则计数器重新进入计数状态。

如果按计数范围划分，计数器可以分为两种：

① 通用计数器（C）：计数值为 16 位，设置范围为 1～65535；

② 超长定时器（LC）：计数值为 32 位，设置范围为 1～4294967295。

通用计数器和超长计数器均为 1024 点，编号按十进制分配，在 CPU 内置存储容量的范围之内，可以通过参数进行变更。

计数器的设定值可以采用 CPU 内存中的常数K，也可以通过数据寄存器 D、文件寄存器 R 进行设置。多数计数器具有断电记忆功能，在计数过程中如果系统断电，当前值一般可以自动保存下来，通电后系统重新运行时，计数器延续断电之前的数值继续计数。也有一部分计数器没有断电记忆功能。

计数器的线圈一般只能使用一次，但触点的使用次数没有限制。

3.2.6　各种寄存器

（1）数据寄存器（D）

PLC 控制系统需要存储大量的工作参数和数据，数据寄存器就是存放各种数据的软元件。每一个数据寄存器都是一个字存储单元，都是 16 位（最高位是正/负符号位）。也可以将两个数据寄存器组合起来，存储 32 位数据（最高位是正/负符号位）。数据寄存器不能使用线圈和触点。

（2）链锁寄存器（W）

链锁寄存器是用于网络模块与 CPU 模块之间，在刷新"字"数据时，CPU 模块侧使用的软元件。在 CPU 模块内的链锁寄存器（W），可以与网络模块的链锁寄存器（LW）相互收发数据。通过网络模块的参数可以设置刷新范围。未用于刷新的软元件，可以用于其他用途。

（3）链锁特殊寄存器（SW）

链锁特殊寄存器的作用是：网络模块的通信状态和异常检测状态将被输入到网络内的链锁特殊寄存器中以供使用。未用于刷新的链锁特殊寄存器，可以用于其他用途。

（4）特殊寄存器（SD）

特殊寄存器是在 FX5U 内部明确定义的寄存器，因此不能像通常的内部寄存器那样用于程序中。但是，它可以根据需要写入数据，以便执行某些控制功能。

（5）变址寄存器（Z）

变址寄存器是在软元件的地址修改中使用的软元件，它用于 16 位软元件的变址修饰。默认为 20 点，可以设置为 0～24 点。

（6）超长变址寄存器（LZ）

超长变址寄存器是在软元件的地址修改中使用的软元件，它用于 32 位软元件的变址修饰。默认为 2 点，可以设置为 0～12 点。

（7）文件寄存器（R）

文件寄存器是在 CPU 模块内置存储器中使用的寄存器。

（8）扩展文件寄存器（ER）

扩展文件寄存器是在 SD 存储卡中保持的软元件。通过某些应用指令，可以调用扩展文件寄存器的相应功能。

① ERREAD 指令：调用扩展文件寄存器的读取功能。将 SD 存储卡内存储的扩展文件寄存器的当前值读取至 CPU 内置存储器内的文件寄存器。数据传送源的软元件编号与数据传送目标的软元件编号相同（读取 ER0～100 时，存储在 R0～100 中）。可以从扩展文件寄存器中读取的软元件点数最多为 32768 点。

② ERWRITE 指令：调用扩展文件寄存器的写入（传送）功能。将 CPU 内置存储器中文件寄存器的当前值写入到 SD 存储卡内的扩展文件寄存器。数据传送源的软元件编号与数据传送目标的软元件编号相同（写入 R0～100 时，存储在 ER0～100 中）。可以向扩展文件寄存器中写入的软元件点数最多为 32768 点。

③ ERINIT 指令：调用扩展文件寄存器的批量初始化功能。将 SD 存储卡内的扩展文件寄存器全部初始化。

3.2.7　模块访问软元件、嵌套、指针

（1）模块访问软元件

模块访问软元件的功能是：对连接在 CPU 模块上的智能功能模块的缓冲存储器进行直接访问，需要访问的地址通过 U（智能功能模块的编号）、G（缓冲存储器地址）进行指定，例如 U5\G11。

（2）嵌套（N）

嵌套是在主控指令 MC、MCR 中使用的软元件，它作用于嵌套结构，结合控制条件进行编程，以此提高编程的效率。嵌套结构的顺序是从 N0 至 N14，编程方法详见本章第 3.3.4 节。

（3）指针（P）

指针是在跳转指令（CJ）及子程序调用指令（CALL）中使用的软元件。指针可以分为

两种类型：

① 全局指针：可以从正在执行的所有程序中调用子程序的指针。

② 标签分配用指针：是分配给标签使用的指针，指针编号由工程工具自动决定，因此用户无法指定要分配的指针编号。

指针有两种用途：一是指定跳转指令的目标和标签；二是指定子程序调用指令的目标和标签（子程序的起始）。

（4）中断指针（I）

中断指针是用于指示某一中断程序入口位置的软元件，可以在正在执行的所有程序中使用，具体内容如表 3-3 所示。

表 3-3　中断指针的类型和编号

中断原因	指针编号	说　明
输入中断	I0~I15	在 CPU 模块的输入中断时使用的中断指针，最多可使用 8 点
高速比较一致中断	I16~I23	在 CPU 模块的高速比较一致中断时使用的中断指针
内部定时器的中断	I28~I31	通过内部定时器进行的，在恒定周期中断时使用的中断指针
来自模块的中断	I50~I177	在具备中断功能的模块内部使用的中断指针

3.2.8　常数和字符串

常数是在编程中进行数据处理不可或缺的软元件，用字母 K、H 和 E 表示。常数的类型详见第 1 章中的表 1-2。

（1）十进制常数（K）

十进制常数是在程序中以大写字母"K"指定的十进制数据的软元件，例如 K1234，可用于设置定时器或计数器的数值及应用指令中操作数的数值。设置范围取决于使用十进制常数的指令的自变量数据类型。

（2）十六进制常数（H）

十六进制常数是在程序中以大写字母"H"指定的十六进制数据的软元件，例如 K1234，它主要用于设置应用指令中的操作数值，包括 0~9 和 A~F 这16个字符。（如果以 BCD 指定数据，应在 0~9 的范围内指定十六进制数的各位）。指定范围取决于使用十六进制常数的指令的自变量数据类型，16 位常数的范围是 0~FFFF，32 位常数的范围是 0~FFFFFFFF。

（3）实数常数（E）

实数常数是在程序中指定实数的软元件，以大写字母"E"进行指定，例如 E1.234。指定的范围是：$-3.40282347^{+38} \sim -1.17549435^{-38}$、0、$1.17549435^{-38} \sim 3.40282347^{+38}$。

（4）字符串

字符串是指定字符串的软元件，可使用移位 JIS 编码字符串。任何一个字符串都是以

NULL 字符（00H）作为字符串的结尾。

3.3 FX5U 的编程指令

FX5U 系列 PLC 的指令系统是一个庞大的家族，其中有一些是常用指令，例如触点指令、合并指令、输出指令、主控指令、步进指令、结束停止指令。这些常用指令反映了继电器控制电路中各种软元件的基本连接关系，初学者容易理解。此外还有大量的功能指令。本书的出发点是引导电气工程技术人员和其他初学者入门，因此重点介绍使用得比较多的常用指令。功能指令（又称为应用指令）则比较复杂、抽象，初学者不容易理解，在本书中一般不涉及。读者在弄懂常用指令的基础上，可以通过多种途径，再深入地学习功能指令。

3.3.1 触点指令

触点指令一共有 18 个，它们的名称和功能见表 3-4。

表 3-4　触点指令表

序号	类别	指令名称	功能和用途
1	运算开始	LD	常开触点逻辑运算开始
2		LDI	常闭触点逻辑运算开始
3	触点串联连接	AND	常开触点串联连接
4		ANI	常闭触点串联连接
5	触点并联连接	OR	常开触点并联连接
6		ORI	常闭触点并联连接
7	脉冲运算开始	LDP	上升沿脉冲运算开始
8		LDF	下降沿脉冲运算开始
9	脉冲串联连接	ANDP	上升沿脉冲串联连接
10		ANDF	下降沿脉冲串联连接
11	脉冲并联连接	ORP	上升沿脉冲并联连接
12		ORF	下降沿脉冲并联连接
13	脉冲否定运算开始	LDPI	上升沿脉冲否定运算开始
14		LDFI	下降沿脉冲否定运算开始
15	脉冲否定串联连接	ANDPI	上升沿脉冲否定串联连接
16		ANDFI	下降沿脉冲否定串联连接
17	脉冲否定并联连接	ORPI	上升沿脉冲否定并联连接
18		ORFI	下降沿脉冲否定并联连接

（1）LD、LDI、AND、ANI、OR、ORI 指令

这 6 个指令在梯形图中的使用示例见图 3-8，其中：

① LD 指令：将常开触点X0连接到左侧的母线上；

② LDI 指令：将常闭触点X1连接到左侧的母线上；

③ AND 指令：将常开触点X2、X3串联连接，可以将多个常开触点连续串联；

④ ANI 指令：将常闭触点X4、X5串联连接，可以将多个常闭触点连续串联；

⑤ OR 指令：将常开触点M2并联连接，可以将多个常开触点连续并联；

⑥ ORI 指令：将常闭触点M3并联连接，可以将多个常闭触点连续并联。

图 3-8 使用 LD、LDI、AND、ANI、OR、ORI 指令的示例

图中的这些编程指令可以使用以下软元件的控制触点：

① 位软元件：X（输入继电器）、Y（输出继电器）、M（辅助继电器）、L（自锁继电器）、SM（特殊继电器）、F（报警器）、B（链锁继电器）、SB（链锁特殊继电器）、S（步进继电器）。

② 字软元件：T（定时器）、ST（累积定时器）、C（计数器）、D（数据寄存器）、W（链锁寄存器）、SD（特殊寄存器）、SW（链锁特殊寄存器）、R（文件寄存器）、模块访问软元件U□\G□。

③ 双字软元件：LC（超长计数器）。

（2）LDP、LDF、ANDP、ANDF、ORP、ORF 指令

在这些指令中，LDP、ANDP、ORP这3个指令都是上升沿检测触点指令。其符号是触点中间夹着一个向上的箭头。当触点由断开转为接通后，仅在第一个扫描周期内，它所驱动的线圈才是接通的。通俗地说，就是使用触点的上升沿脉冲进行控制。

图 3-9 是在梯形图中使用上升沿检测触点指令 LDP、ANDP、ORP 的示例，其中：

（1）LDP 指令：将上升沿触点X0连接到梯形图左侧的母线；

（2）ANDP 指令：对上升沿触点X2进行串联连接；

（3）ORP 指令：对上升沿触点X4进行并联连接。

在梯形图下面还附有时序图。从时序图可知，当触点X0、X2、X3（或 X4）由断变为接通（即上升沿）后，在第一个扫描周期内，对应的输出线圈 Y0、Y1、M1 的状态均为ON。

注意：图中 X2 与 Y1 的时序图是按 X1闭合的前提考虑的。

图 3-9 中的这些编程指令，可以使用的软元件与图 3-8 相同。

　　LDF、ANDF、ORF这3个指令则是下降沿检测触点指令。其符号是触点中间夹着一个向下的箭头。当触点由接通转为断开时，仅在第一个扫描周期内，它所驱动的线圈才是导通的。通俗地说，就是使用触点的下降沿脉冲进行控制。

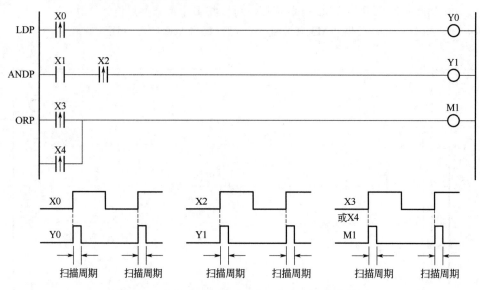

图 3-9　使用 LDP、ANDP、ORP 指令的示例

　　图 3-10 是在梯形图中使用下降沿检测触点指令 LDF、ANDF、ORF 的示例，其中：

① LDF 指令：将下降沿触点X0连接到梯形图左侧的母线；

② ANDF 指令：对下降沿触点X2 进行串联连接；

③ ORF 指令：对下降沿触点X4 进行并联连接。

　　在梯形图下面还附有时序图。从时序图可知，当触点X0、X2、X3（或 X4）由接通变为断开（即下降沿）后，在第一个扫描周期内，对应的驱动线圈 Y0、Y1、M1 的状态为ON。

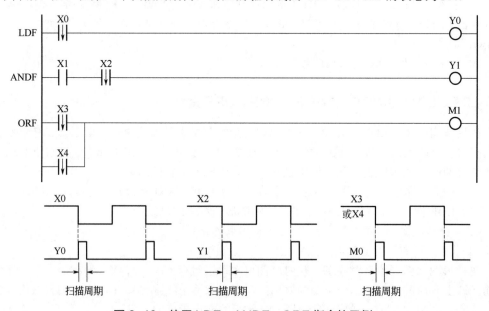

图 3-10　使用 LDF、ANDF、ORF 指令的示例

注意：图中 X2 与 Y1 的时序图，是按 X1 闭合的前提考虑的。

图 3-10 中的这些编程指令，可以使用的软元件与图 3-8 相同。

（3）LDPI、LDFI、ANDPI、ANDFI、ORPI、ORFI 指令

这 6 个指令都是脉冲否定运算指令，图 3-11 是在梯形图中使用这些指令的示例，其中：

① LDPI 指令：上升沿脉冲否定运算开始指令。指定的位软元件 X0 只要不出现上升沿，X0 就一直处于导通状态。

② LDFI 指令：下降沿脉冲否定运算开始指令。指定的位软元件 X1 只要不出现下降沿，X1 就一直处于导通状态。

③ ANDPI 指令：上升沿脉冲否定串联连接指令。指定的位软元件 X2 只要不出现上升沿，X2 就一直处于导通状态，可以与前面的控制信号 M2 进行 AND（串联）运算。

④ ANDFI 指令：下降沿脉冲否定串联连接指令。指定的位软元件 X3 只要不出现下降沿，X3 就一直处于导通状态，可以与前面的控制信号 M3 进行 AND（串联）运算。

⑤ ORPI 指令：上升沿脉冲否定并联连接指令。指定的位软元件 X4 只要不出现上升沿，X4 就一直处于导通状态，可以与控制信号 M4 进行 OR（并联）运算。

⑥ ORFI 指令：下降沿脉冲否定并联连接指令。指定的位软元件 X5 只要不出现下降沿，X5 就一直处于导通状态，可以与控制信号 M5 进行 OR（并联）运算。

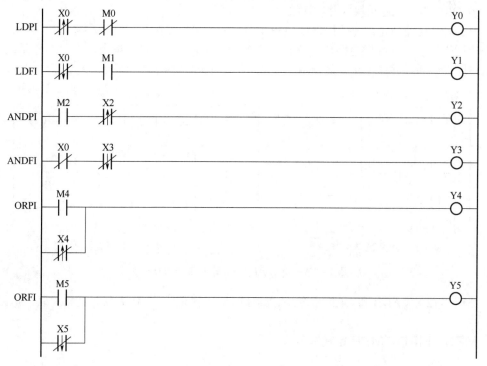

图 3-11　使用 LDPI、LDFI、ANDPI、ANDFI、ORPI、ORFI 指令的示例

图 3-11 中的这些编程指令，可以使用的软元件与图 3-8 相同。

3.3.2　合并指令

合并指令一共有 8 个，它们的名称和功能见表 3-5。

表3-5　合并指令

序号	类别	指令名称	功能和用途
1	梯形图块串联	ANB	逻辑块之间的串联连接
2	梯形图块并联	ORB	逻辑块之间的并联连接
3	存入堆栈	MPS	存储运算结果
4	读出堆栈	MRD	读取存储的运算结果
5	弹出堆栈	MPP	读出和复位存储的运算结果
6	结果脉冲化	MEP	运算结果上升沿脉冲化
7	结果脉冲化	MEF	运算结果下降沿脉冲化
8	取反	INV	取出与运算结果相反的值

（1）ANB、ORB 指令

这 2 个指令的功能是：

① ANB 指令：逻辑块的串联连接。串联电路块是指两个或两个以上的触点串联所组成的电路结构。

② ORB 指令：逻辑块的并联连接。

图 3-12 是在梯形图中使用 ANB、ORB 指令的示例。在图 3-12（a）中，通过 ANB 指令将 2 个逻辑块串联（并联电路块）。在图 3-12（b）中，通过 ORB 指令，将 3 个逻辑块（串联电路块）并联。并联电路块是指两个或两个以上的触点并联所组成的电路结构。

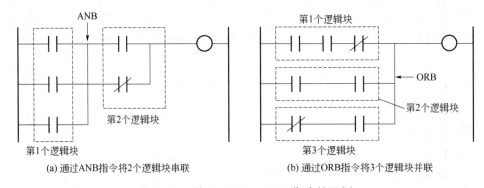

(a) 通过ANB指令将2个逻辑块串联　　　　(b) 通过ORB指令将3个逻辑块并联

图 3-12　使用 ANB、ORB 指令的示例

在图 3-12 中，ANB 和 ORB 指令没有具体的编程软元件，操作对象就是相关联的电路块。

（2）MPS、MRD、MPP 堆栈指令

这 3 个堆栈指令是多输出指令。堆栈就是货仓，它是向计算机术语中借用的一个名词。具体来说，就是在 PLC 的某一个特定存储区里，存储某些中间运算的结果。如果读者对这几个指令难以理解，可以抛开"堆栈"的概念，按"多路输出"进行理解。

① MPS 指令：存入堆栈，就是将该指令前面的运算结果存储起来，以供后面反复使用。一般用在梯形图分支点处最上面的支路，将分支处左边的运算结果保存起来。

② MRD 指令：读出堆栈，即读出由 MPS 指令存储的运算结果。一般用在 MPS 指令支

路以下，MPP 指令支路以上的所有支路中。它能反复读出由 MPS 指令存储的运算结果，以供后面的程序使用。

③ MPP 指令：弹出堆栈，即读出并清除由 MPS 指令存储的运算结果。一般用在分支点最下面的支路。它最后一次读出由 MPS 指令存储的运算结果，并同最下面的支路进行逻辑运算，然后将 MPS 指令所存储的内容清除，结束分支处的编程。

MPS 指令与 MPP 指令必须成对使用，即在每一条 MPS 指令的后面，都必须有一条对应的 MPP 指令。处理最后一条指令时，必须使用 MPP 指令，而不是 MRD 指令。

图 3-13 是在梯形图中使用 MPS、MRD、MPP 堆栈指令的示例。

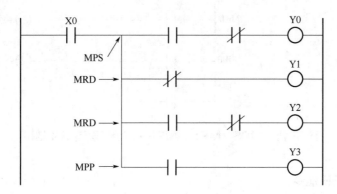

图 3-13　使用 MPS、MRD、MPP 堆栈指令的示例

在图中，用 MPS 指令存储前面的运算结果之后，可以驱动输出线圈 Y0。使用 MRD 指令读取该存储内容后，可以驱动输出线圈 Y1 和 Y2。MRD 指令可以多次使用。

图中的堆栈指令没有具体的编程软元件。

从图 3-13 可以看出，堆栈指令所对应的分支结构梯形图与前面的逻辑块不同。在逻辑块中，无论其结构多么复杂，最后一般都是以一个线圈结束。而分支结构中，每一个支路的最后都有一个线圈或其他应用指令。

图 3-13 所示的分支结构比较简单，可以变换成图 3-14 所示的等效梯形图，在这里就不需要使用堆栈指令了，将常开触点 X0 重复使用几次就行了。

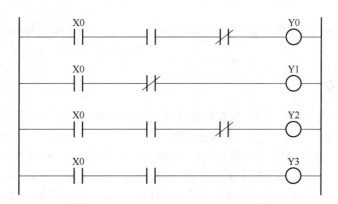

图 3-14　与图 3-13 等效的梯形图

但是，对于比较复杂的分支结构，如图 3-15 所示，如果不使用堆栈指令，程序就比较烦琐了。堆栈指令的真正用途就体现在这种较为复杂的分支结构中。

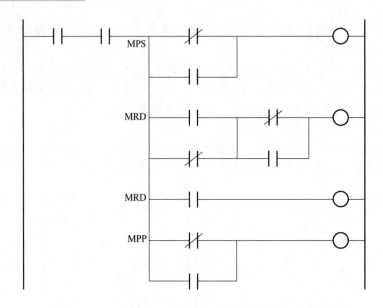

图 3-15　MPS、MRD、MPP 指令用于复杂分支结构

（3）MEP 和 MEF 指令

这 2 个指令的功能是：

① MEP 指令：将运算结果上升沿脉冲化。也就是说，当 MEP 指令之前的运算结果为上升沿（OFF→ON）时，呈现 ON 状态；在上升沿以外的情况，则为 OFF 状态。

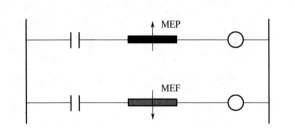

图 3-16　在梯形图中使用 MEP 和 MEF 指令的示例

② MEF 指令：将运算结果下降沿脉冲化。也就是说，当 MEP 指令之前的运算结果为下降沿（ON→OFF）时，呈现 ON 状态；在下降沿以外的情况，则为 OFF 状态。

在多个触点进行串联连接的情况下，使用这 2 个指令便于进行脉冲化处理。图 3-16 是在梯形图中使用 MEP 和 MEF 指令的示例。

（4）INV 取反指令

取反指令又称为"取非"指令。其功能是将该指令前面的运算结果取反。运算结果如果为0，就将它变为1；运算结果如果为1，就将它变为0。

INV 指令在梯形图中单独使用时，用一条45°的短斜线表示。但是在 INV 指令的前面，需要有输入软元件。它也可以和 LD、AND、OR连用，构成 LDI、ANI、ORI。

图 3-17 是在梯形图中使用 INV 指令的示例。从波形图中可知，如果触点X0为ON，则Y0为OFF；如果 X0为OFF，则Y0为ON。

取反指令 INV 不需要指定编程软元件。

在图3-17 中，INV 指令的写入方法是：将光标放在 X0 右边，然后点击"梯形图"工具条中的caF10，予以确认即可。

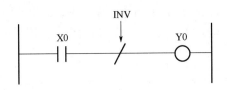
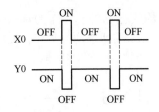

图 3-17　在梯形图中使用 INV 指令的示例

在使用 INV 指令时需要注意，INV 指令是对它前面的运算结果执行动作，因此应与 AND 等指令在同一位置使用。它不能像 LD、LDI、LDP、LDF 那样直接与母线连接，也不能像 OR、ORI、ORP、ORF 那样单独并联使用。

3.3.3　输出指令

常用的输出指令一共有 18 个，它们的名称和功能见表 3-6。

表 3-6　输出指令

序号	类别	指令名称	功能和用途
1	线圈	OUT	软元件的输出（不含定时器、计数器、报警器）
2	定时器	OUT T	100ms 低速定时器输出
3		OUT ST	100ms 低速累积定时器输出
4		OUTH T	10ms 中速定时器输出
5		OUTH ST	10ms 中速累积定时器输出
6		OUTHS T	1ms 高速定时器输出
7		OUTHS ST	1ms 高速累积定时器输出
8	计数器	OUT C	普通计数器输出
9		OUT LC	超长计数器输出
10	置位、复位	SET	软元件置位（不含报警器）
11		RST	软元件复位（不含报警器）
12	报警器	OUT F	报警器输出
13		SET F	报警器置位
14		RST F	报警器复位
15	沿脉冲	PLS	上升沿时产生一个周期的脉冲
16		PLF	下降沿时产生一个周期的脉冲
17	输出取反	FF	控制信号接通时，对软元件的输出取反
18		ALTP	控制信号接通时，对位软元件的输出取反

（1）OUT 指令（不包括定时器、计数器、报警器）

OUT 指令的使用非常普遍，其作用是将运算结果输出到指定的继电器线圈。输出线圈放置在梯形图的最右边。可以用 OUT 指令连续放置多个继电器线圈，但是任何一个线圈只能与右侧的母线连接一次，也不能将两个线圈串联。

当 OUT 指令之前的控制信号全部接通（ON）时，输出线圈得电，其常开触点闭合，常闭触点断开。同一个输出线圈只能使用一次，但是触点可以使用无数次。

图 3-18 是在梯形图中使用 OUT 指令的示例。

当 X0 的状态为 "1"，X1 的状态为 "0" 时，在 OUT 指令的作用下，输出线圈 Y0 得电；

当 X2、X3 的状态均为 "1"，X4 的状态为 "0" 时，在 OUT 指令的作用下，输出线圈 Y1 和辅助继电器 M1 同时得电。

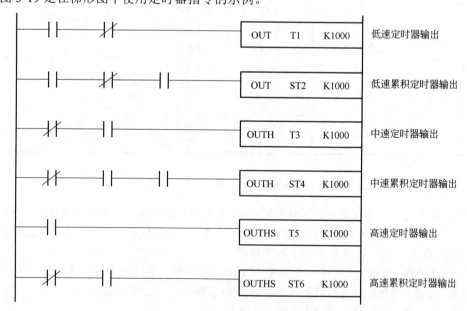

图 3-18　在梯形图中使用 OUT 指令的示例

OUT 指令可以使用的软元件是：Y、M、L、SM、F、B、SB、S、D、W、SD、SW、R、U□\G□（只能用于 F5 智能模块）。不能使用输入继电器 X，因为输入信号只能由外部提供，不能由程序产生。

（2）OUT T、OUT ST、OUTH T、OUTH ST、OUTHS T、OUTHS ST 指令

这 6 个指令都是定时器输出线圈指令，它们的功能是：

① OUT T：低速定时器输出，时间单位是 100ms；

② OUT ST：低速累积定时器输出，时间单位是 100ms；

③ OUTH T：中速定时器输出，时间单位是 10ms；

④ OUTH ST：中速累积定时器输出，时间单位是 10ms；

⑤ OUTHS T：高速定时器输出，时间单位是 1ms；

⑥ OUTHS ST：高速累积定时器输出，时间单位是 1ms。

图 3-19 是在梯形图中使用定时器指令的示例。

OUT	T1	K1000	低速定时器输出
OUT	ST2	K1000	低速累积定时器输出
OUTH	T3	K1000	中速定时器输出
OUTH	ST4	K1000	中速累积定时器输出
OUTHS	T5	K1000	高速定时器输出
OUTHS	ST6	K1000	高速累积定时器输出

图 3-19　使用定时器指令的示例

在图中，T（或 ST）后面要设置定时器的编号，设定值的前面要加上字母"K"，设置范围是 0～32767，只能用十进制常数。因此，低速定时器的定时范围是 0.1～3276.7s；中速定时器的定时范围是 0.01～327.67s；高速定时器的定时范围是 0.001～32.767s。

当定时器指令之前的控制信号全部接通时，指定的定时器（或累积定时器）的线圈将得电，并进行定时计数。到达设定值时，其常开触点将闭合，常闭触点断开。

对于非累积定时器，如果前面的控制信号断开，其线圈将失电，定时值恢复为零，常开触点断开，常闭触点闭合。

对于累积定时器，如果前面的控制信号断开，其线圈也将失电，但是定时值仍然保持当前的数值。如果未达到设定值，则常开触点断开，常闭触点闭合；如果达到设定值，则常开触点闭合，常闭触点断开。

在中断程序中，不能使用定时器。

在图 3-19 中，定时值已经在梯形图中用常数设定。而在实际使用时，为了调整工艺参数，经常需要在人机界面中设置定时值。此时，可以通过数据寄存器（D）、文件寄存器（R）进行设置，也就是将数据寄存器和文件寄存器的当前值作为定时值，如图 3-20 所示。

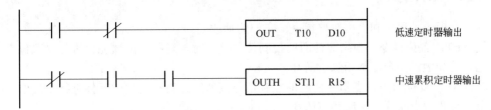

图 3-20　通过数据寄存器和文件寄存器设置定时值

定时器的输出线圈指令只能使用软元件 T 和 ST，设置值可以使用的软元件是 D、W、SD、SW、R、U□\G□、K（十进制常数）。

（3）OUT C、OUT LC 指令

这 2 个指令都是计数器输出线圈指令，它们的功能是：

① OUT C：计数器输出。

② OUT LC：超长计数器输出。

图 3-21 是在梯形图中使用计数器指令的示例。

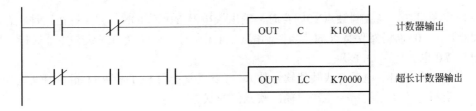

图 3-21　使用计数器指令的示例

在图中，当计数器指令之前的控制信号由断开转变为接通（ON）时，计数器的当前值+1。达到设定值时，其常开触点将闭合，常闭触点将断开。如果控制信号始终为 ON，则不进行计数。计数输入不需要脉冲化。

在执行复位指令之前，计数值及触点的状态不发生变化。

在图 3-21 中，计数值已经在梯形图中用常数设定。而在实际使用时，为了调整工艺参数，经常需要在人机界面中设置计数值。此时，可以通过数据寄存器（D）、文件寄存器（R）进行设置，也就是将数据寄存器和文件寄存器的当前值作为计数值，如图 3-22 所示。

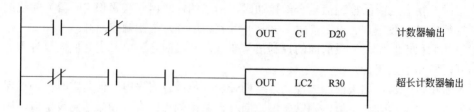

图 3-22　通过数据寄存器和文件寄存器设置计数值

计数器的输出线圈指令只能使用软元件 C，超长计数器的输出线圈指令只能使用软元件 LC。它们的设置值可以使用的软元件是 D、W、SD、SW、R、U□\G□、K（十进制常数）。

（4）SET、RST 指令

这 2 个指令是置位和复位输出指令，它们的功能是：

① SET：置位指令，当指令前面的控制信号接通时，对指定的软元件进行"置位"，线圈得电，常开触点闭合，常闭触点断开。

② RST：复位指令，当指令前面的控制信号接通时，对指定的软元件进行"复位"，线圈失电，常开触点断开，常闭触点闭合。

图 3-23 是在梯形图中使用 SET 和 RST 指令的示例。

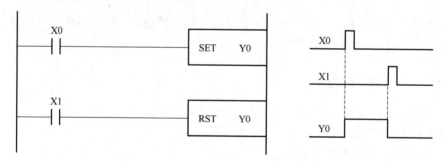

图 3-23　使用 SET 和 RST 指令的示例

从时序图可知，当控制触点X0闭合时，输出继电器 Y0变为ON，并保持在这种状态，即使 X0断开，Y0 也仍然保持 ON。当控制触点X1闭合时，Y0变为OFF状态并且保持，即使X1断开，Y0 也保持在 OFF状态。

对于同一个输出继电器（或其他软元件），可以反复使用 SET 和 RST 指令对其进行置位和复位，最后一次执行的指令将决定输出软元件的状态。

SET 指令可以使用的软元件是：

位软元件：Y、M、L、SM、F、B、SB、S;

字软元件：D、W、SD、SW、R、U□\G□（只能用于 F5 智能模块）。

RST 指令可以使用的软元件是：

位软元件：与 SET 指令相同。

字软元件：D、W、SD、SW、R、Z、U□\G□（只能用于 F5 智能模块）。

双字软元件：LC、LZ。

（5）OUT F、SET F、RST F 指令

这 3 条是常用的报警器输出指令，它们的功能是：

① OUT F：报警器输出指令，将本指令之前的运算结果输出到指定的报警器中。

② SET F：报警器置位指令，将指定的报警器置位为 ON 状态。

③ RST F：报警器复位指令，将指定的报警器复位为 OFF 状态。

图 3-24 是在梯形图中使用 OUT F、SET F、RST F 指令的示例。

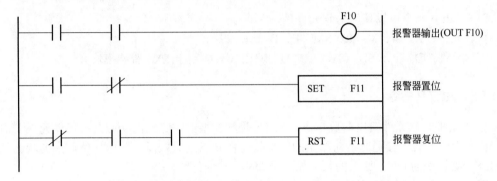

图 3-24　使用 OUT F、SET F、RST F 指令的示例

如果使用 SET F×× 指令，当输入条件接通时（OFF→ON），报警器置为 ON。此后即使输入条件变为 OFF，报警器仍然保持 ON 状态。

如果采用 OUT F×× 指令，也可以将报警器置为 ON。但是由于每个扫描周期都要处理，因此扫描时间将会延长。

如果采用 SET F×× 和 OUT F×× 以外的指令（例如 MOV 指令），报警器的线圈也可以置为 ON，但是它的功能与内部辅助继电器相同，因此不会执行与报警器有关的动作。

在图 3-24 中，如果报警器 F10 变为 ON 状态，或 F11 被置位为 ON 状态，相应的 F 编号就会存储到特殊寄存器 SD64～SD79 中。如果 F10 变为 OFF 状态，或 F11 被复位为 OFF 状态，相应的 F 编号将从特殊寄存器 SD64～SD79 中删除。

OUT F、SET F、RST F 指令使用的软元件只能是 F。

（6）PLS、PLF 指令

这 2 个是沿脉冲输出指令，它们的功能是：

① PLS：上升沿微分输出指令，它对指定信号的上升沿进行微分后，输出一个宽度为一个扫描周期的脉冲信号；

② PLF：下降沿微分输出指令，它对指定信号的下降沿进行微分后，输出一个宽度为一个扫描周期的脉冲信号。

图 3-25 是在梯形图中使用 PLS 和 PLF 指令的示例。

从时序图可知，PLS 和 PLF 指令只有在输入信号发生变化时才起作用。当触点X0 由断开变为接通（即 X0 的上升沿）后，在第一个扫描周期内，M0 的状态为ON，在其他的时段均为 OFF。当触点X0 由接通变为断开（即 X0 的下降沿）后，在第一个扫描周期内，M1 的状态为ON，在其他的时段均为 OFF。

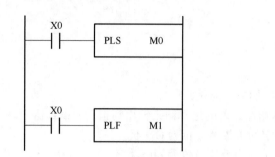
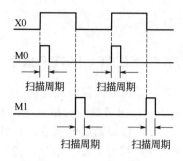

图 3-25　使用 PLS 和 PLF 指令的示例

PLS、PLF 指令可以使用的软元件是：

位软元件：X、Y、M、L、SM、F、B、SB、S；

字软元件：D、W、SD、SW、R、U□\G□（只能用于 FX5 智能模块）。

（7）FF、ALTP 指令

这 2 条都是软元件输出取反指令，ALTP 是脉冲型的。它们的功能是：当软元件前面的控制信号由断开转为接通时，对指定的输出软元件状态进行取反。输出软件原来的状态如果是 OFF，则转变为 ON；原来的状态如果是 ON，则转变为 OFF。

图 3-26 是在梯形图中使用 FF 和 ALTP 指令的示例。

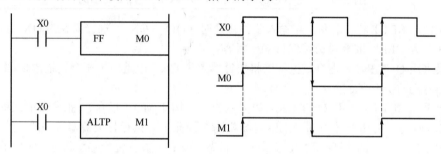

图 3-26　使用 FF 和 ALTP 指令的示例

从图中可以看到，当控制信号 X0 由断开转为接通时，输出软元件 M0、M1 的状态在 OFF 与 ON 之间转换。

FF、ALTP 指令可以使用的软元件是：

位软元件：X、Y、M、L、SM、F、B、SB、S；

字软元件：D、W、SD、SW、R、U□\G□（只能用于 FX5 智能模块）。

如果将多个 ALTP 或 FF 指令组合使用，可以实现分频输出功能，如图 3-27 所示。

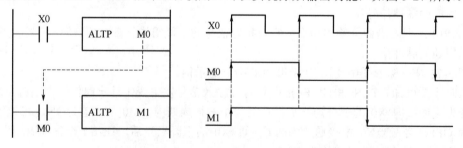

图 3-27　多个 ALTP 指令组合使用实现分频输出功能

3.3.4　主控指令

① MC：主控开始指令。

② MCR：主控复位指令，表示主控区结束。

在编制梯形图程序时，经常会碰到许多线圈同时受到一个（或一组）触点控制的情况，如果在每个线圈的控制回路中都串联这个（或这一组）触点，程序就比较复杂，还要占用很多存储单元。利用 MC 和 MCR 指令来处理，程序显得更简单、更清晰。

图 3-28 是在梯形图中使用 MC 和 MCR 指令的示例。

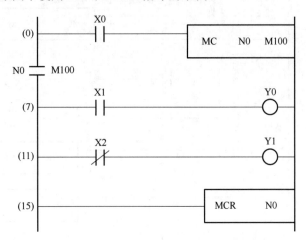

图 3-28　使用 MC 和 MCR 指令的示例

在图 3-28 中，常开触点X0 是 MC 指令的触发条件。当X0 接通时，执行从MC 到 MCR 之间的指令；当X0断开时，不执行从MC 到 MCR 之间的指令。当 MC 指令为 ON 时，指定的软元件的线圈将变为 ON。

执行 MC 指令后，母线就移到了 MC 主控触点的后面。与主控触点相连接的触点，都必须使用"运算开始"之类的指令。

在图3-28 中，"N0　M100"出现在梯形图左侧的母线上，这种情况很少出现。它是在输入"MC"指令和"N0　M100"并进行梯形图转换之后自动写入的。

如果在 MC 指令与 MCR 指令之间调用模块 FB，则不能将 MC 指令中的触点置为 OFF 状态。

MC、MCR 指令也可以进行嵌套使用。嵌套就是套中套，是指在执行主控操作的过程中，再次执行主控操作，当然内容已经不同了。

具体来说，就是在 MC 指令区里，再次或多次使用 MC 和 MCR 指令。嵌套最多可以使用 15 层，编号为 N0～N14。在执行"主控开始"指令 MC 时，从最小的编号 N0 开始使用。而执行"主控复位"指令 MCR 时，是从最大的编号开始使用，也就是最先复位编号最大的控制区，最后复位 N0 控制区。如果将顺序颠倒，则不成为嵌套结构，CPU 模块也不能进行正常的运算。

图3-29 是进行嵌套使用的实例。

MC 和 MCR 指令可以使用的软元件是：

位软元件：X、Y、M、L、SM、F、B、SB、S；

字软元件：D、W、SD、SW、R。

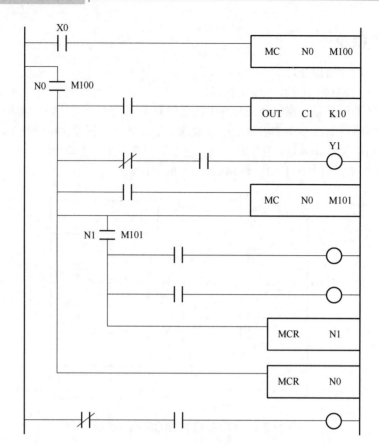

图 3-29   MC、MCR 指令的嵌套使用

3.3.5 步进指令

在工业控制领域，有一些比较复杂的顺序控制过程，例如机床的自动加工、机械手的循环动作等。如果采用一般的梯形图或指令表编程，程序设计比较复杂，也不容易读懂，程序调试也比较麻烦。在这种场合，可以用顺序功能图（SFC）来实现。步进指令是专门为顺序功能图而设计的指令，它非常适合顺序控制系统的设计和编程。用步进指令来编制的顺序功能图，既便于设计，又容易阅读、修改和移植。

① STL 指令：步进梯形图开始。其含义是启动顺序控制功能，在梯形图上体现为从母线上引出状态触点。STL还有建立子母线的功能，以便于顺序控制在子母线上进行。STL 只有常开触点，没有常闭触点。

② RETSTL 指令：步进梯形图结束。用于在状态流程执行完毕时，返回到主母线。顺控程序的结尾必须使用 RETSTL 指令，以复位 STL 指令，退出步进状态。

STL 和 RETSTL 指令必须与步进继电器 S结合起来，才能进行步进程序的编写。FX5U中有 4096个步进继电器（S0～S4095），它们都可以用于步进梯形图的设计。步进继电器的分类、编号等内容见表 4-1。

STL 和 RET 指令的实际应用见图3-30，在这里要执行前进和后退两个动作，动作顺序是：

① 当特殊继电器 SM402（初始脉冲）得电时，步进继电器 S0 得电，开始执行步进控制。

② 当前进信号 X1闭合时，步进继电器 S20 得电，处于活动步。输出继电器 Y1 转为 ON状态，执行前进动作。

③ 当后退信号 X2 闭合时，步进继电器 S21 得电，转入活动步。S20 断开，转入非活动步。因为 S21 得电，输出继电器 Y2 转为 ON 状态，执行后退动作。

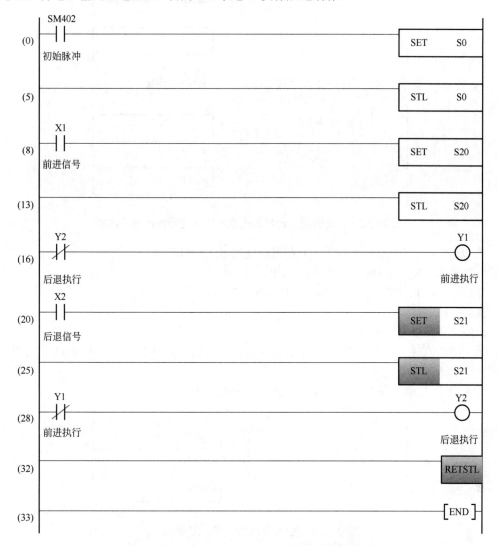

图 3-30　STL 和 RETSTL 指令的使用示例

STL 和 RETSTL 步进指令使用的软元件只有一个，就是步进继电器 S。步进梯形图的详细介绍见第 4 章。

3.3.6　其他常用指令

① MOV（P）指令：进行 16 位数据的传送，也就是将某个软元件中的 16 位数据传送到另外一个软元件中。

图 3-31 是在梯形图中使用 MOV（P）指令的示例。

在图中，当控制信号 M1 为 ON 时，软元件（s1）中的 16 位数据传送到软元件（d1）中，（s2）中的 16 位数据传送到（d2）中。

通过 MOV（P）指令，可以将定时器或计数器中的当前值传送到数据寄存器中，从而在人机界面中实时显示这些数值，如图 3-32 所示。

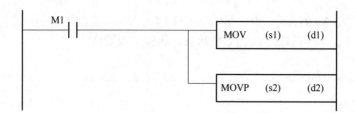

图 3-31　使用 MOV（P）指令的示例

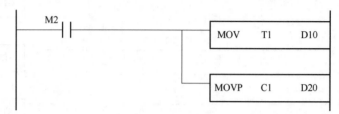

图 3-32　将定时器、计数器的当前值传送到数据寄存器中

在 MOV（P）指令中，（s）、（d）都可以使用以下的软元件：

位软元件：X、Y、M、L、SM、F、B、SB、S；

字软元件：T、ST、C、D、W、SD、SW、R、U□\Z□、Z；

常数：K、H。

此外，还可以间接指定。

② DMOV（P）指令：进行 32 位数据的传送，也就是将某个软元件中的 32 位数据传送到另外一个软元件中。

图 3-33 是在梯形图中使用 DMOV（P）指令的示例。

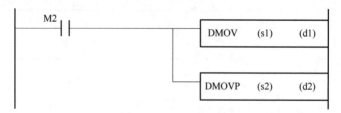

图 3-33　使用 DMOV（P）指令的示例

在图中，当控制信号 M2 为 ON 时，软元件（s1）中的 32 位数据传送到软元件（d1）中，（s2）中的 32 位数据传送到（d2）中。

DMOV（P）指令所使用的软元件，与 MOV（P）指令基本相同，只是增加了双字软元件 LC 和 LZ。

③ ZRST（P）指令：数据批量复位。当前面的控制信号为 ON 时，中断批量软元件的运行，将它们复位到 OFF 状态。

图 3-34 是在梯形图中使用 ZRST（P）的示例。

在图中，用 d1～d6 代表操作数（软元件）。每个 ZRST（P）指令的后面，都由 2 个软元件构成一个区间，它们必须是相同的类型。前面的软元件是小编号，后面的软元件是大编号。例如（d1）是 Y0，（d2）是 Y37。当 M1 的状态为 ON 时，从 Y0～Y37 这 32 个输出继电器被全部复位。

ZRST（P）指令可以使用的软元件是：

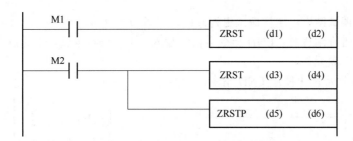

图 3-34　使用 ZRST（P）的示例

位软元件：X、Y、M、L、SM、F、B、SB、S；

字软元件：T、ST、C、D、W、SD、SW、R、U□\Z□、Z；

双字软元件：LC、LZ。

④ FEND 指令：主程序结束指令。它在梯形图程序出现分支时，以及将主程序与子程序、中断程序分开时使用。

在执行 FEND 指令后，程序将返回到第 0 步。但是在 FEND 指令以后的控制程序，也可以通过子程序调用、中断程序调用等方式继续执行。FEND 指令的使用示例如图 3-35 所示。

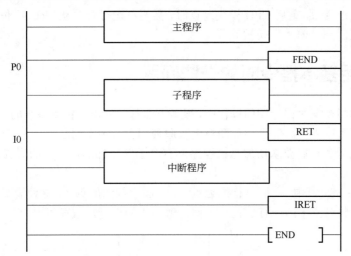

图 3-35　FEND 指令的使用示例

在图 3-35 中，包括主程序块、子程序块、中断程序块。

主程序块从程序的第 0 步开始，到"FEND"指令处结束。

子程序块从指针（P）开始，到"RET"（子程序返回）指令处结束。只有在使用子程序调用指令（CALL、XCALL）的情况下，才能执行子程序。

中断程序从中断指针（I）开始，到"IRET"（中断程序返回）指令处结束。如果出现中断原因，就会执行与该中断指针编号相对应的中断程序。

⑤ END 指令：程序结束指令。END 指令的作用是强制结束当前的扫描过程。如果在程序的最后写入 END 指令，则END 之后的程序步不再扫描，转入输出处理，这样可以大大缩短扫描周期。如果在程序的最后不写入 END 指令，则一直扫描到最后的程序步（总步数为128000 步），然后从 0 步开始重复处理。

在调试程序时，可以将程序划分为若干段，在每一段的后面插入一条END 指令，然后从第一段开始，分段进行调试。每调试完一段程序之后，删去其后面的 END 指令，再转入下一段的调试,直至调试结束。这样调试更为方便,可以节省许多时间。

采用梯形图进行编程时,END 指令会自动输入,不能进行编辑,它的前方没有任何控制信号,后面也没有软元件。

图 3-36 是在梯形图中使用 END 指令的示例。

图 3-36　使有 END 指令的示例

⑥ STOP 指令:程序停止执行指令。如果执行这条指令,在输出线圈 Y 复位后,将停止 CPU 模块的运行。其功能等同于将运行开关置为 STOP。

图 3-37 是在梯形图中使用 STOP 指令的示例。

图 3-37　使用 STOP 指令的示例

执行 STOP 指令后,重启 CPU 模块运算时,需要将运行开关从"RUN"位置扳到"STOP"位置,然后再扳回到"RUN"位置。

3.4　使用基本指令时的一些问题

在使用基本指令编写梯形图的过程中,很多方面都与继电器控制系统的电气原理图相似,相应的设计思想可以借鉴。但是梯形图与电气原理图有很多不同之处,在设计中需要注意。

根据工艺流程和控制要求所编写的程序,有时不符合梯形图简化的原则,这时应当进行等效处理。

例如,在图3-38(a)中,上面一行的触点少,下面一行的触点多,这种情况应当按照图3-38(b)进行处理,将触点多的一行放置在上面,触点少的一行放置在下面。

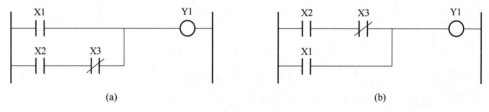

图 3-38　梯形图中触点的简化

在图3-39(a)中,紧靠左侧母线的第一列触点少,第二列触点多,这种情况应当按照图3-39(b)进行处理,将触点多的一列放置在左边,触点少的一列放置在右边。

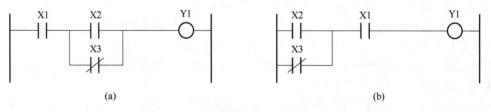

图 3-39　将触电多的一列放置在左边

第 4 章
顺序控制功能图与步进梯形图

梯形图由于简单和直观，受到广大工程技术人员的欢迎。但是在工业生产过程中，存在着大量的顺序控制。对于比较复杂的顺序控制系统，如果只采用梯形图编程，程序设计就变得比较复杂、冗长，各个环节互相牵扯，编写的程序不容易读懂，后续的调试也有困难。

顺序控制功能图是一种非常适合于顺序控制系统的编程方式。在 GX Works3 编程软件中，包含了两条简单的步进指令 STL 和 RETSTL，再结合大量的步进继电器 S，可以方便地按照顺序控制功能图的流程编写出对应的梯形图，使顺序控制系统的设计和编程变得简单而直观，很容易被初学者掌握和接受。

4.1 顺序控制功能图的概貌

所谓顺序控制，就是根据生产工艺所规定的程序，在输入信号的控制下，按照时间顺序，各个执行机构自动而有序地执行规定的动作。

4.1.1 顺序控制功能图的相关概念

（1）步

系统的一个工作周期可以分解为若干个顺序相连的阶段，这些阶段称为"步"（Step），每一步都要执行明确的输出，步与步之间由指定的条件进行转换，以完成系统的全部工作。

步可以分为初始步、活动步、非活动步。

① 初始步。与系统初始状态相对应的步称为初始步，用矩形双线框表示。每一个顺序控制功能图至少有一个初始步。初始状态一般是系统等待启动命令的、相对静止的状态。系统在进入自动控制之前，首先进入规定的初始状态。

② 活动步。当系统处在某一步所在的阶段时，该步处于活动状态，称为活动步，其相应的动作被执行。

③ 非活动步。处于不活动状态的步称为非活动步，其相应的动作被停止执行。

（2）有向连线

有向连线就是状态间的连接线，它决定了状态的转换方向和转换途径。在编辑顺序控制功能图时，将代表各步的方框按动作的先后次序排列，然后用有向连线连接起来。一般需要用两条以上的连线进行连接，其中一条为输入线，表示上一级的"源状态"，另一条为输出线，表示下一级的"目标状态"。步的活动状态默认的变化方向是自上而下，从左到右，在这两个方向上的有向连线一般不需要标明箭头。但是对于自下而上的转换，以及向其他方向的转换，必须用箭头标明转换方向。

① 转换。在有向连线上，与有向连线相垂直的短横线是用来表示"转换"的，它使得相邻的两步分隔开。短横线的旁边要标注相应的控制信号地址。步的活动状态进展是由转换来完成的，转换与控制过程的进展相对应。

② 转换条件。它是指改变 PLC 状态的控制信号，可以是外部的输入信号，如按钮、主令开关、接近开关等，也可以是 PLC 内部产生的控制信号，如输出继电器、辅助继电器、定时器、计数器的常开触点，还可以是若干个信号的逻辑组合。不同状态间的转换条件可以相同，也可以不相同。

当转换条件各不相同时，顺序控制功能图的程序只能选择其中的一种工作状态，即选择一个分支。

4.1.2 顺序控制功能图的基本结构

在顺序控制功能图中，由于控制要求的不同，步与步之间连接的结构形式也不同，可以分为单系列、选择系列、并行系列 3 种结构，如图 4-1 所示。

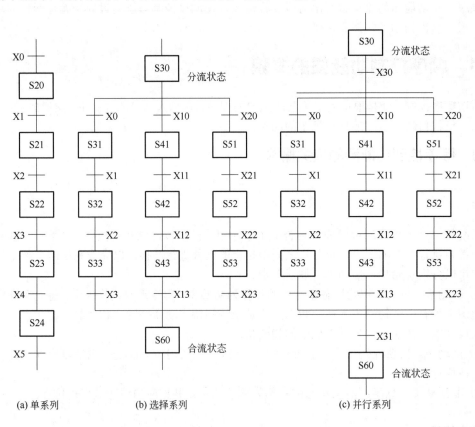

图 4-1 顺序功能图的 3 种结构

（1）单系列

如图 4-1（a）所示，它由一系列相继激活的步组成，每一步的后面只有一个转换，每一个转换的后面也只有一个步。单系列结构的特点是：

① 只能有一个初始状态。

② 步与步之间采用自上而下的串联连接方式。

③ 除起始状态和结束状态之外，状态的转换方向始终是自上而下固定不变。

④ 除转换瞬间之外，一般只有一个步处于活动状态，其余步都处在非活动状态。

⑤ 定时器可以重复使用，但是在相邻的两个状态里，不能使用同一个定时器。

⑥ 在状态转换的瞬间，处于一个循环周期内的相邻两状态会同时工作，如果在工艺上不允许它们同时工作，必须在程序中加入"互锁"触点。

（2）选择系列

如图 4-1（b）所示，在选择系列的分支处，每次只允许选择一个系列。在图 4-1（b）中，在 S30 为活动步的情况下：

当转换条件 X0 有效时，发生由步 S30→S31 的进展；

当转换条件 X10 有效时，发生由步 S30→S41 的进展；

当转换条件 X20 有效时，发生由步 S30→S51 的进展。

在程序执行过程中，这 3 个分支只有一个被选中，不可能同时执行。

选择系列的结束称为合并（合流状态）。在图 4-1（b）中：

如果 S33 是活动步，并且转换条件 X3 闭合，则发生 S33→S60 的进展；

如果 S43 是活动步，并且转换条件 X13 闭合，则发生 S43→S60 的进展；

如果 S53 是活动步，并且转换条件 X23 闭合，则发生 S53→S60 的进展。

同样，这 3 个分支只有一个被选中，不可能同时执行。

（3）并行系列

如图 4-1（c）所示，在某一转换之后，几个流程被同时激活，这些流程称为并行系列，它表示系统中的几个分支同时都在独立地工作。

图中的 S30 为活动步，并且转换条件 X30 闭合时，S31、S41、S51 这 3 个步同时变为活动步，同时 S30 变为非活动步。

图中的水平连线用双线表示，这是为了强调转换的同时实现。在双水平线之上，只允许一个转换条件（X30）。在 S31、S41、S51 被同时激活后，各个分支中活动步的进展是独立的，相互之间没有关联。

并行系列的结束称为合并，在表示同步的双水平线之下，只允许有一个转换条件（X31）。当直接连接在双线上的所有前级步（S33、S43、S53）都处于活动状态，并且转换条件 X31 闭合时，才会发生 S33、S43、S53 到 S60 的进展。此时 S33、S43、S53 同时变为非活动步，而 S60 变为活动步。

在并行系列的设计中，每一个分步点最多允许 8 个系列，而每个支路的步数不受限制。

（4）子步

在顺序控制功能图中，某一步又可以包括一系列的子步和转换。在图 4-2 中，程序步 S30

所在的系列就是子步。这些子步表示系统中的一个完整的子功能。采用子步后，在总体设计时就可以抓住主要环节，用更加简洁的方式表示系统的控制过程，避免一开始就陷入某些烦琐的细节中。子步中还可以包括更为详细的子步。这种设计方法的逻辑性很强，可以减少设计中的错误。

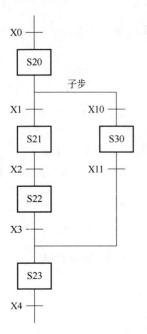

图 4-2　顺序控制功能图中的子步

4.1.3　GX Works3 中的 SFC 程序语言

在编程软件 GX Works3 中，如果新建工程文件，可以在其中选择 SFC 程序语言，也就是 SFC 功能图。

图 4-3 是 SFC 功能图的编辑界面，图中各部分的内容是：

① 步：表示程序的一个工序。

② 转移条件：表示用于转移至下一步的指令和软元件。

③ 运行输出：表示前面一步的输出指令和软元件。

④ FBD/LD 元素：可以在转移条件中使用的 FBD/LD 元素。

⑤ 步号、转移条件编号：通过转换后，自动分配至该步/转移条件的编号。

⑥ 步号、转移条件编号的注释：但是在转移条件/运行输出中，不能显示软元件/标签的注释。

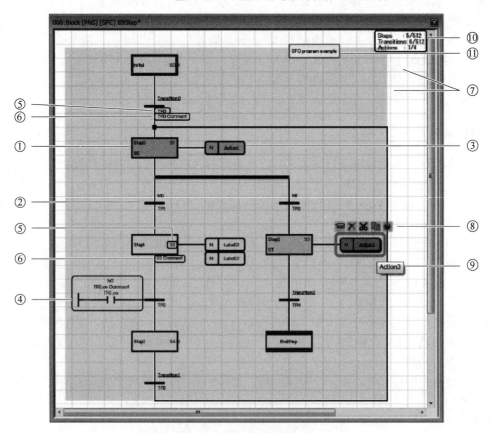

图 4-3　SFC 功能图的初始编辑界面

⑦ 栅格：SFC 程序语言背景中网格状的线条，起参照作用。在"视图"菜单中，可以将栅格设置为"显示"或"隐藏"。

⑧ 智能按钮标记：显示所选择元素周围的操作按钮，单击按钮时可以执行相关的功能。

⑨ 工具提示：显示鼠标光标所在位置的信息。

⑩ SFC 元素使用信息：显示 SFC 元素的"使用数/最大数"。使用数达到最大数时，将变为红色，此时不能创建更多的元素，需要通过删除部分元素等措施进行调整。

⑪ 部件注释：将鼠标光标移动至边框上并双击，便可添加注释，注释框的大小将根据字符串的多少自动进行调整。

4.1.4　步进继电器和特殊继电器

在编辑步进梯形图时，经常要用到步进继电器（S）、特殊继电器（SM）。

步进继电器的类型和编号见表 4-1。

表 4-1　步进继电器的类型和编号

类型	元件编号	占用点数	功能和用途
初始化步进继电器（可变）	S0～S9	10	
通用步进继电器（可变）	S10～S499	490	
保持步进继电器（可变）	S500～S899	400	可以变更为保持或非保持
报警用步进继电器（可变）	S900～S999	100	
保持步进继电器（固定）	S1000～S4095	3096	

在步进梯形图中，常用的特殊继电器见表 4-2。

表 4-2　步进梯形图中常用的特殊继电器

编号	名称	功能和用途
SM0	出错 1	最新自诊断出错（包括报警器 ON）：OFF→无出错；ON→有出错
SM1	出错 2	最新自诊断出错（不包括报警器 ON）：OFF→无出错；ON→有出错
SM50	出错解除	OFF→ON 出错解除请求；ON→OFF 出错解除完成
SM52	电池电量过低	OFF→电池正常；ON→电池电量过低
SM56	运算出错	OFF→无运算出错；ON→有运算出错
SM61	模块校验出错	输入输出模块校验出错：OFF→正常；ON→出错
SM62	报警	OFF→未检测出报警；ON→检测出报警
SM400	常 ON	在 PLC 运行中始终接通，可作为输入控制触点
SM401	常 OFF	在 PLC 运行中始终断开，可作为输入控制触点
SM402	初始脉冲 1	在 PLC 运行时，仅在第一个扫描周期内接通
SM403	初始脉冲 2	在 PLC 运行时，仅在第一个扫描周期内断开
SM409	时间脉冲 1	10ms 脉冲
SM410	时间脉冲 2	100ms 脉冲
SM411	时间脉冲 3	200ms 脉冲
SM412	时间脉冲 4	1s 脉冲
SM413	时间脉冲 5	2s 脉冲

4.2　SFC功能图的实例——送料小车

现在以送料小车为例，介绍在 GX Works3 中编辑 SFC 流程图的方法。此时，编程软件 GX Works3 必须使用 1.070Y 及以上的版本。

4.2.1　送料小车的控制要求

（1）送料小车的工作过程

图 4-4 是送料小车的工作示意图。小车在 A 点装满物料后，向前方行驶，依次在 B 点、C 点、在 D 点停留卸载物料。装载物料所需要的时间是 60s，每个卸载点卸载物料需要的时间是 10s。在 D 点卸载完毕后，小车沿着原路线后退，返回到 A 点继续装载物料，进入下一轮的循环。A、B、C、D 点各用一只接近开关感应定位，装载物料和卸载物料所需的时间用定时器设置。这是一个比较典型的顺序控制过程。

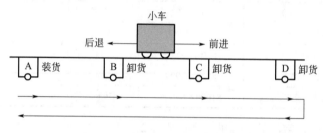

图 4-4　送料小车的工作示意图

（2）I/O 地址分配

按照图 4-4 所示的工作过程，进行输入/输出元件的 I/O 地址分配，见表 4-3。

表 4-3　输入/输出元件的 I/O 地址分配

I（输入）			O（输出）		
组件代号	组件名称	地址	组件代号	组件名称	地址
SB1	启动旋钮	X0	KM1	正转接触器	Y0
XK1	A 点感应	X1	KM2	反转接触器	Y1
XK2	B 点感应	X2			
XK3	C 点感应	X3			
XK4	D 点感应	X4			

（3）PLC 选型

在本工程中，输入和输出端子都比较少，可以选用三菱 FX5U 中端子最少的 FX5U-32MT/ES 型 PLC。从表 1-5 可知，它是 AC 电源/DC 24V 漏型/源型输入通用型；工作电源为 AC 100～240V，本例设计为通用的 AC 220V；总点数 32，输入端子 16 个；输出端子 16 个；晶体管漏型输出；负载电源为直流，本例选用 DC 24V。

（4）PLC 和主回路接线图

按照上述要求，结合 FX5U-32MT/ES 型 PLC 的接线端子图（图 1-9），设计出送料小车的 PLC 和主回路接线图，如图 4-5 所示。

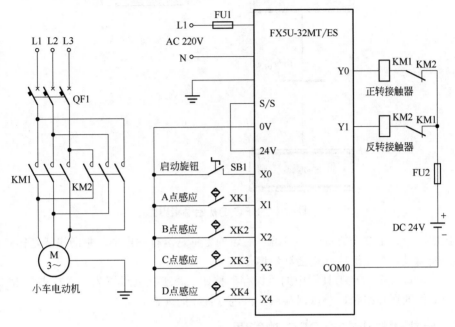

图 4-5　送料小车的主回路和 PLC 接线图

（5）建立 SFC 语言的程序文件

在编程软件 GX Works3 中，用 SFC 语言编辑送料小车的控制功能图。这种功能图的编辑方法与普通的梯形图有较大的区别，一些读者对它比较生疏，所以很有必要把编程步骤说得详细一些。

在编程界面中所编写的 SFC 功能图，每一步都有一个独立的梯形图编辑界面，因此可以将功能图与梯形图相结合，将控制程序分解为若干个步序，环环相扣，一步一步地编写出与工艺要求相符合的控制程序。

送料小车的顺序控制流程由按钮 X0 启动，X1～X4 分别是 A、B、C、D 点的接近开关。A 点定时器为 T1（定时 60s），B、C、D 点定时器为 T2～T4（定时 10s）。小车前进由正转接触器 Y0 执行，小车后退由反转接触器 Y1 执行。

在 GX Works3 的 SFC 编程界面中，新建一个"SFC"语言的工程，弹出图 4-6 所示的对话框。

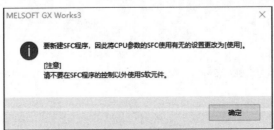

图 4-6　新建 SFC 工程的对话框

点击图中的"确定"按钮,在编程窗口中弹出 SFC 的初始编辑界面,如图 4-7 所示,这是一个单系列的顺序功能图。

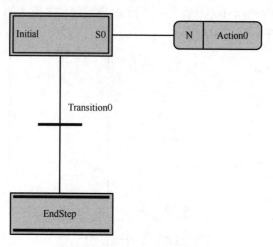

图 4-7　SFC 的初始编辑界面

在图中,上、下 2 个方框是步号框,右边的方框是运行输出框,中间横线是转移条件。在后面的编辑过程中,这些元素会逐步增多。

此时,可以点击标准工具栏中的"保存"按钮,将工程名设置为"送料小车-SFC",并确定这个文件的保存路径,予以保存后,再进行具体的编程。

4.2.2　编辑送料小车的 SFC 功能图

送料小车的 SFC 流程属于单系列的流程,下面一步一步地进行具体的 SFC 功能图编辑。

（1）初始步 S0——流程的启动

① 将图 4-7 上部右边的"运行输出"方框删除,因为这是初始步,一般没有输出。

② 双击左上部的方框,执行菜单"编辑"→"属性"→"步的属性"→"数据名",将其中的"lnitial"更改为中文名称"初始步",如图 4-8 所示。

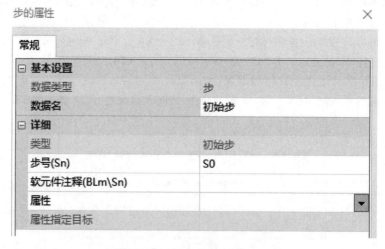

图 4-8　编辑初始步的属性

（2）流程步 1（S20）

这一步的工作任务是小车停在 A 点装载货物，其中有 3 项操作：

① 编辑第 1 个转移条件 X0。在图 4-7 中，点击初始步下方的转移条件"Transition0"，弹出图 4-9 所示的"新建数据"对话框，将其中的转移条件"Transition0"更改为"X0"（启动旋钮）。

图 4-9　编辑第 1 个转移条件

② 编辑步序号 S20。选中图 4-7 底部的步号方框"EndStep"，再点击指令"插入步"，功能图的结构便发生了变化，向下方延伸。原来的方框"EndStep"变成"Step0"，在其右边出现了运行输出方框"Action0"，在其下方出现了另一个新的转移条件"Transition0"，以及新的步号方框"EndStep"。"Step0"是默认的步序标号，但是一般习惯上从 20 开始。可以将它改为 S20。双击中间步号框中的"Step0"，将它更改为"S20"。此时在方框内，左、右两边都有一个"S20"，左边一个是数据名，可以修改它的属性。将数据名"S20"更改为"第 1 步"。

③ 编辑运行输出，即执行 A 点的 60s 定时，让小车停留在 A 点装货。选中这个运行输出方框，执行菜单"编辑"→"属性"→"运行输出的属性"→"数据名"，将"Action0"更改为"T0"（A 点定时）。

流程步 1 编辑完毕后，SFC 功能图如图 4-10 所示。

（3）流程步 2（S21）

这一步的工作任务是小车从 A 点向 B 点行驶。其中也有 3 项操作，编辑方法与第 1 个程序步相同：

① 编辑第 2 个转移条件。这个转移条件实际上就是定时器 T0 的常开触点，但是在编程

软件中，转移条件与运行输出线圈不允许有相同的软元件名称，否则就不能转换和保存设计文件，因此需要采用内部继电器 M 进行变换。具体方法是：在 T0 附带的梯形图中，用 T0 的常开触点去驱动内部继电器 M0 的线圈，再用 M0 的常开触点作为第 2 个转移条件。所以，在这里将图 4-10 中的转移条件"Transition0"更改为"M0"。

② 编辑步序号 S21。选中图 4-10 底部的步号方框"EndStep"，再点击指令"插入步"，功能图的结构又发生了变化，继续向下方延伸，原来的方框"EndStep"又变成了新的方框"Step0"，在其右边又出现了新的运行输出方框"Action0"，在其下方也出现了新的转移条件"Transition0"，以及新的步号方框"EndStep"。将这个新的方框"Step0"左边编辑为"第 2 步"，右边编辑为"S21"。

③ 编辑运行输出。将运行输出方框编辑为"Y0"（小车前进）。

流程步 2 编辑完毕后，SFC 功能图如图 4-11 所示。

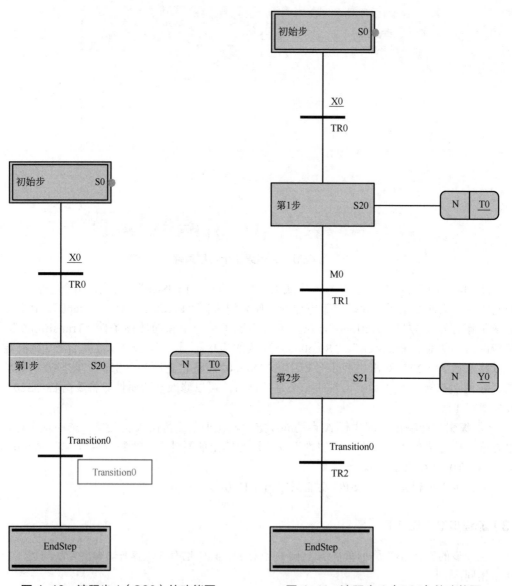

图 4-10　流程步 1（S20）的功能图　　　　图 4-11　流程步 2（S21）的功能图

（4）流程步 3（S22）

转移条件：X2（B 点感应），此时小车已到达 B 点。

运行输出：执行 T1 的 10s 定时，让小车停留在 B 点卸货。

（5）流程步 4（S23）

转移条件：M1 的常开触点，M1 的线圈由 T1 的常开触点驱动。

运行输出：第 2 次执行"Y0"，使小车从 B 点向 C 点行驶。

（6）流程步 5（S24）

转移条件：X3（C 点感应），此时小车已到达 C 点。

运行输出：执行 T2 的 10s 定时，让小车停留在 C 点卸货。

（7）流程步 6（S25）

转移条件：M2 的常开触点，M2 的线圈由 T2 的常开触点驱动。

运行输出：第 3 次执行"Y0"，使小车从 C 点向 D 点行驶。

（8）流程步 7（S26）

转移条件：X4（D 点感应），此时小车已到达 D 点。

运行输出：执行 T3 的 10s 定时，让小车停留在 D 点卸货。

（9）流程步 8（S27）

转移条件：M3 的常开触点，M3 的线圈由 T3 的常开触点驱动。

运行输出：执行"Y1"（小车后退），使小车从 D 点向 A 点返回。

（10）卸货结束，跳转到初始步

跳转到初始步的编辑方法是：

① 编辑转移条件：将"Transition0"更改为"X1"（A 点感应）。

② 选中 X1，执行菜单"编辑"→"插入"→"跳转"（或点击工具条中的"跳转"按钮），在 X1 的右上角出现一个小方框，在其中输入"初始步"。也可以根据工艺要求，跳转到其他的某一步。

（11）为软元件加入注释

为了便于读图，可以为流程图中的各个软元件添加注释。通用软元件注释表中的注释，不能在流程图中显示出来，必须另外添加。注释表中最多可输入 2000 个字符。

将鼠标的光标移动到软元件的边框上并双击，就会弹出注释框，在其中添加注释。注释框的大小可以根据字符串的情况进行调整。

图 4-12 是编辑完成的送料小车整体 SFC 功能图，它本来是自上而下的一个整列，中间

没有分段，在这里为了编辑方便，将它分为 3 列进行显示，读图时需要将这 3 列衔接起来。

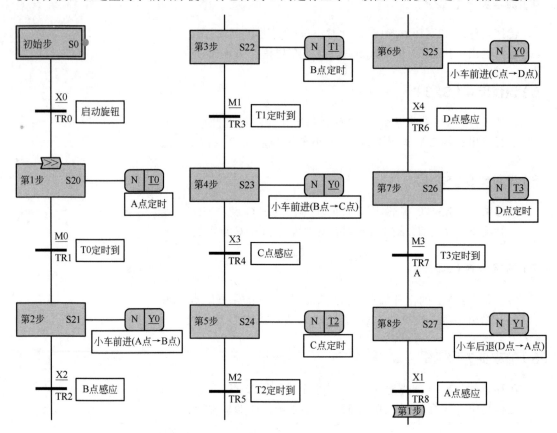

图 4-12　送料小车的整体 SFC 功能图

4.2.3　SFC 功能图中的内置梯形图

在 SFC 功能图中，每一个功能块都有一段内置梯形图，编辑的方法和步骤如下。

① 编辑转移条件 X0 的梯形图。双击转移条件中的"X0"，弹出梯形图编辑窗口，添加常开触点"X0"，在它的右边直接输入"TRAN"，意思是"转移（Transfer）"，不要输入某一个继电器线圈，这一点务必注意。在 SFC 程序中，所有的转移都用"TRAN"表示，不能用置位指令 SET 再加上步进继电器 S×× 的形式表示，否则将告知出错。对这段梯形图进行转换后，梯形图的底色由原来的灰色变成白色，得到了图 4-13（a）所示的第 1 段梯形图程序。

② 编辑定时器线圈 T0 的梯形图。双击运行输出框中的"T0"，弹出梯形图编辑窗口，添加特殊继电器 SM400（常 ON）的常开触点作为控制条件，在其右边添加定时器输出线圈及定时值"T0 K600"（定时时间为 60s），这一段的梯形图如图 4-13（b）所示。在 GX Works2 中，这种附带梯形图的运行输出线圈直接与左侧的母线相连接，但是在 GX Works3 中，不能直接与左侧的母线连接，线圈前面必须有控制触点 SM400。此外，在后面马上要用 T0 的常开触点作为转移条件，驱动 Y0 得电，控制小车向前行驶。在编辑流程步时已经说明：转移条件与运行输出线圈不允许有相同的软元件名称，需要用内部继电器 M 进行变换。所以在这段内置梯形图中，还需要用 T0 的常开触点去驱动内部继电器 M0 的线圈。

③ 编辑转移条件 M0 的梯形图。双击转移条件中的"M0"，弹出梯形图编辑窗口，添加常开触点"M0"，在它的右边直接输入"TRAN"，得到了图 4-13（c）所示的第 3 段梯形图程序。

④ 编辑输出线圈 Y0 的梯形图。这是 Y0 的第 1 次输出。双击运行输出框中的"Y0"，弹出梯形图编辑窗口，用 SM400 的常开触点驱动输出线圈"Y0"，这一段的梯形图如图 4-13（d）所示。

⑤ 编辑转移条件 X2 的内置梯形图，如图 4-13（e）所示。

⑥ 编辑定时器线圈 T1 的内置梯形图，如图 4-13（f）所示。

⑦ 编辑转移条件 M1 的内置梯形图，如图 4-13（g）所示。

⑧ 编辑输出线圈 Y0 的内置梯形图，如图 4-13（h）所示，这是 Y0 的第 2 次输出。

⑨ 编辑转移条件 X3 的内置梯形图，如图 4-13（i）所示。

⑩ 编辑定时器线圈 T2 的内置梯形图，如图 4-13（j）所示。

⑪ 编辑转移条件 M2 的内置梯形图，如图 4-13（k）所示。

⑫ 编辑输出线圈 Y0 的内置梯形图，如图 4-13（l）所示，这是 Y0 的第 3 次输出。

⑬ 编辑转移条件 X4 的内置梯形图，如图 4-13（m）所示。

⑭ 编辑定时器线圈 T3 的内置梯形图，如图 4-13（n）所示。

⑮ 编辑转移条件 M3 的内置梯形图，如图 4-13（o）所示。

⑯ 编辑输出线圈 Y1 的内置梯形图，如图 4-13（p）所示。

⑰ 编辑转移条件 X1 的内置梯形图，如图 4-13（q）所示。

图 4-13

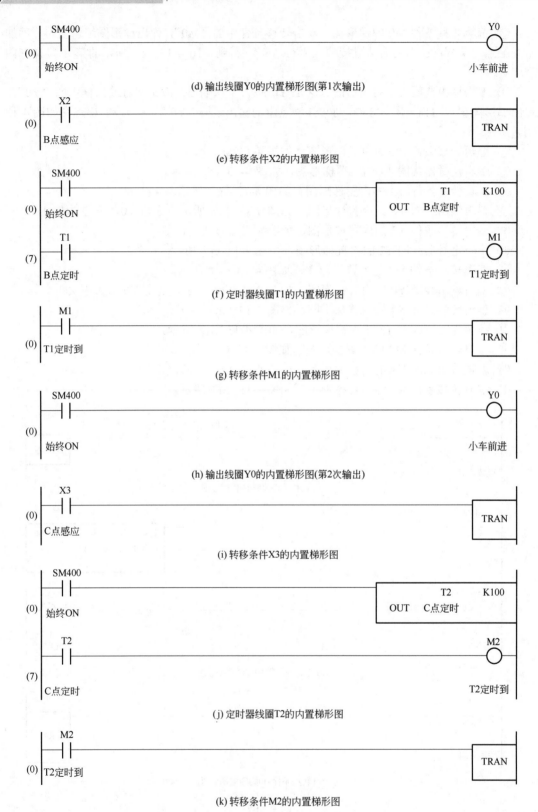

(d) 输出线圈Y0的内置梯形图(第1次输出)

(e) 转移条件X2的内置梯形图

(f) 定时器线圈T1的内置梯形图

(g) 转移条件M1的内置梯形图

(h) 输出线圈Y0的内置梯形图(第2次输出)

(i) 转移条件X3的内置梯形图

(j) 定时器线圈T2的内置梯形图

(k) 转移条件M2的内置梯形图

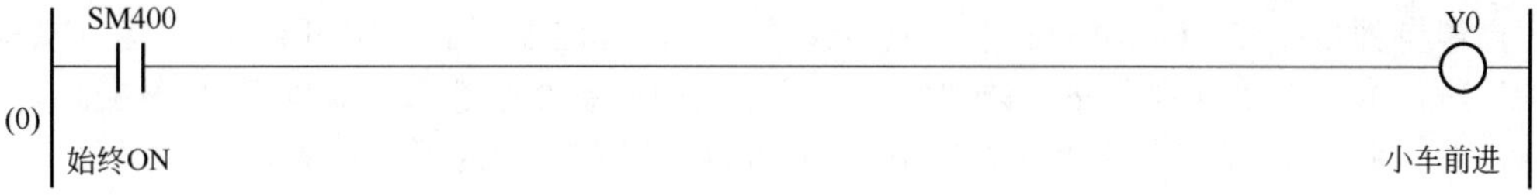

(0) SM400 始终ON —| |— Y0 小车前进

(l) 输出线圈Y0的内置梯形图(第3次输出)

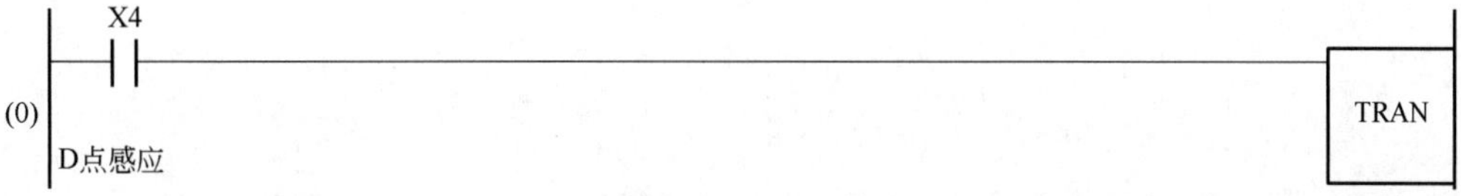

(0) X4 D点感应 —| |— TRAN

(m) 转移条件X4的内置梯形图

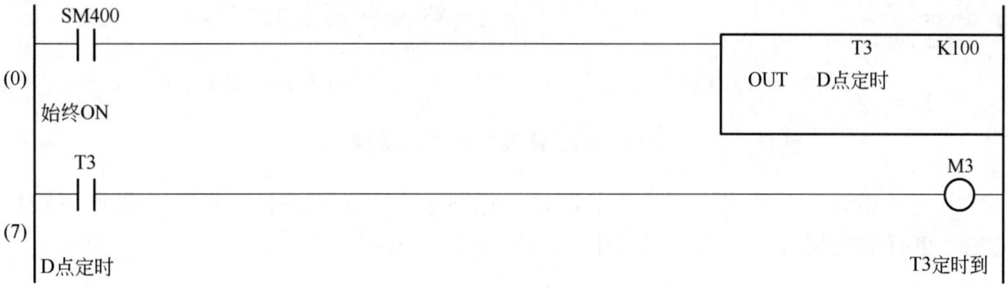

(0) SM400 始终ON —| |— OUT D点定时 T3 K100

(7) T3 D点定时 —| |— M3 T3定时到

(n) 定时器线圈T3的内置梯形图

(0) M3 T3定时到 —| |— TRAN

(o) 转移条件M3的内置梯形图

(0) SM400 始终ON —| |— Y1 小车后退

(p) 输出线圈Y1的内置梯形图

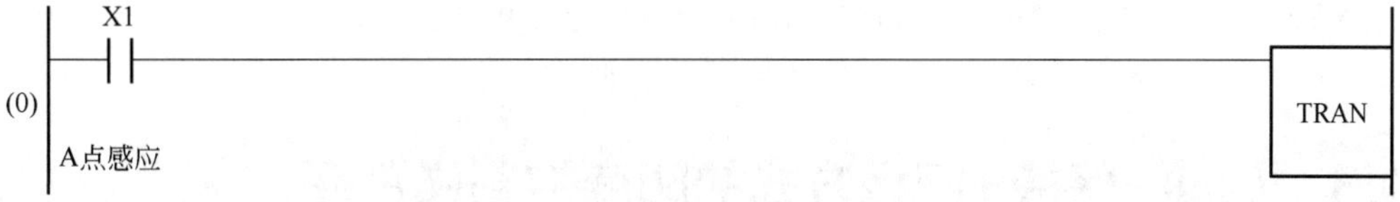

(0) X1 A点感应 —| |— TRAN

(q) 转移条件X1的内置梯形图

图 4-13　SFC 流程图中各段的内置梯形图

在图 4-13 中，各段梯形图是互相独立的，不能合并为一个整体的梯形图。

这种梯形图有一个显著的特点：转移条件不是直接驱动运行输出线圈，它后面所添加的"TRAN"转移指令直接连接到右侧的母线。所要驱动的运行输出线圈，必须另外再编辑一段内置梯形图，由常 ON 触点"SM400"驱动。

在编辑这种梯形图的过程中，有时会出现某个转移条件不能编辑的情况，此时需要修改有关软元件的属性，操作步骤是：在 SFC 功能图中，双击该软元件，弹出图 4-14（a）所示的"转移条件的属性"对话框，在"常规"→"详细"→"类型"中，有 3 个选项，分别是"详细显示""直接显示""标签/软元件"。选中其中的"详细显示"，然后就可以编辑有关的内置梯形图。

与此类似，有时会出现某个输出线圈不能编辑的情况。此时也需要修改有关软元件的属性，操作步骤是：在 SFC 流程图中，双击该软元件，弹出图 4-14（b）所示的"运行输出的属性"对话框，在"常规"→"详细"→"类型"中，有 2 个选项，分别是"详细显示"和"标签/软元件"。选择其中的"详细显示"，就可以编辑有关的内置梯形图。

(a) 转移条件的属性

(b) 运行输出的属性

图 4-14　修改软元件的属性

在完成上述的一系列编辑工作之后，这个送料小车的工程文件就可以下载到 FX5U 型 PLC 中，进行实际运行。它的缺陷是不便于查看整体的梯形图。

4.2.4　SFC 功能图的特点

在上述编程过程中，我们了解到单系列 SFC 功能图具有以下一些特点：

① 在流程图中，包括初始步、程序步、转移条件、输出线圈、内置梯形图等内容。

② 程序中有一个初始状态。

③ 整个工艺过程被一步一步地分解为若干个步序，上下连贯，层次分明。

④ 步与步之间采用自上而下的串联连接方式，转移方向始终是自上而下（返回状态除外）。在上一步与下一步之间都有一个特定的转移条件。

⑤ 每一个转移条件都有对应的梯形图，对转移条件进行具体的表达。

⑥ 每一个步都有对应的梯形图，表明该步所驱动的对象。

⑦ 除转移瞬间之外，通常仅有一个步处于活动状态。

⑧ 同一个输出线圈（例如 Y0）在梯形图中可以多次出现，这是因为在 SFC 中，某一时刻只有某一个步序处于活动状态，其他各步都处于非活动状态。

4.3　启动-保持-停止方式的顺序控制梯形图

有了图 4-12 所示的 SFC 流程图之后，就建立起了程序框架，使控制流程变得比较清晰了。例如，在小车前进到 B 点后，接近开关 X2 闭合，进入流程 S22，S22 成为活动步，定时器 T1 开始计时。与此同时，流程 S21 关闭，S21 转变为非活动步，小车停止前进。这样便实现了从 S21 到 S22 的转换。

但是，对于这种 SFC 流程图，如果没有进一步地为它编辑图 4-13 所示的内置梯形图，就不能下载到 FX5U 中运行。但是仍然可以参照 SFC 流程图所表达的程序框架，再编辑相应的顺序控制梯形图。此时的梯形图可以综合为一个整体，查看分析和修改都更方便。

顺序控制梯形图有多种形式，其中包括经常使用的启动-保持-停止（启-保-停）方式。这种编辑方式通用性强，编程方法容易掌握，在继电器系统的 PLC 改造中用得较多。图 4-15 就是按照图 4-12 送料小车 SFC 功能图的动作顺序，采用启动-保持-停止方式所编辑的与控制要求相符合的顺序控制梯形图。

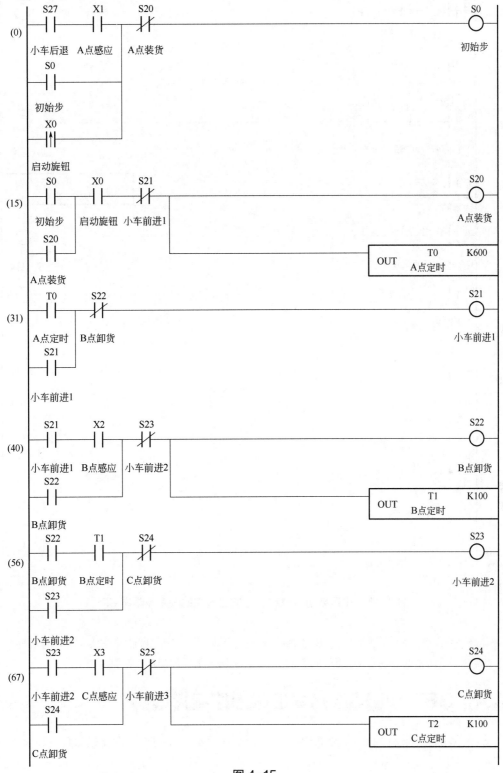

图 4-15

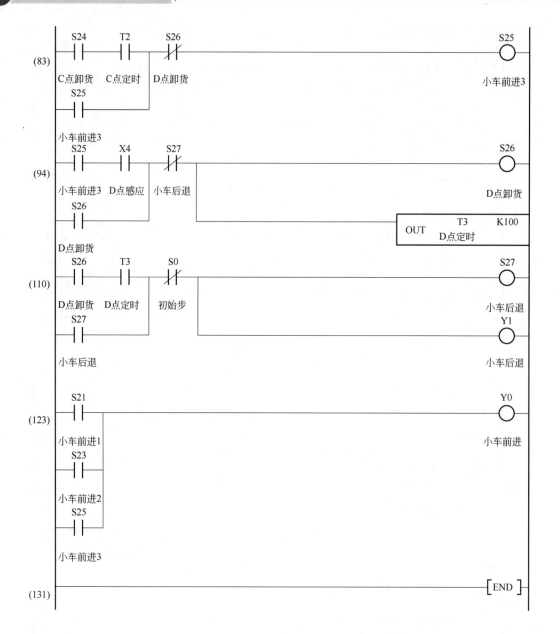

图 4-15　采用启动-保持-停止方式编辑的顺序控制梯形图

在图 4-15 中，将步进继电器 S 作为内部继电器使用，S 的编号与图 4-12 中的步序号完全一致，这样便于将图 4-15 与图 4-12 对照，更容易理解 SFC 顺序控制。

4.4　SET 和 RST 指令的顺序控制梯形图

在某些场合，采用 SET 置位和 RST 复位指令编写顺序控制梯形图比较方便，图 4-16 是在对照图 4-12 所示的 SFC 功能图的基础上，采用 SET 和 RST（置位和复位）指令编写的顺序控制梯形图。

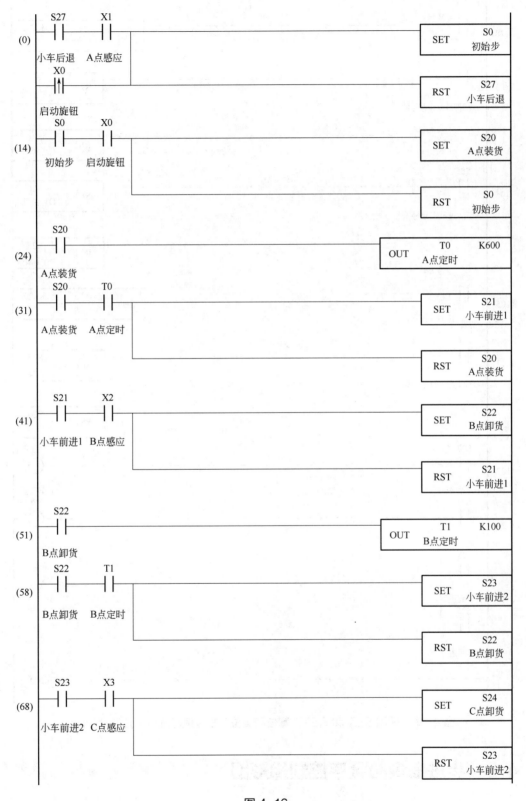

图 4-16

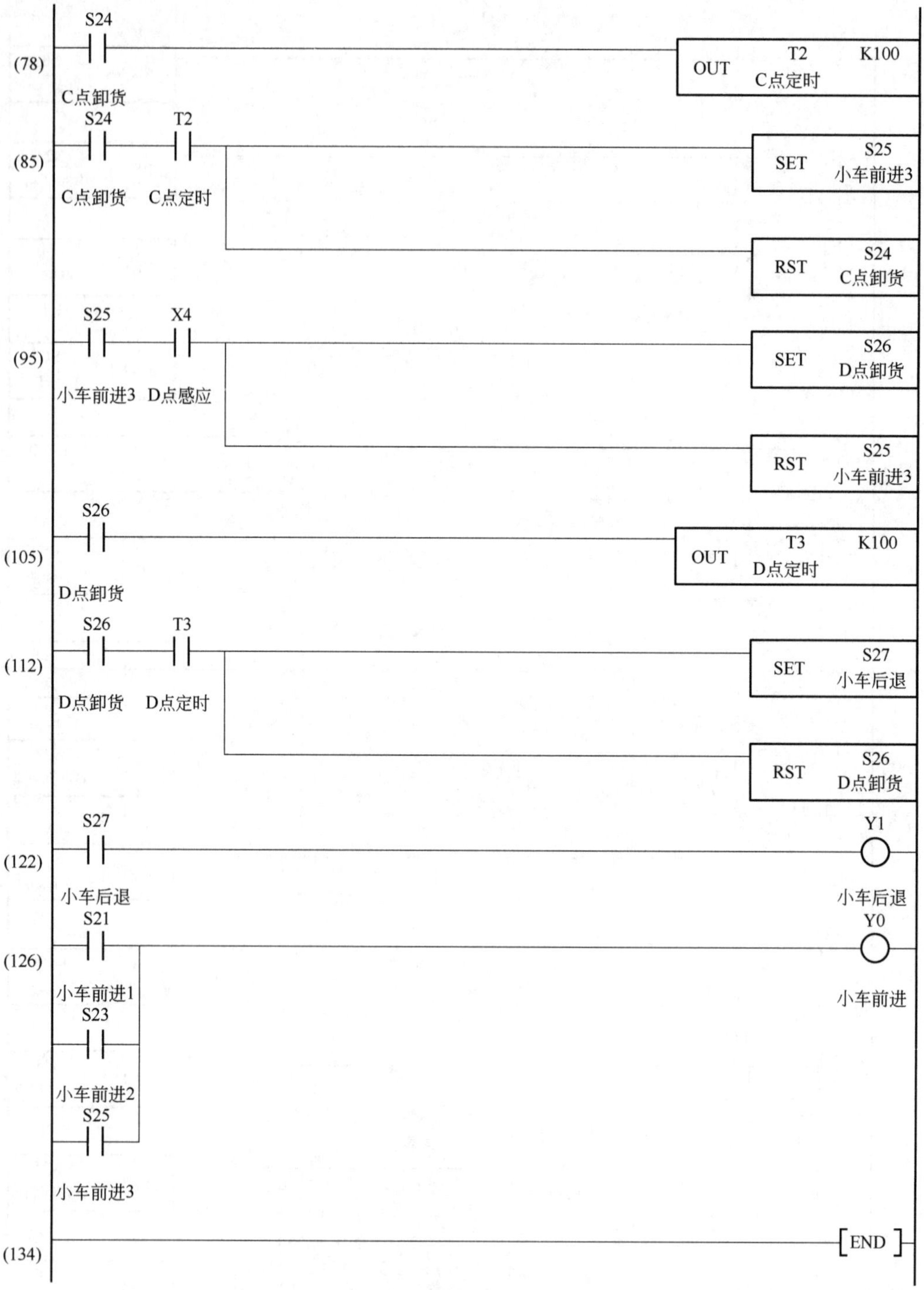

图4-16 采用SET和RST（置位和复位）指令编写的顺序控制梯形图

4.5 步进指令的顺序控制梯形图

在FX5U系列PLC中，采用了STL、RETSTL两个步进指令，并结合步进继电器（S）

等元件，可以方便地编写步进梯形图。STL 为步进开始指令，与左侧母线相连，表示步进顺序控制开始。RETSTL 为步进结束指令，与右侧的母线相连，表示步进控制结束，返回到主程序。

用步进指令编写的步进梯形图程序，在实质上与顺序控制梯形图程序完全相同，只是表达的形式不同。

4.5.1　编辑步进梯形图的要求

① STL 和 RETSTL 是一对指令，在多个 STL 指令后必须加上 RETSTL 指令，表示步进指令结束，后面的母线返回到主程序母线。RETSTL 指令也可以多次使用。

② 每个步进继电器具有驱动相关负载、指定转移条件、指定转移目标这 3 项功能。

③ STL 触点和继电器触点的功能相似。STL 触点接通时，该状态下的程序执行；STL 触点断开时，一个扫描周期后该状态下的程序不再执行，直接跳转到下一个状态。

④ 同一编号的状态继电器，其输出线圈不能重复使用。

⑤ 使用其他输出继电器（除步进继电器之外）时，不同状态可以重复使用同一编号的输出继电器的线圈，例如图 4-17 中 Y0 的线圈被多次使用，因为在任何时刻只有一个活动步，其他步处于非活动步。但是在转移瞬间，相邻的两步也可能同时处于活动步，所以在相邻的两步中，还是要避免使用同一个输出继电器的线圈。

⑥ 使用定时器时，不同状态可以重复使用同一编号的定时器，但是在相邻的状态不能重复使用。

⑦ 用 STL 指令对步进继电器进行操作（如 STL S20）时，要占用 3 个程序步；用 SET 指令对步进继电器进行操作（如 SET S20）时，要占用 4 个程序步。

⑧ 在 STL 触点后面不能直接使用堆栈操作指令 MPS、MRD、MPP，这些指令要在 LD、LDI 指令后面才可以使用。

⑨ 在中断程序和子程序中，不能使用 STL 和 RETSTL 指令。

⑩ 在 STL 指令中，尽量不要使用跳转指令。

4.5.2　步进梯形图的形式

图 4-17 是步进梯形图的形式，它以图 4-12 送料小车的 SFC 功能图为基础，采用 STL 和 RETSTL 步进指令，通过 GX Works3 编程软件编写。如果采用其他编程软件，则步进梯形图的形式不完全相同。

图 4-17

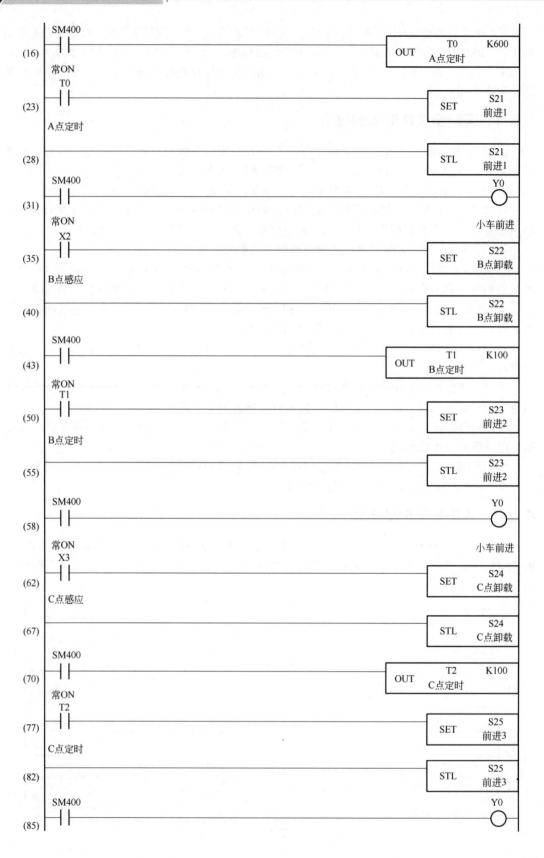

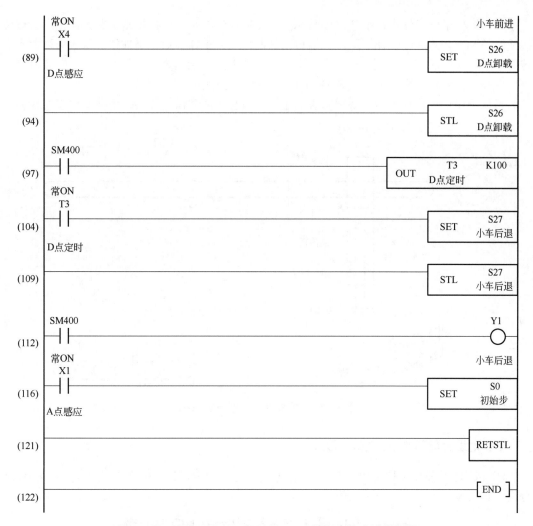

图 4-17 采用 STL 和 RETSTL 步进指令的步进梯形图

4.6 选择系列的顺序控制

下面以图 4-18 所示的机械手大小球分拣系统为例，具体介绍选择系列的 SFC 顺序控制。其顺序控制功能图属于图 4-1（b）的形式，比图 4-1（a）的单系列要复杂一些。

在图 4-18 中，M 是驱动机械手臂移动的电动机，机械手臂左右移动，初始位置在原位。电磁杆由电磁阀控制，上下移动，初始位置在上限位。SQ0 是用于检测是否有球的接近开关，SQ1 是电磁杆上限位开关，SQ2 是电磁杆下限位开关，SQ3 是机械手臂的原位开关，SQ4 是释放小球的小球位开关，SQ5 是释放大球的大球位开关。

（1）控制要求

通电启动后，如果接近开关 SQ0 检测到有钢球，电磁杆就下降。下降 2s 后，电磁铁 DT 通电，当电磁铁碰到大球时，下限位开关 SQ2 不接通；碰到小球时，SQ2 接通，电磁铁将钢球吸住，延时 1s 后电磁杆上升。到达上限位接通 SQ1 时，机械手臂向右移动。如果吸住的是小球，机械手臂就停止在小球位接通 SQ4；如果吸住的是大球，机械手臂就停止在大球位接通开关 SQ5。随后电磁杆下降，2s 后电磁铁断电，将小球释放到小球筐，将大球释放到大球筐。钢球释放后停留 1s，电磁杆再次上升，到达上限位接通 SQ1，上升停止。接着机械手臂向左移动，到达手臂原位接通 SQ3 停止。然后重复上述的循环动作。

机械手如果要停止工作，必须完成上述的一整套循环动作，并到达手臂原位接通 SQ3。

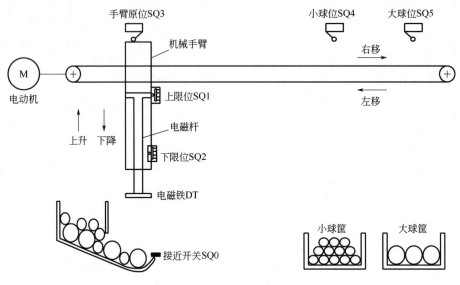

图 4-18　机械手大小球分拣系统

（2）I/O 地址分配和 PLC 选型、接线

① I/O 地址分配。按照图 4-18 的工作原理和元件设置，进行输入/输出元件的 I/O 地址分配，如表 4-4 所示。

表 4-4　大小球分拣系统输入/输出元件的 I/O 地址分配

I（输入）			O（输出）		
组件代号	组件名称	地址	组件代号	组件名称	地址
SQ0	有球	X0	KM1	手臂右移	Y1
SQ1	上限位	X1	KM2	手臂左移	Y2
SQ2	下限位	X2	YV1	电磁杆下降	Y3
SQ3	原位	X3	YV2	电磁杆上升	Y4
SQ4	小球位	X4	DT	电磁铁	Y5
SQ5	大球位	X5	XD	原位指示	Y6

② PLC 选型。在图 4-18 中，执行元件接触器和电磁阀必须频繁通电、断电。如果选择继电器输出，则 PLC 内部输出继电器的触点容易磨损，造成一些故障，所以不宜选用继电器输出型，可以采用晶体管输出型。结合表 4-4，可选用 FX5U-32MT/ES 型 PLC。从表 1-5 可知，它是 AC 电源/DC 24V 漏型/源型输入通用型，工作电源为 AC 100～240V，这里设计为通用的 AC 220V；总点数 32，输入端子 16 个，输出端子 16 个；晶体管漏型输出；负载电源为 DC，本例选用 DC 24V。

③ PLC 接线图。按照上述控制要求，结合 FX5U-32MT/ES 型 PLC 的接线端子图（图 1-9），

设计出机械手大小球分拣系统的 PLC 接线图，如图 4-19 所示。

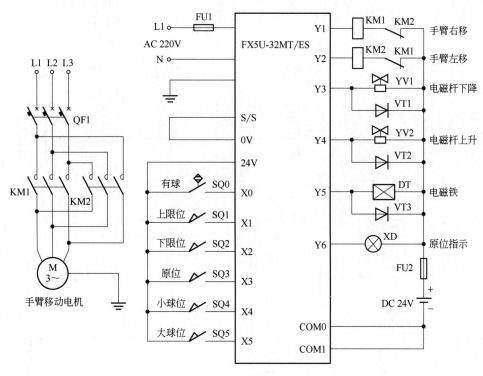

图 4-19　机械手大小球分拣系统 PLC 接线图

（3）编写顺序控制功能图

根据分拣系统的控制要求和 PLC 资源配置，先设计出顺序控制功能图，如图 4-20 所示。在分拣过程中，抓到的可能是大球，也可能是小球。如果抓到的是大球，必须按照大球来控制；如果抓到的是小球，则必须按照小球来控制。因此，这是一种选择性的控制，需要采用"选择系列"的顺序控制功能图，属于图 4-1（b）的形式。

（4）采用步进指令的顺序控制梯形图

在 GX Works3 编程软件中，以图 4-20 所示的选择性系列 SFC 顺序控制功能图为基础，采用步进指令 STL 和 RETSTL，编写出相对应的 SFC 步进梯形图，如图 4-21 所示。

（5）编辑"选择分支"的注意事项

图 4-21 中带有选择分支，其中有些特殊的问题需要注意。

① 怎样实现"选择分支"？图 4-21 中，第 55 步下面就是"选择分支"：X2 为"1"时，进入分拣小球的流程 S24；X2 为"0"时，进入分拣大球的流程 S34。显然，这两个"分支"是不能同时工作的。"SET S34"写入的位置要按图所示，紧接在"SET S24"后面。不能把分拣小球的程序编写完之后，再来编写"SET S34"，否则分拣大球的程序不能执行。在编写"SET S34"之后，再接着编写"STL S24"，以及分拣小球的其他程序。这个分支是从第 79 步至第 121 步。然后，接着编写分拣大球的分支程序，它是第 122 步至第 164 步。

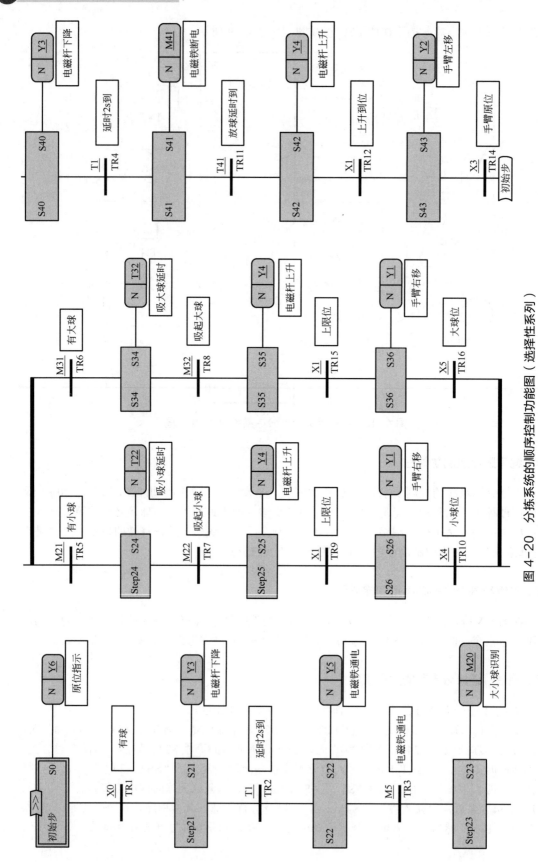

图 4-20 分拣系统的顺序控制功能图（选择性系列）

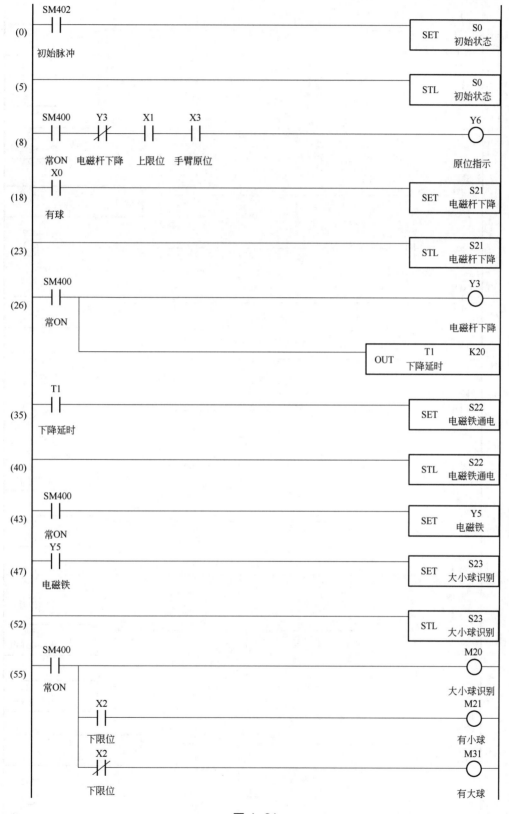

图 4-21

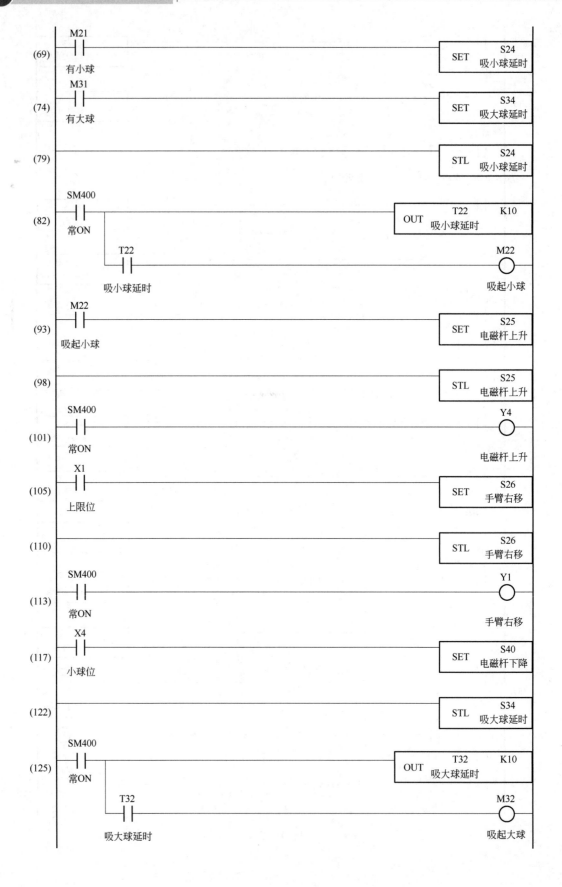

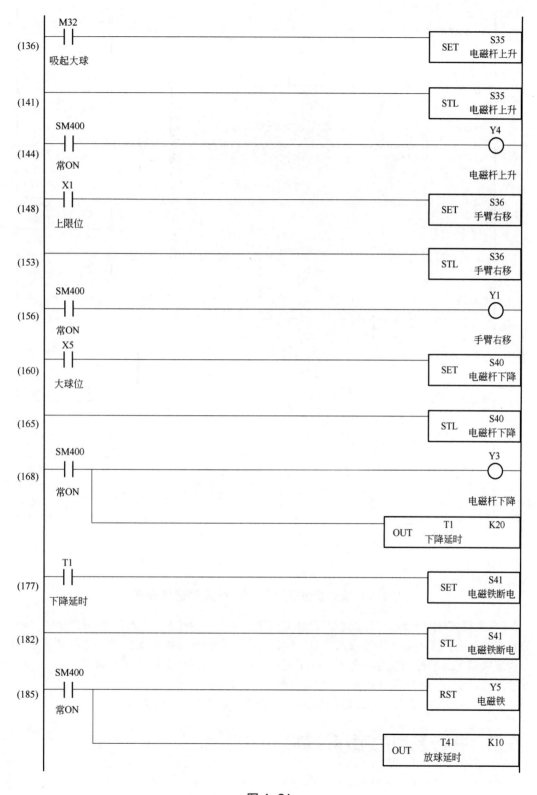

图 4-21

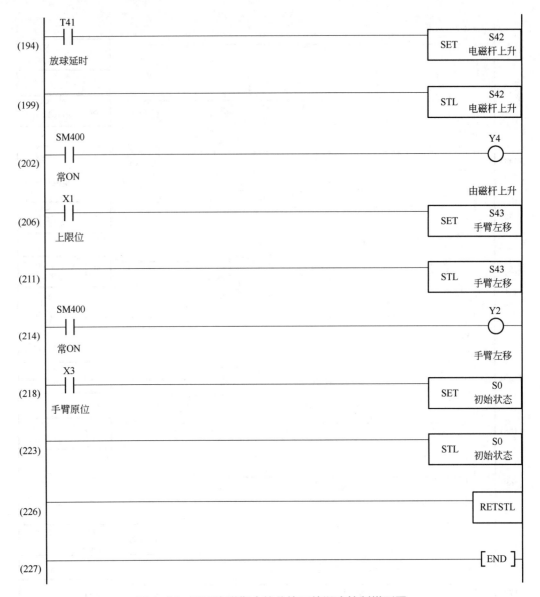

图4-21　采用步进指令的分拣系统顺序控制梯形图

② 怎样实现"合流"? 分拣小球的分支程序在第121步结束, 转入合流程序"SET S40"。但是在它后面, 还不能紧接着写入"STL S40", 因为分拣大球的分支程序还没有编写完。这个程序从第122步开始编写, 至第164步完成, 在它的结尾处也是"SET S40"。在它之后, 才能编写"STL S40"(第165步), 转入"合流"程序。

③ 在步进程序结束之后, 要写入"RETSTL", 它是步进结束指令。

4.7　并行系列的顺序控制

下面以图4-22所示的双面钻孔机床控制系统为例, 具体介绍并行系列的顺序控制, 其顺序控制功能图属于图4-1(c)的形式。

这种双面钻孔机床, 在工件的两个相对表面上同时钻孔, 是一种高效率的自动化专用加工设备。机床的两个液压动力滑台面对面布置，左、右刀具电动机分别固定在两边的滑台上，中间的底座上安装有工件定位夹紧装置。

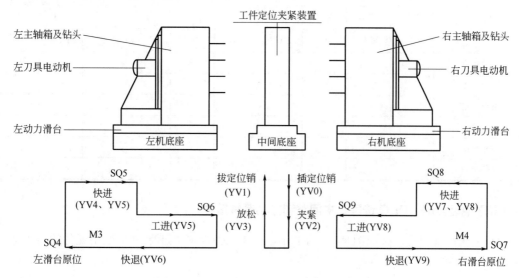

图 4-22　双面钻孔机床控制系统示意图

（1）控制要求

① 机床的驱动系统。采用电动机和液压系统相结合的方式，需使用 4 台电动机。M1 为液压泵电动机，M2 为冷却泵电动机，M3 为左动力滑台的左刀具电动机，M4 为右动力滑台的右刀具电动机。在进入顺序控制之前，先启动液压泵电动机 M1，在机床供油系统正常工作后，才能启动左、右滑台刀具电动机 M3 和 M4。冷却泵电动机 M2 用手动方式控制，可以与液压泵电动机同时启停。在左、右动力滑台快速进给的同时，刀具电动机 M3、M4 启动运转，滑台退回原位后，M3、M4 停止运转。

② 机床的进给系统。机床的动力滑台、工件定位、夹紧装置，均由液压系统中的电磁阀驱动：

a. 在工件定位夹紧装置中，由电磁阀 YV0 执行定位销插入，YV1 执行定位销拔出，YV2 执行工件夹紧，YV3 执行放松。SQ1 为定位行程开关，限位开关 SQ2 闭合为夹紧到位，限位开关 SQ3 闭合为放松到位。

b. 在左动力滑台中，由电磁阀 YV4 和 YV5 执行快进，YV5 执行工进，YV6 执行快退。接近开关 SQ4 是左滑台原位，SQ5 是左快进限位，SQ6 是左工进限位。

c. 在右动力滑台中，由电磁阀 YV7 和 YV8 执行快进，YV8 执行工进，YV9 执行快退。接近开关 SQ7 是右滑台原位，SQ8 是右快进限位，SQ9 是右工进限位。

各个电磁阀线圈的通电、断电状态见表 4-5。

表 4-5　各电磁阀线圈的通电、断电状态

工　步	定位销		工　件		动　力　滑　台					
	插入	拔出	夹紧	放松	左　侧			右　侧		
	YV0	YV1	YV2	YV3	YV4	YV5	YV6	YV7	YV8	YV9
插定位销	+									
工件夹紧			+							

续表

工步	定位销		工件		动力滑台					
	插入	拔出	夹紧	放松	左 侧			右 侧		
	YV0	YV1	YV2	YV3	YV4	YV5	YV6	YV7	YV8	YV9
滑台快进			+			+			+	
滑台工进			+		+	+		+	+	
滑台快退			+				+			+
工件放松				+			+			+
拔定位销		+								
停止										

（2）I/O 地址分配、PLC 选型、主回路和控制系统接线

① I/O 地址分配。按照图 4-22 的工作原理和元件设置，进行输入/输出元件的 I/O 地址分配，如表 4-6 所示。

表 4-6　双面钻孔机床输入/输出元件的 I/O 地址分配

I（输入）			O（输出）		
组件代号	组件名称	地址	组件代号	组件名称	地址
SB0	循环启动	X0	YV0	插定位销	Y0
SB1	液压启动	X1	YV1	拔定位销	Y1
SB2	液压停止	X2	YV2	夹紧电磁阀	Y2
SB3	冷却启动	X3	YV3	放松电磁阀	Y3
SB4	冷却停止	X4	YV4	左滑台快进	Y4
SQ1	定位行程	X5	YV5	左滑台快/工进	Y5
SQ2	夹紧限位	X6	YV6	左滑台快退	Y6
SQ3	放松限位	X7	YV7	右滑台快进	Y7
SQ4	左滑台原位	X10	YV8	右滑台快/工进	Y10
SQ5	左快进限位	X11	YV9	右滑台快退	Y11
SQ6	左工进限位	X12	KM1	液压电机	Y14
SQ7	右滑台原位	X13	KM2	冷却电机	Y15
SQ8	右快进限位	X14	KM3	左滑台电机	Y16
SQ9	右工进限位	X15	KM4	右滑台电机	Y17

② PLC 选型。按照图 4-22 的控制要求，结合表 4-6，可以选用 FX5U-32MT/ES 型 PLC。从表 1-5 可知，它是 AC 电源/DC 24V 漏型/源型输入通用型；工作电源为 AC 100～240V；这里设计为通用的 AC220V；总点数 32，输入端子 16 个，输出端子 16 个；晶体管漏型输出，负载电源为直流，这里选用通用的 DC 24V。

③ 主回路和控制系统接线。按照上述控制要求，结合 FX5U-32MT/ES 型 PLC 的接线端子图（图 1-9）、晶体管漏型输出的接口电路（图 1-30），设计出双面钻孔机床控制系统的电动机主回路接线图（图 4-23）和 PLC 接线图（图 4-24）。

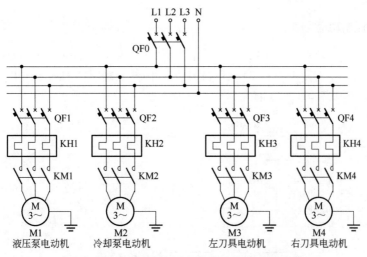

图 4-23　双面钻孔机床电动机主回路接线图

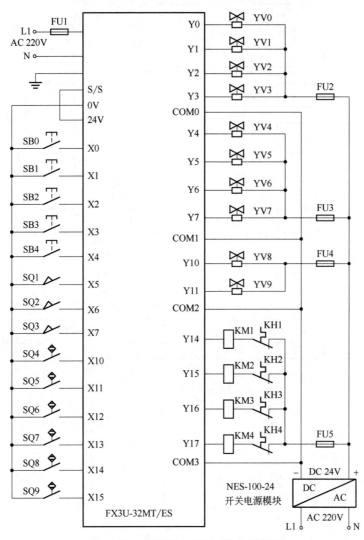

图 4-24　双面钻孔机床 PLC 接线图

（3）编写顺序控制功能图

根据双面钻孔机床的控制要求，以及 PLC 的资源配置，设计出顺序控制功能图，如图 4-25 所示。由于左右两个刀具是同时进行钻孔，因此在顺序控制功能图中，这一部分是并行系列的流程，属于图 4-1（c）的形式。

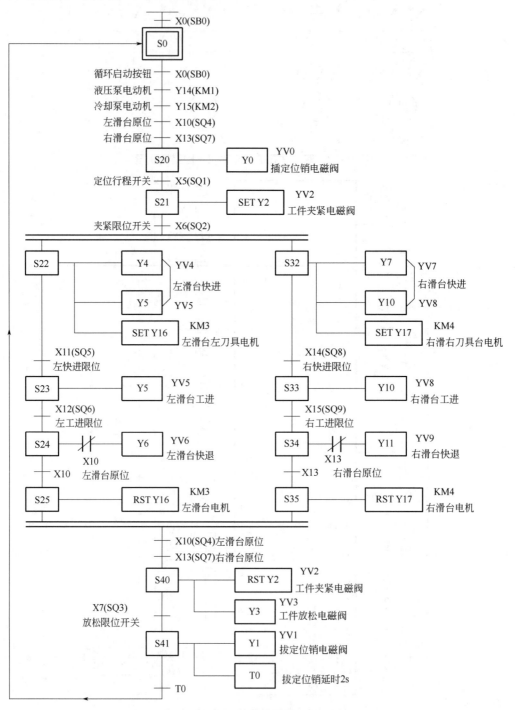

图 4-25　双面钻孔机床的顺序控制功能图（并行系列）

需要注意的是，图 4-25 与图 4-7～图 4-12 完全不相同，图 4-7～图 4-12 以及内置的梯形图，是严格按照 GX Works3 中 SFC 功能图的语言格式编辑的，而图 4-25 实际上是按照工艺要求编辑的方框图，其用途是为步进梯形图的编辑提供指南。

（4）编写步进指令的顺序控制梯形图

图 4-26 是在图 4-25 所示的顺序控制功能方框图的基础上，采用 STL 和 RETSTL 步进指令，通过 GX Works3 编程软件所编写的步进梯形图。

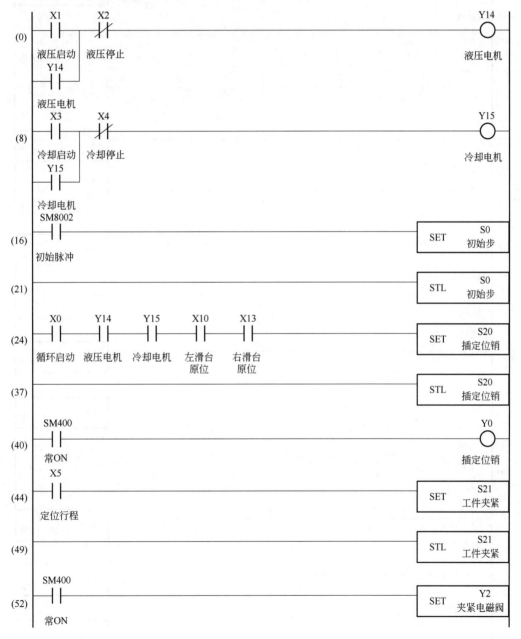

图 4-26

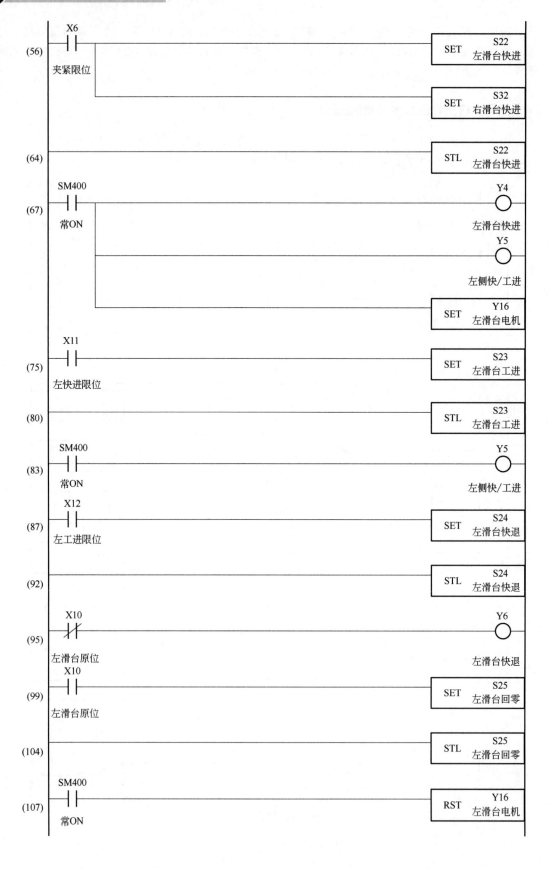

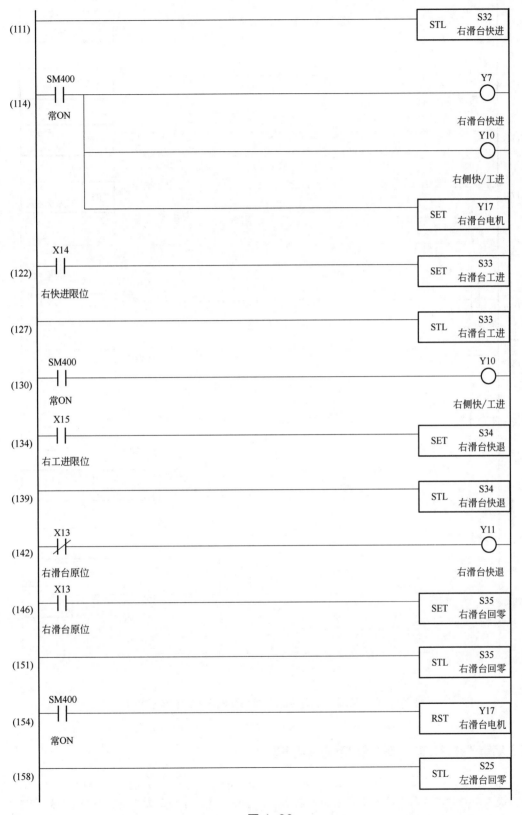

图 4-26

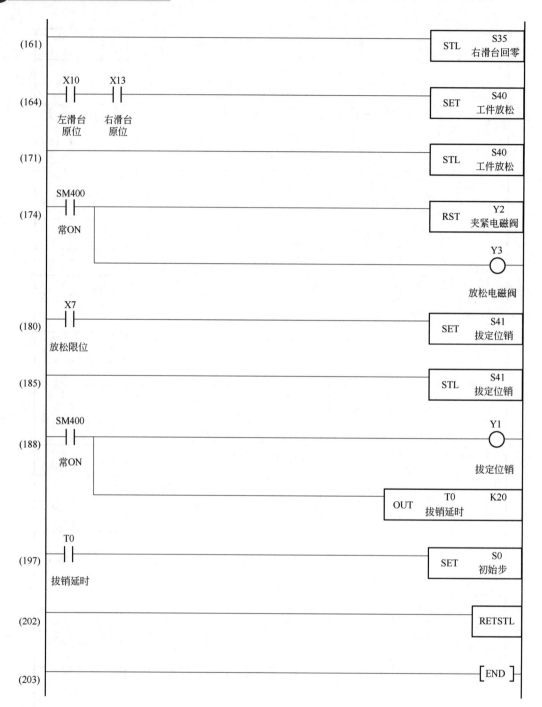

图4-26　采用步进指令的双面钻孔机床顺序控制梯形图

（5）编辑"并行分支"梯形图程序的注意事项

①　怎样实现"并行分支"？图4-26中，第56步就是"并行分支"：当X6为"1"时，同时进入左滑台的流程S22和右滑台的流程S32。显然，这两个分支是同时工作的。"SET S32"

写入的位置要按图所示，紧接在"SET S22"后面。不能把左滑台的程序编写完之后，再编写"SET S32"。左侧分支的程序是从第 64 步至第 110 步；右侧分支的程序是从第 111 步至第 157 步。

　　② 怎样实现"合流"？右滑台的分支程序在第 157 步结束，转入第 164 步的合流程序。但是在写入"SET S40"之前，还要再次写入"STL S25"（第 15 至第 160 步）"STL S35"（第 161 至第 163 步）。虽然前面的第 104 至第 106 步已经有了"STL S25"，第 151 至第 153 步已经有了"STL S35"，但是必须再编写一次，才能转入"合流"程序。

05 | # 第5章
FX5U 系列 PLC 与计算机的通信

5.1 通信的基本概念

PLC 必须采用计算机进行编程。FX5U 一般都是在工业自动化现场使用，所以编程所用的计算机绝大多数都是手提电脑（笔记本），以便于与 PLC 通信。在计算机中完成 PLC 程序的编辑后，必须将程序写入到 PLC 中，以控制有关自动化设备的运行，否则所编辑的程序只是空中楼阁，没有一点实际用途。

通信就是指 PLC 与编程计算机之间，或 PLC 与其他设备之间，通过编程电缆进行信息传送。在 FX5U 系列 PLC 中，取消了 FX 系列 PLC 传统的 RS-422 通信接口，在内部设置了两种通信接口：以太网通信接口和 RS-485 通信接口。通过相配套的编程电缆，可以将 FX5U 与编程计算机连接起来，实施具体的通信，如图 5-1 所示。

图 5-1（a）是通过以太网接口和 RJ-45 编程电缆进行通信，图 5-1（b）是通过 RS-485 接口和 568B 编程电缆进行通信。在通信中所传送的信息，是由数字"0"和"1"组成的、具有一定规则的一组数据，也就是我们所说的 PLC 控制程序或工艺参数。

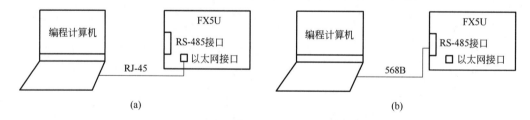

图 5-1 编程计算机与 FX5U 的通信连接

在一般情况下，通信包括以下几个方面的内容：

① 程序的写入。将计算机中编制的程序下载到 PLC 中，以执行各种自动控制功能。

② 程序的读取。将 PLC 内部原有的程序上传到计算机中。例如，某些 PLC 内部原有的程序是设备制造厂家编写的，用户往往需要将这些程序复制下来，以便于保存，或修改原有程序中不合理的部分。

③ 程序的调试和监视。在程序运行过程中，进行监视和某些调试。

④ 故障的诊断。当 PLC 出现某些故障时，可以通过计算机进行诊断，查找故障的具体

原因。通过 FX5U 和编程软件 GX Wroks3 强大的通信功能，还可以进行远程诊断。

5.2　以太网方式的通信

5.2.1　以太网通信在 FX5U 中的应用

以太网在个人计算机网络系统，例如办公自动化系统、管理信息系统中广泛应用。早期的以太网通信速率比较低，如果网络中的设备比较多，信息交换量比较大，可能会出现冲突和阻塞，影响信息传输的效率。现在以太网的传输速率得到大幅度的提高，达到 100～1000Mbps，并采用了其他提速的措施，解决了效率低的问题。使用以太网很容易实现控制网络的一体化，所以以太网已经越来越广泛地在工业自动化的控制网络中使用。

在三菱 FX5U 系列 PLC 中，内置了以太网通信接口，极大地方便了通信连接。它支持以下通信协议：CC-Link LE 通信、MELSOFT 连接、SLMP（3E 帧）协议、Socket 通信、FTP 服务器、MODBUS/TCP 通信功能、SNTP 客户端、Web 服务器（HTTP）、简单 CPU 通信协议。它适用于线路的分散控制、集中管理、数据收集、程序管理等。

5.2.2　以太网电缆直接连接方式

FX5U 系列 PLC 与编程计算机通信时，必须使用编程电缆。如果编程计算机只需要与一台 FX5U 连接，则只需要使用一根普通的网线就可以进行通信，如图 5-2 所示。网线的一端直接与计算机连接，另外一端插在 PLC 左下方的以太网端口上，此时不需要设置 IP 地址和主机的名称。

如果计算机上没有配置网线接口，可以通过 USB 接口转接，但是需要增加一块 USB3.0 有线高速网卡，如图 5-3 所示，利用它进行转接，也就是将 USB 接口转换为以太网的通信接口。

图 5-2　网线　　　　　　　　　　图 5-3　USB3.0 有线高速网卡

以下是具体的连接步骤：

① 通过网线（或网线与 USB3.0 有线高速网卡的组合），将编程计算机与 FX5U 系列 PLC 连接起来。

② 执行菜单"在线"→"当前连接目标"，弹出"简易连接目标设置 Connection"对话框，如图 5-4 所示。

③ 选中对话框左上方的"直接连接设置"和"以太网"，在适配器（A）右边指定计算机一侧的以太网适配器。

图 5-4　"简易连接目标设置 Connection"对话框

④ 点击"通信测试"按钮，检查计算机能否与 PLC 的 CPU 模块建立通信连接。当建立好连接关系时，会出现图 5-5 所示的提示。如果没有建立起通信连接，也会出现相应的提示。

图 5-5　计算机与 PLC 建立连接的提示

⑤ 通过以太网电缆直接连接时，如果电缆比较长，可能会引入某些干扰。为了防止这类干扰，可以在"导航"窗口中，依次点击"参数"→"FX5UCPU"→"模块参数"→"以太网端口"→"应用设置"→"安全性"，弹出图 5-6 所示的界面。在"禁止与 MELSOFT 直接连接"的选项中选择"禁止"。

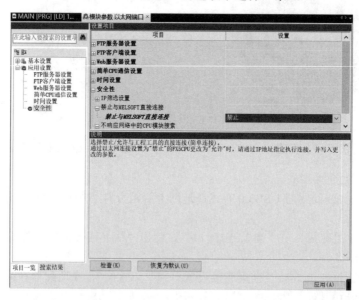

图 5-6　禁止与 MELSOFT 直接连接（避免以太网电缆引入干扰）

5.2.3　以太网电缆通过集线器连接方式

采用以太网电缆直接连接简单方便，不需要设置 IP 地址和主机名称，但是计算机只能连接一台 FX5U。集线器就是数据交换机，它对信号进行放大，可以连接多台（最多为 8 台）三菱 FX5U、人机界面、变频器等。

通过集线器连接以太网时，需要进行一些设置。

（1）在 GX Works3 的导航栏中进行参数设置

① 在"导航"窗口中，依次点击"参数"→"FX5UCPU"→"模块参数"→"以太网端口"→"基本设置"→"自节点设置"→"IP 地址设置"，如图 5-7 所示。

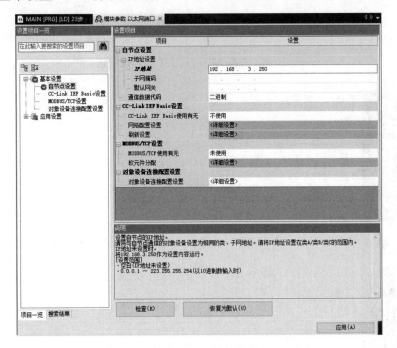

图 5-7　进行 CPU 模块参数的设置

② 按照图中下方的说明，在 0.0.0.1～223.255.255.254 的范围之内，设置 CPU 模块的 IP 地址，例如 192.168.3.250，然后点击"应用"按钮。

③ 进行 MELSOFT（三菱自动化连接设备）的连接设置。在图 5-7 中，点击"对象设备连接配置设置"栏目中的"详细设置"，打开"以太网配置（内置以太网端口）"对话框，如图 5-8 所示。在右侧的"模块一览"选项卡中，选取"MELSOFT 连接设备"，将它拖放到画面的左侧，并在"协议"中选择适合 FX5U 的通信协议，在本例中的协议是 TCP。

④ 将设置好的通信参数写入到 CPU 模块。在"在线"菜单中，点击"写入至可编程控制器"，向 CPU 模块写入通信参数，并操作电源的"OFF→ON"开关，或者进行复位操作，使写入的参数生效。

（2）在 GX Works3 的菜单中进行参数设置

① 在"在线"菜单中，点击"当前连接目标"，出现图 5-4 所示的"简易连接目标设置

Connection"对话框，再点击其中的"其他连接方法"，打开"连接目标指定 Connection"对话框，如图 5-9 所示。

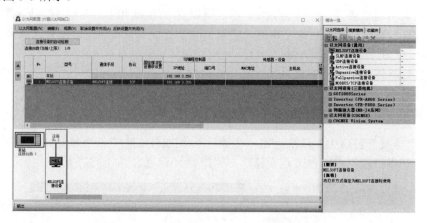

图 5-8　进行 MELSOFT 的连接设置

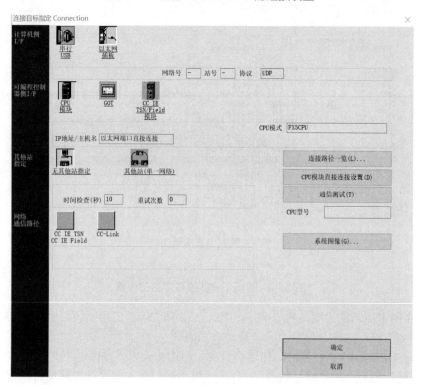

图 5-9　"连接目标指定 Connection"对话框

②　在"计算机侧 I/F"栏目中，选择"以太网插板"。

③　在"可编程控制器侧 I/F"栏目中，双击"CPU 模块"，打开"可编程控制器侧 I/F CPU 模块详细设置"对话框，如图 5-10 所示。

④　在对话框中，选择"经由集线器连接"，并设置 CPU 模块的 IP 地址，就是图 5-7 中的 192.168.3.250。或者设置一个主机名，它是在 Microsoft Windows 的 hosts 文件中设置的名称，是一个没有扩展名的系统文件。这个文件可以用记事本等工具打开，其作用是建立一个关联数据库，将一些常用的网址域名与其对应的 IP 地址联系在一起。

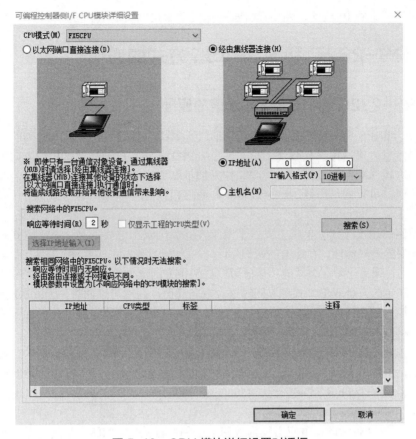

图 5-10　CPU 模块详细设置对话框

⑤ 点击图 5-10 中的"搜索"按钮，搜索与计算机连接在同一个集线器上的 CPU 模块，如图 5-11 所示。

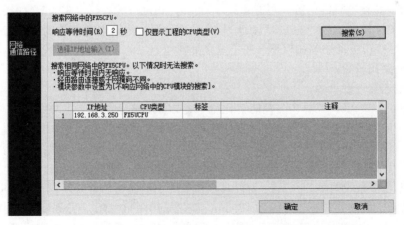

图 5-11　搜索与计算机连接在同一个集线器上的 CPU 模块

⑥ 在图 5-11 的列表中，如果出现 IP 地址重复的 CPU 模块，则需要修改重复部分的 IP 地址，以避免在通信中出现错误。

使用以太网方式时，除上述方法之外，还可以利用 FX5U 内置的以太网端口，通过路由器进行通信连接。此时的设置方法与前面所叙述的基本一致。区别在于：在 CPU 模块参数的设置中，不仅要设置 IP 地址，还要设置子网掩码和默认网关的 IP 地址。

5.3　RS-232C 和 RS-485 方式的通信

5.3.1　RS-232C 和 RS-485 通信的原理

RS-232C 和 RS-485 通信的原理是相同的，都属于串行通信，是以二进制的位（bit）为单位的数据传输方式，每次只传送一位。除了公共线之外，在一个数据传输方向上只需要一根数据线。这根线既作为数据线，同时又作为通信联络控制线，数据和联络信号在这根线上按位进行传送。串行通信需要的信号线很少，两三根线就可以了，非常适用于传输距离较远的场所。

串行通信的连接方式有单工方式、半双工方式、全双工方式三种。单工方式只允许数据按照一个固定的方向传送。在通信的两端中，一端为发送端，另一端为接收端，而且这种确定是不可更改的。采用半双工方式时，信息可以在两个方向上传输，但是在某个特定的时刻，接收和发送是确定的。全双工方式可以同时进行双向通信，两端可以同时作为发送端和接收端。

串行通信一般用于 PLC 与计算机之间、多台 PLC 之间的数据通信。在许多工业自动控制设备中，都安装有通用的串行通信接口。

进行串行通信时，要指定传输速率。传输速率一般用比特率（每秒传送的二进制数的位数）来表示，其单位是 bps。传输速率是反映通信速度的重要指标。常用的标准传输速率有 300bps、600bps、1200bps、2400bps、4800bps、9600bps、19200bps 等。传输速率一般选用 9600bps，或 19200bps。

RS-232C 是自动化设备中应用较为普遍的一种串行接口。"RS"是英文"推荐标准"一词的速写，"232"是标志号，"C"表示此标准修改的次数。RS-232C 既是一种协议标准，又是一种电气标准，它规定了终端和通信设备之间信息交换的功能和方式。在通信距离较短、比特率要求不高的场合，直接采用 RS-232C 接口，既简单又方便。

RS-232C 传输电缆的电容值不能超过 2500pF，长度不能超过 15.24m（如果采用带有屏蔽的传输电缆，则允许长一些）。而在有干扰的环境下，传输电缆的长度需要缩短。所以，RS-232C 串行接口标准还存在以下一些不足之处：

① 传输距离较短。

② 只能连接一台设备。

③ 传输速率较低，在异步传输时，比特率为 20000bps。

④ 接口的信号电平值较高，容易损坏接口电路中的芯片。

⑤ 接口使用一根信号线、一根返回线，构成共地的传输方式。这种共地传输容易产生共模干扰，所以抗噪声干扰能力比较差。随着比特率的提高，抗干扰能力会成倍地下降。

RS-485 通信布线简单，只需要 2 根线。它采用了差模通信方式，弥补了 RS-232C 通信距离短的缺陷，最大有线传输距离为1200m。如果采用阻抗匹配、低衰减的专用电缆，可以达到1800m。它可以在线上挂载多个终端，通过查询和一一应答的方式，实现多机联网通信，克服了 RS-232C 不能对多台设备进行联网管理的缺陷。它可以用 FX5U 作为主站或从站，构建规模较小的通信网络，通过串行通信方式与多个站点（最多为 32 个）相连接。

5.3.2　通过 RS-232C 端口的通信

当编程计算机具有 RS-232C 通信端口时，FX5U 可以采取以下两种方法与计算机通信。

① 在 FX5U 的左侧加装扩展适配器 FX5-232ADP，然后通过编程电缆 FX-232CAB-1 与计算机连接，如图 5-12（a）所示。加装方法见第 2 章中 2.5.2 节。

② 在 FX5U 的正面加装扩展板 FX5-232-BD，然后通过编程电缆 FX-232CAB-1 与计算机连接，如图 5-12（b）所示。

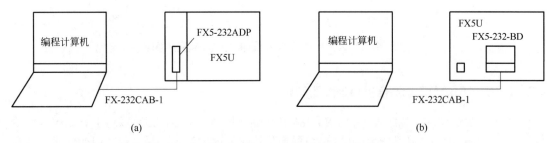

图 5-12　通过 RS-232C 端口连接计算机和 FX5U

5.3.3　简易 PLC 之间的连接通信

在 FX5U 内部，配置有 RS-485 通信接口，通过它可以构建 FX5U 与 FX5U 之间、FX5U 与 FX3 之间的通信连接，自动进行数据交换，如图 5-13 所示，最多可以连接 8 台 PLC。

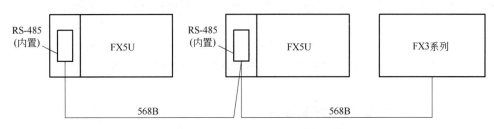

图 5-13　简易 PLC 之间的连接通信

除了内置的 RS-485 通信接口之外，还可以搭载 FX5-485-BD 扩展板、FX5-485ADP 扩展适配器，实现简易 PLC 之间的连接通信。它们的通信方式是半双工双向和全双工双向，支持以下的通信协议：MELSOFT 连接、MC 协议（1C/3C/4C 帧）、无顺序通信、MODBUS RTU 通信、变频器通信、简易 PLC 连接、并联连接、通信协议支援。在扩展板和扩展适配器中，DC 5V 所消耗的电流为 20mA，DC 24V 所消耗的电流为 30mA。不占用输入/输出点数。

5.3.4　FX5U 与变频器的通信

（1）内置通信接口的连接

FX5U 型 PLC 与变频器、人机界面的通信方式如图 5-14 所示。

在 FX5U 型 PLC 的内部，配置有 RS-485 通信接口，它位于 CPU 模块的左边，打开左侧的长方形小盖板就可以看到。当 FX5U 运行时，通常将 RS-485 接口用于构建 MODBUS 通信网络，实现与变频器、传感器等设备的通信连接。通信电缆一般使用 568B。

以太网通信接口位于 CPU 模块的左下方，通常将它用于与人机界面（触摸屏）的通信连接。通信电缆一般使用 RJ-45。

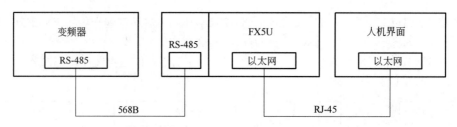

图 5-14   FX5U PLC 与变频器、人机界面的通信

（2）FX5-485ADP 型通信扩展适配器的连接

如果在 FX5U 的左侧配置一台 FX5-485ADP 通信扩展适配器，则可以将 FX5U 作为主站或从站，在 MODBUS（基于 RS-485 接口的通信协议）的框架下，与多台通用变频器（最多为 32 台）进行通信，通信距离可以达到 1200m。也可以连接传感器、读码器等设备，对它们进行分散控制、集中管理，如图 5-15 所示。还可以再连接一个 CPU 模块。

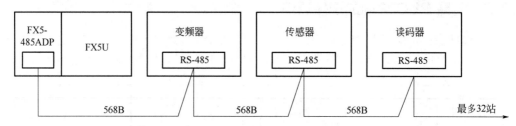

图 5-15   通过 FX5-485ADP 与多台设备进行通信

（3）FX5-485-BD 型通信扩展板的连接

在 FX5U 面板上，有一个带三菱标志的盖板，将它取下后，可以加装一块 FX5-485-BD 型通信扩展板，其通信功能、连接电缆与 FX5-485ADP 型通信扩展适配器相似，但是最长通信距离为 50m。此外，不能另外再连接一个 CPU 模块。

（4）RS-485 通信参数的设置

设置 RS-485 通信参数的步骤是：

① 在 GX Works3 的"导航"窗口中，依次点击"参数"→"FX5UCPU"→"模块参数"→"485 串口"，如图 5-16 所示。

② 双击"485 串口"，打开"设置项目"对话框，如图 5-17 所示。在其中进行以下项目的通信参数设置：

a. 在"协议格式"中，选择"变频器通信"；

b. 在"数据长度"中，选择"7bit"；

c. 在"奇偶校验"中，选择"偶数"；

d. 在"停止位"中，选择"1bit"；

e. 在"比特率"中，选择"4800bps"。

点击"应用"按钮后，这些设置将得以保存。

在变频器中，也需要对通信参数进行设置，并且必须与上述参数保持一致。

图 5-16 在 "导航" 窗口中
选择 "485 串口"

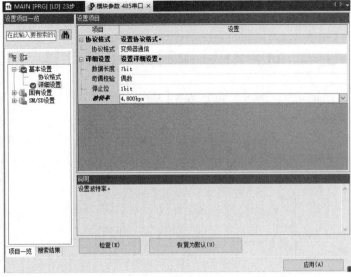

图 5-17 FX5U 与变频器通信的参数设置

5.3.5 RS-485 与以太网的转换

在计算机中，一般都安装有以太网接口，它可以接入因特网（Internet），实现远距离通信，在全球范围内都可以实现联网和监控，这是 RS-485 接口无法做到的。

如果需要对 PLC 进行远距离的联网和监控，还可以将 PLC 中的 RS-485 接口转换为以太网接口，以符合 TCP/IP 网络通信协议。此时，可以把 PLC 和 RS-485 的接口留在现场，而监控计算机这端只保留一根网线，使用起来非常方便。

为了满足这种要求，需要配置 RS-485→以太网转换设备。

图 5-18 就是一种将 RS-485 接口转换为以太网接口的模块，其型号是 R-857X。

图 5-19 是另外一种将 RS-485 接口转换为以太网接口的模块，其型号是 C2000 N2A1。

图 5-18 R-857X 型转换模块

图 5-19 C2000 N2A1 型转换模块

在转换模块中，通过 RS-485 通信电缆连接 FX5U 系列 PLC，通过以太网的网线连接计算机，就可以完成 RS-485 到以太网的转接，实现 FX5U 的远距离通信。

5.4　向 FX5U 中写入 PLC 程序

向 FX5U 中写入 PLC 程序，就是在编程计算机中打开已经编辑完毕的 PLC 程序，将它装载到 FX5U 中。

打开 GX Works3 编程软件，通过"导航"窗口找到需要写入到 FX5U 的工程项目，例如第 2 章的水泵自动控制梯形图，然后依次点击"扫描"→"MAIN"→"程序本体"，打开这个项目的梯形图，如图 5-20 所示。

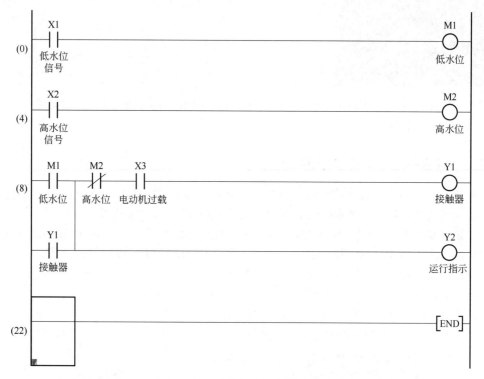

图 5-20　水泵自动控制梯形图

将这个梯形图程序写入（即下载）到三菱 FX5U-32MR/ES 型 PLC 中，或 FX5U 系列的其他 PLC 中，操作步骤如下：

① 执行菜单"在线"→"当前连接目标"，出现图 5-4 所示的"简易连接目标设置 Connection"对话框。

② 点击图 5-4 中的"通信测试"按钮，检查计算机是否与 PLC 的 CPU 模块建立通信连接。当建立好连接关系时，会出现图 5-5 所示的提示。如果没有建立起通信连接，也会出现相应的提示。

③ 确认连接后，执行菜单"在线"→"写入到可编程序控制器"，弹出"在线数据操作"对话框。

④ 在对话框中，选择需要向 PLC 写入的内容，其中有参数、全局标签、程序、软元件存储器、扩展文件寄存器、通用软元件注释等。在一般情况下，可以点击"全选"按钮，以便将这些内容全部写入到 PLC 中，如图 5-21 所示。

在线数据操作

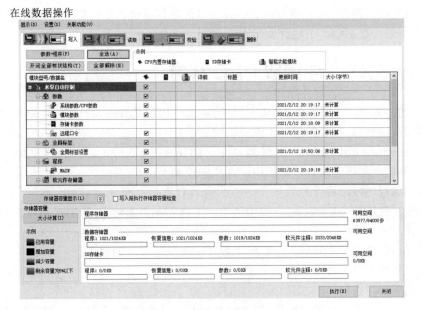

图 5-21 "在线数据操作"界面

⑤ 如果需要写入的 PLC 程序容量较大，则需要进行存储器容量检查（在图 5-21 中勾选"写入前执行存储器容量检查"），此时会出现图 5-22 所示的对话框，提示写入过程可能需要较长的时间。

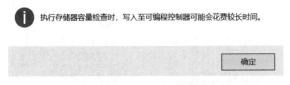

图 5-22 执行存储器容量检查

⑥ 点击图 5-21 右下方的"执行"按钮，进入"写入至可编程控制器"的进度界面，如图 5-23 所示。

⑦ 写入完毕后，出现图 5-24 所示的对话框，提示需要执行复位。可以将 RUN/STOP 开

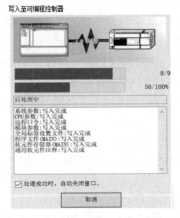

图 5-23 从计算机中向 PLC 写入程序

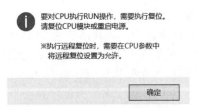

图 5-24 写入完毕后的提示

关倒向 RESET 侧（约为 1s），或重启 FX5U 的电源进行复位，或进行远程操作复位。然后，写入的内容生效，在 FX5U 中运行所写入的程序。

5.5　从 FX5U 中读取 PLC 程序

与程序的写入相反，如果在 FX5U 中已经装载了 PLC 程序，可以将它读取到编程计算机中，进行修改、存档，或者在运行中进行监视。

例如，在一台 FX5U-16MR/ES 型 PLC 中，装载有图 5-20 所示的"水泵自动控制"梯形图程序，要将这个程序读取到计算机中，操作步骤如下：

① 通过编程电缆，将计算机与 FX5U 系列 PLC 连接起来。

② 打开编程软件 GX Works3，点击菜单"工程"→"新建"，弹出"新建"对话框，如图 5-25 所示。

③ 在对话框中进行"系列""机型""程序语言"等项目的设置。

a．在"系列"中，选择"FX5CPU"；

b．在机型中，选择"FX5U"或" FX5UJ"；

c．在程序语言中，选择"梯形图""ST（结构化文本语言）""SFC（顺序功能图语言）""FBD/LD（功能块/梯形图语言）"等。其中使用最多的是梯形图。

④ 点击图 5-25 中的"确定"按钮，弹出图 5-26 所示的"MELSOFT GX Works3"（即三菱编程软件 GX Works3）对话框。

图 5-25　"新建"对话框

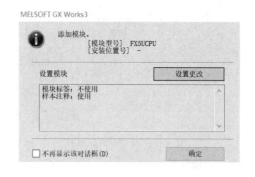

图 5-26　"MELSOFT GX Works3"对话框

⑤ 在图中，对 PLC 的型号进行更改或不更改，予以确定后，弹出 GX Works3 的空白编程界面，如图 5-27 所示。

⑥ 执行菜单"在线"→"当前连接目标"，在图 5-4 所示的"简易连接目标设置 Connection"对话框中点击"通信测试"按钮，检查计算机是否与 PLC 的 CPU 模块建立通信连接。

⑦ 确认连接后，点击"在线"菜单中的"从可编程序控制器读取"，弹出图 5-21 所示的"在线数据操作"界面。

⑧ 在界面中，选择需要从 PLC 中读取的内容，其中有参数、全局标签、程序、软元件存储器、扩展文件寄存器、通用软元件注释等，在一般情况下，可以点击"全选"按钮，以便将这些内容全部从 FX5U 系列 PLC 中读出。

⑨ 点击图 5-21 右下方的"执行"按钮，进行程序的读取，如图 5-28 所示。

⑩ 读取完毕后，会出现图 5-29 所示的提示。如果读取失败，也会出现相应的提示。

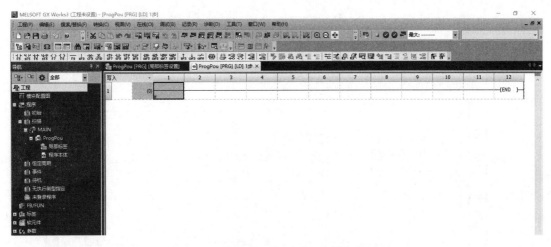

图 5-27　准备读取梯形图程序的空白界面

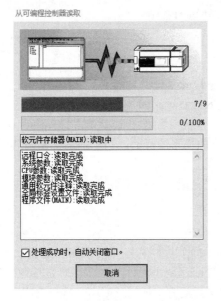

图 5-28　从 FX5U 中读取程序

图 5-29　读取完毕后的提示

5.6　PLC 程序在运行中的监视

在实际工作中，经常需要对运行中的 PLC 程序进行监视，以检验所编辑的程序有无错误之处，程序是否合乎工艺要求，输入/输出元件之间的逻辑关系是否正确，程序的运行是否正常。当 PLC 出现某些故障时，有时也需要通过监视查找产生故障的具体原因。

在监视状态下，PLC 内部和外部触点闭合，以及线圈得电（即状态为"1"）的元件，以深蓝色显示；触点没有闭合或线圈没有得电（即状态为"0"）的元件，以白色（即原来的颜色）显示。反过来说，如果某一触点或输出线圈显示为深蓝色，说明触点已经接通或线圈已经得电；如果某一触点或输出线圈显示为白色，说明触点没有接通或线圈没有得电。

在第 8 章中，8.2.3 节的内容是"电动机正反转控制电路"，其中的"电动机正反转控制梯形图"如图 5-30 所示。下面以它为例，说明监视的具体方法和步骤。

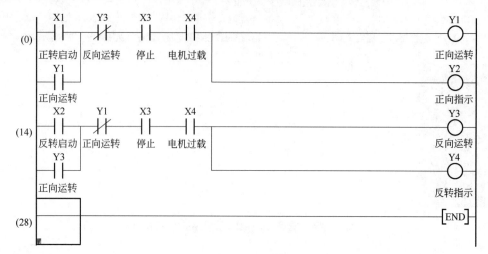

图 5-30　电动机正反转控制梯形图

（1）监视之前的准备工作

① 通过编程电缆将计算机与 FX5U 系列 PLC 连接起来。

② 接通 PLC 的电源，将其运行开关置于"RUN"位置，即让 PLC 程序进行运行。

③ 在编程软件 GX Works3 中，打开左侧的"导航"窗口，依次点击"程序"→"扫描"→"MAIN"→"程序本体"，打开图 5-30 所示的梯形图界面。为了提高插图的清晰度，此时可以关掉了左边的"导航"窗口，因为它与监视无关。

④ 执行菜单"在线"→"监视"→"监视模式"（或"监视开始"）。

（2）对整个梯形图进行监视

① 未按下启动按钮 X1、X2 时的监视画面。此时的画面如图 5-31 所示。可以看到 X3（停止按钮）、X4（热继电器常闭触点）呈现深蓝色，说明这两个元件的触点平时是接通的。而 X1、X2 的常开触点呈现白色，说明这两个启动按钮都没有接通。此时 Y1～Y4 的线圈也是白色，说明这 4 个线圈都没有得电，电动机既不能正向运转，也不能反向运转。由于 Y1 的线圈没有得电，其常闭触点接通（呈现深蓝色），允许电动机反向运转；由于 Y3 的线圈没有得电，其常闭触点接通（呈现深蓝色），允许电动机正向运转。

② 按下"正转启动"按钮 X1 瞬间的监视画面。此时的监视画面如图 5-32 所示。图中 X1 的常开触点呈现深蓝色，说明正转启动按钮已经按下，其常开触点已经接通。此时 Y1 和 Y2 的线圈也是深蓝色，说明这两个线圈已经得电，电动机正向运转。由于 Y1 的线圈得电，Y1 的常开触点（呈现深蓝色）接通进行自保，Y1 的常闭触点（呈现白色）断开，对 Y3（反向运转）进行联锁，使 Y3 不能得电。

③ 松开 X1 后的监视画面。松开"正转启动"按钮 X1 后，图 5-32 中的 X1 的常开触点会恢复为白色。但是，由于 Y1 的常开触点已经接通，具有"自保"功能，Y1 的线圈仍然是深蓝色，线圈仍然得电，电动机保持正向运转。所以除了 X1 的常开触点变为白色之外，其余部分的监视画面仍然如图 5-32 所示。

④ 按下"停止"按钮 X3 之后的监视画面。此时正向运转停止，画面与图 5-31 相同。

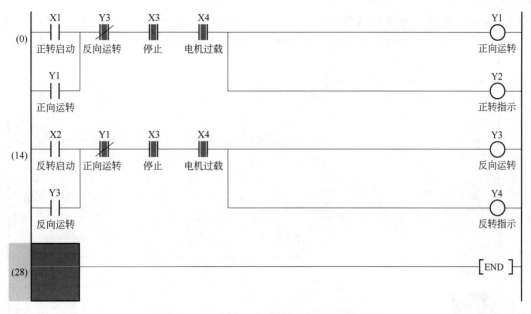

图 5-31　未按下启动按钮时的监视画面

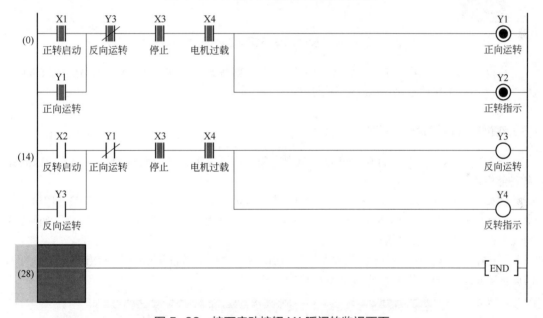

图 5-32　按下启动按钮 X1 瞬间的监视画面

⑤ 按下"反转启动"按钮 X2 瞬间的监视画面。此时的监视画面如图 5-33 所示。X2 的常开触点呈现深蓝色，说明"反转启动"按钮已经按下，其常开触点已经接通。此时 Y3 和 Y4 的线圈也是深蓝色，说明这两个线圈已经得电，电动机反向运转。由于 Y3 的线圈得电，Y3 的常开触点（呈现深蓝色）接通进行自保，Y3 的常闭触点（呈现白色）断开，对 Y1（正向运转）进行联锁，使 Y1 不能得电。

⑥ 松开 X2 后的监视画面。松开"反转启动"按钮 X2 后，图 5-33 中 X2 的常开触点会恢复为白色。但是，由于 Y3 的常开触点已经接通，具有"自保"功能，Y3 的线圈仍然是深蓝色，线圈仍然得电，电动机保持反向运转。所以除了 X2 的常开触点变为白色之外，其余

部分的监视画面仍然如图 5-33 所示。

　　⑦ 按下"停止"按钮 X3 之后的监视画面。此时反向运转停止，画面与图 5-31 相同。

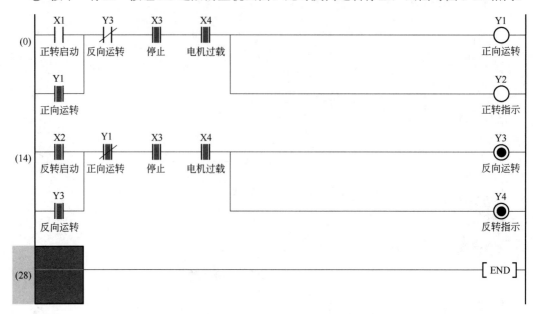

图 5-33　按下反转启动按钮 X2 瞬间的监视画面

　　从以上的监视画面可知，在采用监视功能后，哪些元件的状态为"0"，哪些元件的状态为"1"，一目了然地展现在梯形图画面中。

（3）对指定元件的状态进行监视

　　在 GX Works3 编程软件中，通过"监视"功能，可以检验各个元件的状态是否与控制要求完全相符。

　　例如，在图 5-30 中，X1 控制输出继电器 Y1 和 Y2，X2 控制输出继电器 Y3 和 Y4。停止按钮 X3 和电机过载 X4 平时都处于接通状态。通过编程软件的"监视"功能，可以验证这些元件的工作状态是否正确。

　　① 执行菜单"在线"→"监视"→"软元件/缓冲存储器批量监视"，弹出图 5-34 所示的画面，此时画面中的所有栏目都是空白的。

图 5-34　"软元件/缓冲存储器批量监视"画面

　　② 点击图中的"打开显示格式"按钮，弹出显示格式的选择界面，如图 5-35 所示。 在这里对显示格式进行设置。对于图 5-30 所示的梯形图程序，将"显示单位格式"设置为"位"，"数据显示格式"设置为"16 位整数[有符号]（1）"，其他选项采用默认值。

图 5-35　设置显示格式

③ 在图 5-34 的"软元件名"中，键入"X0"。

④ 按下"启动按钮"X1 不要松开，同时点击最右边的"监视开始"按钮，就开始对数字量的输入 X 进行批量监视（从 X0～X1777），如图 5-36 所示。

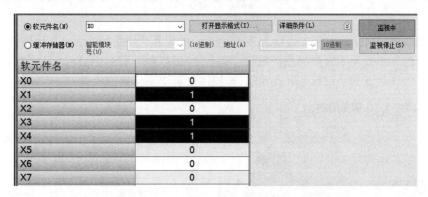

图 5-36　对数字量的输入 X 进行批量监视

⑤ 从图中可以看到，此时 X1、X3、X4 这 3 个元件处于"1"状态，蓝色，表示它们接通，而 X2 和其他的 X 元件都处于"0"状态，白色，表示没有接通。

⑥ 在"软元件名"中键入"Y1"，对数字量的输出元件 Y 进行批量监视，监视的结果如图 5-37 所示。此时 Y1（正向运转）、Y2（正转指示）都处于得电的状态，而其他的 Y 元件都没有得电。这些 Y 元件的状态都是正确的。

图 5-37　对数字量的输出 Y 进行批量监视

第6章
三菱 GOT2000 人机界面的编程

6.1 三菱 GOT2000 人机界面简介

人机界面即 HMI,是 Human Machine Interface 的简称。它是 PLC 的"孪生姐妹",在 PLC 的使用中,经常需要使用人机界面,以便于进行现场控制和可视化操作。它主要是指触摸显示屏、带有操作软键的显示屏等,是 PLC 与操作人员交换信息的设备。

6.1.1 三菱人机界面简述

在三菱工业自动化生产的现场,经常安放着若干台 HMI,它们作为 PLC 的亲密伙伴,可以在恶劣的工业环境中长时间连续地运行。图 6-1 是两种三菱 GOT2000 系列人机界面。

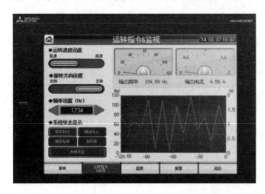
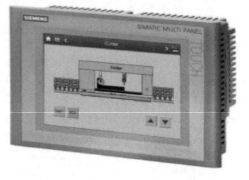

图 6-1 三菱 GOT2000 系列人机界面

现在的人机界面通常使用 TFT 液晶显示器,每一个液晶像素点都用集成在其后面的薄膜晶体管来驱动,其亮度高、色彩逼真、对比度和层次感很强、反应迅速、可视角度很大。

人机界面是人与自动控制设备交流信息的窗口,它是一种简单易用的计算机输入设备。它可以用字符、图形、动画等元素动态地显示工业生产现场的状态和数据。操作人员只要用手指轻轻地触摸一下屏面上的图案或符号,就可以向控制系统发送各种各样的操作指令,这些指令立即转换为触点坐标,传送给 CPU。CPU 经过运算后,发出控制指令驱动各种执行装置。此外,人机界面也可以通过显示器监控机器的状态信息。

画面上可以添加为数众多的按钮和指示灯,代替相应的硬件元件,它们既不需要连接导线，又大大减少了 PLC 所需要的 I/O 端子，降低了系统成本，提高了设备的性能和使用寿命。

人机界面由硬件和软件组成：硬件包括控制器、触摸屏、输入系统、通信接口、数据存储单元；软件包括系统软件和组态软件。系统软件在触摸屏中运行；组态软件就是编程软件，它在计算机的操作系统下运行，进行画面设计。

用户必须先根据控制要求，使用编程软件编辑出各种工程文件，并进行编译，然后通过通信接口，把编辑好的工程文件下载到人机界面的存储器中，进行实际运行。

6.1.2　三菱人机界面的主要功能

在三菱自动控制系统中，人机界面有着非常重要的地位。它的主要功能是：

① 对设备进行控制。在自动化生产过程中，操作人员可以根据现场实际情况，通过人机界面中的各种软键（按钮），给设备下达控制指令，或输入工艺参数。

② 对生产过程进行监视。在整个生产过程中，设备的工作状态和各种工艺参数，通过各种颜色的字符、图案、趋势图、表格、曲线组成友好界面，一清二楚地展示出来，便于操作人员查看。

③ 对数据进行记录和归档。生产过程中会产生大量的数据，HMI 对这些数据进行简单的记录、归档和管理，供操作人员在现场查看和调试，可以及时调整某些控制参数，特别是 PID 方面的参数。

④ 对配方进行管理。在现代化的生产中，一条自动流水线上往往制造多种产品，每种产品的工艺路线不完全相同。在 HMI 界面中，操作人员可以对每种产品的工艺参数进行管理和调取，而不需要去修改 PLC 程序。

⑤ 对故障信息进行管理和报警。出现故障信息时，HMI 可以直接进行相关的报警，提示发生故障的具体位置。还可以对故障信息进行全面记录，以便于事后调取和诊断分析。

6.1.3　编程软件 GT Works3 的下载和安装

GT Works3 是 GOT2000 系列和 GOT1000 系列人机界面所用的画面创建软件，可以进行工程创建、模拟、与 GOT 间的数据传送。它包括 3 个软件：

① GT Designer3（GOT2000），用于 GOT2000 系列人机界面的编程；

② GT Designer3（GOT1000），用于 GOT1000 系列人机界面的编程；

③ GT Simulator3，用于对正在创建的人机界面程序进行模拟调试。

（1）编程软件 GT Works3 的下载

GT Works3 下载的步骤是：

① 登录"三菱电机自动化（中国）有限公司"官方网站，点击其中的"资料中心"→"可视"→"人机界面（HMI）GOT"→"软件"→"GT Works3"→"查看"，弹出 GT Works3 的下载文件，如图 6-2 所示。

② 执行本地下载或云盘下载，将 GT Works3 的安装压缩包下载到编程计算机中。

（2）编程软件 GT Works3 的安装

GT Works3 安装的步骤是：

① 对压缩包进行解压，解压后的文件名称是 sw1dnd-gtw3_c_1250l，其中包括多个文件夹。如果使用 GOT1000 型人机界面，则选择安装文件 Disk3；如果使用 GOT2000 型人机界

面，则选择安装文件 Disk1。本章所介绍的就是 GOT2000 型人机界面，因此选取 Disk1。

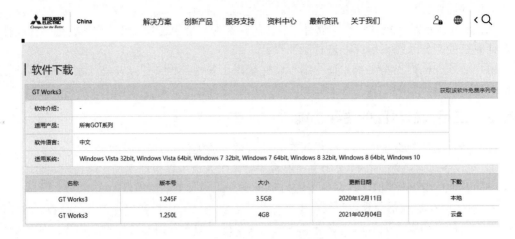

图 6-2　GT Works3 下载文件

② 点击安装文件 Disk1，然后双击安装图标"setup"，弹出软件的安装向导，要求输入用户信息，如图 6-3 所示。

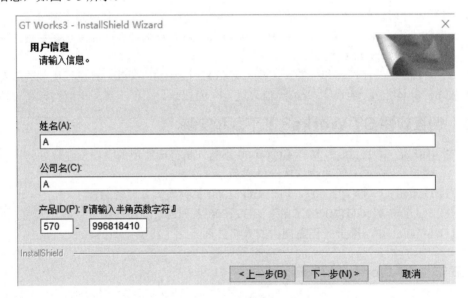

图 6-3　在安装向导中输入用户信息

在图 6-3 中，"姓名"和"公司名"可任意输入，安装序列号是 570-986818410，也可以是 570-996818410。

③ 选择安装目录，即计算机的磁盘驱动器。默认的是 C 驱动器，如果改用其他的驱动器，安装可能不能进行，或者中途中断。

④ 依次点击各个安装引导界面中的"下一步"，进入编程软件的安装状态，如图 6-4 所示。

⑤ 安装完毕后，会自动在桌面上创建快捷图标，其名称是"GT Designer3"。如果同时安装了相应的仿真软件，会创建另外一个快捷图标，其名称是"GT Simulator3"。

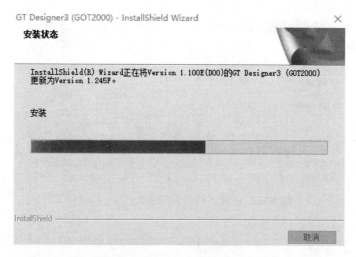

图 6-4　安装编程软件 GT Designer3（GOT2000）

6.2　创建 GT Designer3 的工程文件

在 GT Designer3（GOT2000）的编程环境中，创建工程文件的步骤是：

① 设置人机界面的机种和型号。点击菜单"工程"→"新建"，打开"工程的新建向导"对话框，如图 6-5 所示。也可以从文件夹中打开一个原有的工程。

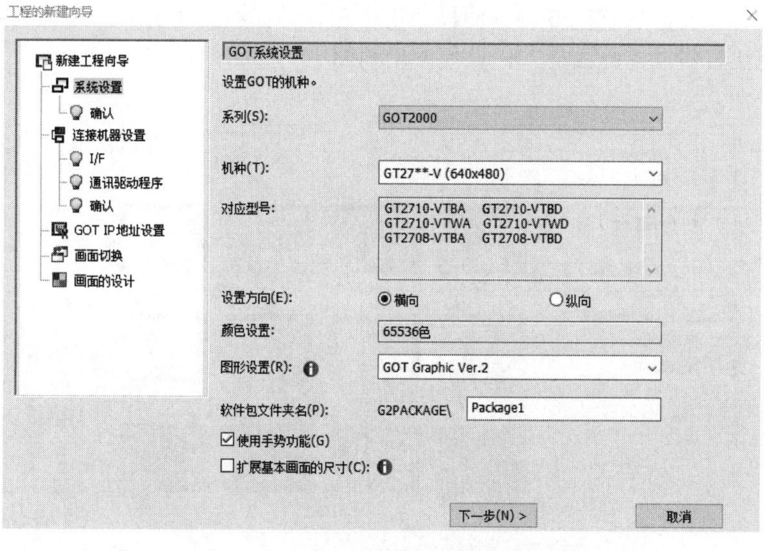

图 6-5　人机界面的工程的新建向导

在图 6-5 中，选择人机界面的系列、机种等。常用的系列有 GOT1000、GOT2000 等。在 GOT2000 中，有 GT21、GT23、GT25、GT27、GT SoftGOT 这 5 个机种。其中，GT27 对应的人机界面型号有 GT2710-VTBA、GT2708-VTBD 等 6 种。

② 选择所连接的 PLC 的机种。FX5U 属于三菱小型 PLC 中的 MELSEC iQ-F 系列，需要选择这个机种，如图 6-6 所示。

③ 设置人机界面与 FX5U、编程计算机的通信方式。一般选择以太网连接。默认的 IP

地址、子网掩码如图 6-7 所示。

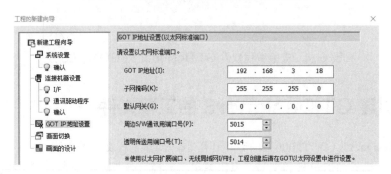

图 6-6　选择人机界面所连接的 PLC 机种

图 6-7　默认的 IP 地址、子网掩码

④ 选择画面的样式。有 20 种画面样式可供选择，如图 6-8 所示。在一般情况下，应当选择背景颜色比较浅淡的画面样式，以便突出画面中所编辑的内容。

图 6-8　选择画面样式

6.3　GT Designer3 的编程界面

完成一系列设置后，会出现一个新建的工程设计界面，如图 6-9 所示。

在这个界面中，顶部是工程文件的名称，在它的下面是主菜单栏，包括工程、编辑、搜索/替换、视图、画面、公共设置、图形、对象、通讯、诊断、工具、窗口、帮助。点击各主菜单时，还可以下拉出一些子菜单。

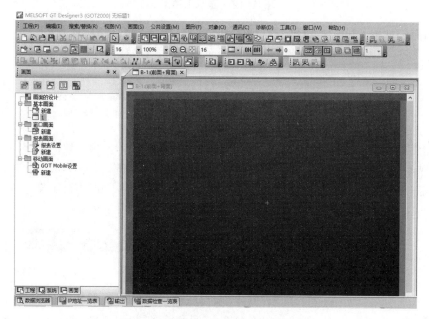

图 6-9　新建的 GOT2000 工程界面

6.3.1　GT Designer 3（GOT2000）中的工具条

工具条包括以下种类：

① 标准工具条，如图 6-10 所示。从左到右分别是：新建工程、引用数据新建工程、打开已有的工程、保存编辑中的工程、剪切、复制、粘贴、撤销（取消前一操作）、恢复（返回已取消的操作）、图形-对象的选择、帮助。

图 6-10　标准工具条

② 窗口显示工具条，如图 6-11 所示。从左到右分别是：折叠窗口中的工程树状结构、画面树状结构、系统树状结构、数据浏览器、属性表、IP 地址一览表、库一览表、库一览表（模板）、数据一览表、引用创建（画面）、数据检查一览表、输出、校验结果，以及 GOT 机种设置、GOT 环境设置、GOT 显示设置/语言设置、GOT 以太网设置、连接机器设置、标签打开、注释打开、软元件搜索、软元件使用一览表、字符串使用一览表。

图 6-11　窗口显示工具条

③ 显示工具条，如图 6-12 所示。从左到右分别是：移动量、缩放、放大显示、缩小显示、显示全部、栅格间距、栅格颜色、显示 ON 状态、显示 OFF 状态、前一个条件、下一个条件、条件号、显示项目-软元件、显示项目-标签的软元件、显示项目-对象 ID、图层显示-前面、图层显示-背面、图层显示-前面+背面、语言切换预览列号。

图6-12　显示工具条

④ 画面工具条，如图 6-13 所示。从左到右分别是：新建、打开、画面图像一览表、上一个画面、下一个画面、打开关闭的画面、画面背景色、预览。

图6-13　画面工具条

⑤ 编辑工具条，如图 6-14 所示。从左到右分别是：顺序-上移一层、顺序-下移一层、组合、取消组合、删除登录、从模板中删除登录、模板属性编辑、旋转-水平翻转、旋转-垂直翻转、翻转-向左旋转 90°、翻转-向右旋转 90°、编辑顶点、排列-自定义、选择对象-图形、选择对象-对象、选择对象-图形+对象、选择对象-画面调用。

图6-14　编辑工具条

⑥ 图形工具条，如图 6-15 所示。从左到右分别是：文本、艺术字、直线、折线、矩形、多边形、圆形、圆弧、扇形、表、刻度、配管、图像数据导入、DXF 数据导入、IGES 数据导入、截图-矩形范围指定、截图-窗口指定。

图6-15　图形工具条

⑦ 对象工具条，如图 6-16 所示。从左到右分别是：开关、指示灯、数值显示/输入、字符串显示/输入、日期/时间显示、注释显示、部件显示、报警显示、配方显示（记录一览表）、图表、精美仪表、滑杆。

图6-16　对象工具条

⑧ 通讯工具条，如图 6-17 所示。从左到右分别是：写入到 GOT、从 GOT 读取、与 GOT 的校验、通讯设置、批量写入到多个 GOT。

图6-17　通讯工具条

图6-18　诊断工具条

⑨ 诊断工具条，如图 6-18 所示。其作用是进行 GOT 诊断。

⑩ 模拟器工具条，如图 6-19 所示。从左至右分别是：模拟器-启动、模拟器-更新、模拟器-设置、模拟器-结束。

⑪ GOT 离线监视工具条，如图 6-20 所示。从左至右分别是：GOT 离线监视-启动、GOT 离线监视-设置、GOT 离线监视-结束。

工具条的内容比较多，会占用画面的位置，可以根据需要关闭某些工具条。操作方法是：

右击任意一个工具，弹出工具条选项，去掉某一项左边的对钩，就可以关闭这个工具条。

图 6-19　模拟器工具条 　　　　　　　　　　图 6-20　GOT 离线监视工具条

6.3.2　编程界面中的其他内容

(1) 树状结构

在编程界面的最左边是树状结构，它相当于其他编程软件的导航栏，包括工程树状结构、画面树状结构、系统树状结构。可以通过菜单"视图"→"折叠窗口"打开，也可以从窗口显示工具条中打开。

① 工程树状结构，如图 6-21 所示。它显示工程方面的一些信息，包括工程、标签、注释、报警、日志、配方、脚本、软元件数据传送、部件、声音。

② 画面树状结构，如图 6-22 所示。它显示画面方面的一些信息，包括基本画面、窗口画面、报表画面、移动画面。

③ 系统树状结构，如图 6-23 所示。它显示系统方面的一些信息，包括 GOT 设置、连接机器设置、周边机器设置等。

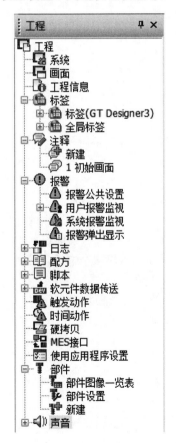

图 6-21　工程树状结构

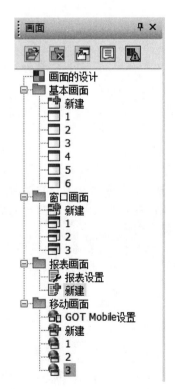

图 6-22　画面树状结构

图 6-23　系统树状结构

（2）画面中的其他内容

GT Designer3 编程界面中的内容丰富多彩，可以根据编程的要求，打开所需要的内容，隐藏暂时不需要使用的内容。

例如，通过菜单"视图"→"折叠窗口"，或通过窗口显示工具条，可以打开其他内容。例如数据浏览器、属性表、IP 地址一览表、数据一览表、数据检查一览表、输出、校验结果等，它们显示在编程界面的底部；还可以打开库一览表、库一览表（模板）等，它们显示在编程窗口的最右边。

6.4　GT Designer3（GOT2000）中的画面编程

现在选用第 8 章 8.2.6 节中的星-三角降压启动装置为实例，介绍在编程软件 GT Designer3（GOT2000）中进行画面编程的具体方法。

（1）新建工程项目

① 打开编程软件，新建一个工程项目，按照需要进行一些基本的设置。

② 依次点击菜单"视图"→"折叠窗口"→"画面树状结构"，或点击窗口显示工具条中的第 2 个按钮"画面树状结构"，将它展开在编程界面的最左边。

③ 在"画面树状结构"→"基本画面"→"新建"中，新建 3 个基本画面，分别是 B-1（初始）、B-2（操作）、B-3（诊断）。

（2）B-1 的编辑步骤

① 双击基本画面下面的"B-1（初始）"，打开编辑界面。

② 点击图形工具条中的按钮"A"（文本），在界面的中间位置添加并编辑工程名称。

③ 点击对象工具条中的按钮"日期/时间显示"，在界面顶部的左、右两边分别添加和编辑日期、时间。

④ 点击对象工具条中的第 1 个按钮"开关"，将它放置在画面底部。然后双击这个按钮进行编辑，将动作设置为"点动"，软元件可以设置为位输入元件"M4"，并点击"动作追加"，将这个按钮转换为开关，此时出现一个名为"开关"的界面，点击其右边的"画面切换"按钮，将画面编号设置为"2"，文本设置为"操作"。如果在人机界面上触摸这个按钮，就会切换到 B-2，进行电动机的启动和停止操作。

⑤ 用同样的方法，再添加并编辑另外一个画面切换按钮"诊断"。触摸这个按钮时，就会切换到 B-3，对各个输入元件和输出元件的状态进行查看和诊断。

编辑完毕的 B-1 如图 6-24 所示。

（3）B-2 的编辑步骤

① 双击基本画面下面的"B-2（操作）"，打开编辑界面。

② 点击对象工具条中的按钮"开关"，在界面的中间添加一个启动按钮，接着双击这个按钮，进行各项属性的编辑，其动作是"点动"，软元件是位输入继电器"M1"，文本是"屏上启动"。在人机界面中触摸这个按钮，就可以启动电动机。

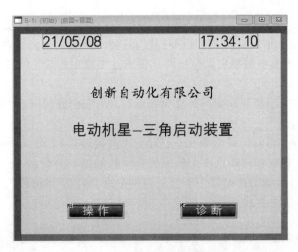

图 6-24　星 - 三角降压启动装置中的 B-1（初始）

③ 用同样的方法，再添加并编辑一个停止按钮，其动作也是"点动"，软元件是位输入继电器"M2"，文本是"屏上停止"。在人机界面中触摸这个按钮，就可以使电动机停止。

④ 点击对象工具条中的按钮"数值显示/输入"，添加并编辑定时器的数值输入框，触摸这个输入框，就可以弹出一个小数字键盘，进行定时值的设置，软元件需要使用数据寄存器 D0。

⑤ 再次点击这个按钮，添加并编辑定时器的当前值显示框。在这里可以显示定时器计时过程中的当前值。软元件需要使用"TN"。此外，还要点击图形工具条中的按钮"A"，设置文字注释"定时设置""定时显示"。

⑥ 在画面的底部，添加并编辑 2 个画面切换按钮"初始""诊断"。

编辑完毕的 B-2 如图 6-25 所示。

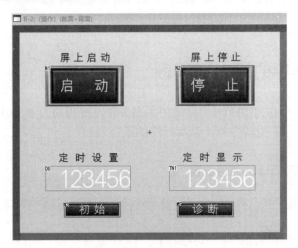

图 6-25　星 - 三角降压启动装置中的 B-2（操作）

（4）B-3 的编辑步骤

① 双击基本画面下面的"B-3（诊断）"，打开编辑界面。

② 点击对象工具条中的按钮"指示灯"，在界面中添加一个指示灯，用它来指示"启动

按钮"（X0）的状态。接着双击这个指示灯，进行各项属性的编辑，软元件是位输入继电器"X0"，文本是"启动按钮"。先针对"ON"状态设置一种颜色，再针对"OFF"状态设置另外一种颜色。在人机界面中触摸启动按钮时，根据这个指示灯颜色的变化，就可以判断按钮是否正常。

③ 用同样的方法，添加并编辑另外 2 个指示灯，用它们分别指示"停止按钮"（X1）、"过载保护"（X2）的状态。

④ 用同样的方法，再添加并编辑 3 个指示灯"主接触器"（Y1）、"星形启动"（Y2），"角形运转"（Y3），用于观察和判断这 3 个输出元件（接触器）的状态。

⑤ 在画面的底部，添加并编辑 2 个画面切换按钮"初始""操作"。

编辑完毕的 B-3 如图 6-26 所示。

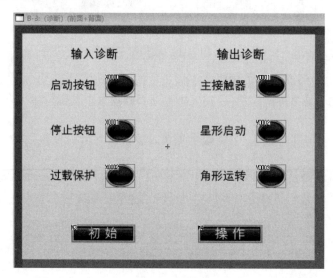

图 6-26　星-三角降压启动装置中的 B-3（诊断）

6.5　画面程序的写入和读取

在 GT Designer3（GOT2000）中完成的画面编程，必须写入到 GOT2000 系列的人机界面中，参与系统的操作和自动控制，监视程序的运行。

（1）GOT2000 与 FX5U 的通信设置

① 依次点击菜单中的"通讯"→"写入到 GOT"，弹出"通讯设置"对话框，如图 6-27 所示。

② 在"GOT 的连接方法"中，可以选择"GOT 直接"或"通过可编程控制器"。

③ 在"连接图像"中，可以选择"以太网"或"USB"，一般选取"以太网"连接。如图 6-28 所示，在 GOT2000 和 FX5U 的内部，都配置有以太网通信接口。进行一对一的连接时，使用一根 RJ-45 通信电缆将它们直接连接即可，不需要设置 IP 地址。

④ 如果 GOT2000 需要与多台 PLC 进行连接，可以通过集线器（数据交换机）等设备来实现。此时在 GOT2000 和其他设备中，都需要设置 IP 地址。IP 地址有 4 个字节，例如图 6-27 中的 192.168.3.18，前面的 3 个字节要完全相同，最后一个字节则互相区别。

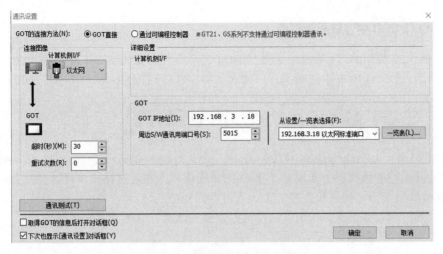

图 6-27　"通讯设置"对话框

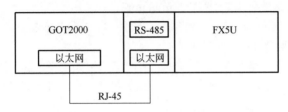

图 6-28　GOT2000 与 FX5U 的以太网连接

（2）向 GOT2000 中写入画面程序

完成设置后，弹出图 6-29 所示的对话框，点击左上方的"GOT 写入"图标，再点击右下方的"GOT 写入"按钮，就可以将所编辑的画面程序写入到人机界面中。

图 6-29　确认 GOT 画面程序的写入

（3）从 GOT2000 中读取画面程序

在与图 6-29 类似的对话框中，点击"GOT 读取"图标，再点击右下方的"GOT 读取"按钮，就可以将 GOT2000 中的画面程序读取到编程软件 GT Designer3（GOT2000）中。

6.6　在 GT Simulator3 中进行仿真

在编程软件 GT Designer3（GOT2000）中，带有 GT Simulator3 仿真软件，因而可以在三菱 GOT2000 系列的触摸屏上实现 PLC 程序的离线仿真。通过这种式，可以在没有实体 PLC 和人机界面的情况下，模拟和监控 PLC、人机界面程序的运行。

当需要运行 GT Simulator3 仿真软件时，需要依次运行以下 4 种编程软件：

① FX5U 的编程软件 GX Works3；

② 人机界面的编程软件 GT Designer3（GOT2000）；

③ GX Works3 自带的仿真软件 GX Simulator3；

④ GT Designer3（GOT2000）自带的仿真软件 GT Simulator3。

进行模拟和仿真操作的具体步骤如下：

① 在编程计算机中，编写 FX5U 的梯形图程序。例如在图 6-30 中编辑了一个电动机正反转控制的梯形图。

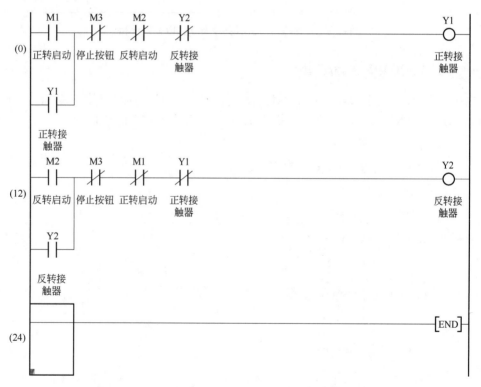

图 6-30　用人机界面控制的正反转梯形图

在这里需要注意：在使用人机界面和仿真软件时，按钮等输入继电器的软元件不能使用 X，必须使用内部继电器 M。而输出继电器仍然可以使用 Y。

② 在 GT Designer3（GOT2000）中，编辑一个画面，如图 6-31 所示，用于监视各个按

钮、接触器的状态。当这些元件的状态为"0"时，设置为黑色，状态为"1"时，设置为浅绿色，这样更便于监视。

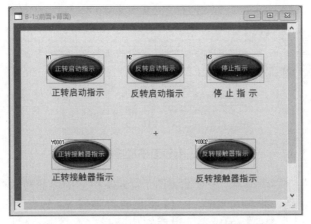

图 6-31　监视各个按钮和接触器状态的画面

③ 在 GX Works3 中，执行菜单"调试"→"模拟"→"模拟开始"，出现模拟软件 GX Simulator3 的缩略图，如图 6-32 所示，在其中需要确认 GX Simulator3 处于 RUN 状态。

④ 在图 6-30 中，选中正转启动按钮 M1，再执行菜单"调试"→"当前值更改"，M1 和 Y1 的状态便由"0"转变为"1"，此时梯形图的状态如图 6-33 所示，按钮 M1、输出线圈 Y1 和所有接通的触点转变为深蓝色，这说明电动机处于正向运行的状态。

对于反转启动按钮，此时不进行操作，使输出线圈 Y2 不得电，Y2 和所有断开的触点仍然保持白色。

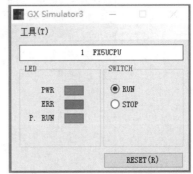

图 6-32　仿真软件 GX Simulator3 的缩略图

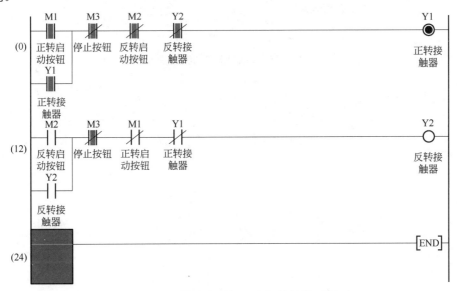

图 6-33　模拟电动机正向运转的梯形图

⑤ 在 GT Designer3（GOT2000）的菜单中，执行"工具"→"模拟器"→"设置"，弹出图 6-34 所示的设置界面。在"连接方式"栏目中，选择"GX Simulator3"。

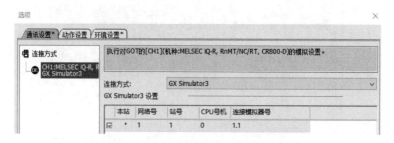

图 6-34　人机界面模拟器的设置界面

⑥ 执行"工具"→"模拟器"→"启动"，图 6-31 所示的界面转入模拟状态，如图 6-35 所示。从图中可以看到，正转启动按钮 M1 和正转接触器 Y1 转变为浅绿色，说明 M1 接通，Y1 得电。其他元件均保持为黑色，说明它们断开或不得电，这与图 6-33 所示的状态完全吻合。

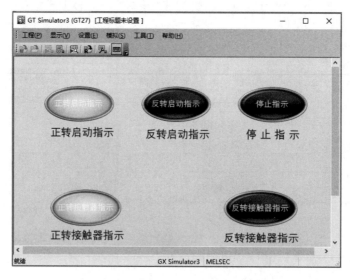

图 6-35　GOT2000 中画面的模拟状态

第7章
FX5U 与变频器的联合控制

PLC 是自动化控制领域中的核心装置，其中的三菱 FX5U 更是出类拔萃。但是它并不是一个独立的器件，如果将它与各种传感器、变频器、人机界面、步进电动机、伺服电动机等相互配合，可以组成功能更为齐全的自动化控制系统，执行联合控制的功能。本章介绍 FX5U 型 PLC 与变频器的联合控制。

7.1 变频器的控制功能

变频器是一种对交流电动机进行无级调速的自动控制装置，能应用在大部分的电动机传动场合，对电力拖动设备进行精确的速度控制。

根据电动机的原理，计算交流异步电动机转速的公式是：

$$n=60f\,(1-s)/p$$

式中，f 是电源频率；s 是转差率；p 是磁极对数。由公式可知，改变电动机转速的方法有 3 种：一是改变电源频率 f；二是改变转差率 s；三是改变磁极对数 p。改变转差率和磁极对数难以实现，切实可行的办法是改变电源频率，变频器的实质就是改变交流电源的频率，它具有以下几个方面的功能：

① 进行无级调速。变频器可以在零速时启动，然后按照用户的要求进行无级调速，而且可以选择直线加速、S 形加速或自动加速，也可以进行多段速控制。

② 控制电动机的启动电流。电动机在 50Hz 工频下直接启动时，启动电流最高可以达到额定电流的 8 倍左右，这个电流大大增加了电动机绕组的应力，并产生较高的热量，从而加速绝缘的老化，缩短电动机的寿命。而变频器可以在零速和低电压时启动，当建立起频率和电压的关系后，就可以按照 V/F 或矢量控制方式带动负载工作，大大降低了启动电流，减小了对电动机的冲击。

③ 减小电网电压的波动。直接启动不仅缩短电动机的寿命，还会造成电网电压的严重下降。如果配电系统容量有限，会导致同一供电系统中其他设备工作不正常，电压敏感设备甚至会跳闸断电。启动电流中的高次谐波，会干扰电子设备的正常工作。采用变频器启动，则可以避免这些问题。

④ 转矩极限可以调节。在工频状态下，无法为电动机设置精确的转矩。而在变频器中，能够设置相应的转矩极限，以保护机械设备不受冲击。转矩的控制精度可以达到 3%～5%。

⑤ 实现矢量控制。在一些性能优良的变频器中，采用了矢量控制，将交流电动机等效为直流电动机，分别对速度、磁场两个分量进行独立控制。

⑥ 多种停车方式。变频器的停车方式有自由停车、减速停车、减速停车+直流制动等，可以自由地选择。

⑦ 可逆运行控制。电动机需要正转或反转时，可以改变变频器输出电压的相序，不需要用两个交流接触器进行切换。

⑧ 减少机械传动部件。可以省去齿轮减速箱等机械传动部件，避免了齿轮的磨损。

⑨ 节约电能。离心水泵、抽风机等设备采用变频调速后，能显著地降低电能耗，节约电能。这已经为大量的工程实践所证明。

7.2　三菱 E700 型变频器简介

在三菱变频器中，E700 是 E500 系列变频器的升级版，是经济型、高性能的通用型变频器，广泛地应用于三相电动机的速度控制和转矩控制，功率范围为 100W～15kW，具有多种型号可以供用户选择。图 7-1 是两种三菱 E700 型变频器的外形。

图 7-1　两种三菱 E700 型变频器的外形

7.2.1　E700 型变频器的主要特征

E700 型变频器由微处理器控制，其主要元件——功率输出器件采用技术水平领先的绝缘栅双极型晶体管 IGBT，因此具有很高的可靠性。它具有全面的、完善的控制功能，既可以在默认的参数状态下工作，完成简单的电动机变频调速，又可以根据用户的需要设置相关的工艺参数，进行复杂的变频调速。其主要特征如下：

① 具有良好的 EMC 电磁兼容性能，电磁噪声低，抗干扰能力强，可由 IT 中性点不接地的电源供电。

② 参数设置的内容丰富，范围广泛，容易配置各种工艺参数。

③ 具有二进制互联（5U-DZ8Mi50mty8m802m8tt8b88）功能。

④ 脉宽调制的频率高，电动机运转的噪声低。

⑤ 提供多种选件，便于用户选择，其中有：

a. PC 通信模块、现场总线通信模块；

b. 基本操作面板（BOP）；

c．高级操作面板（AOP）。

⑥ 具有详细的变频器状态信息。

⑦ 具有 2 种矢量控制方式：无传感器矢量控制（SLVC）、带编码器的矢量控制（VC）。

⑧ 具有 2 种 V/f 控制方式：磁通电流控制、多点 V/f 特性控制。

⑨ 具有快速电流限制（FCL）功能，在运行中可以避免不应有的跳闸。

⑩ 具有内置的直流注入制动单元，可以进行复合制动。在动力制动时具有缓冲功能，还具有定位控制的斜坡下降曲线。

⑪ 具有比例、积分、微分 PID 控制功能，能实现闭环控制。

⑫ 具有多种安全保护功能：

a．过电压、欠电压保护；

b．变频器过热保护；

c．短路保护、I^2t 电动机过热保护；

d．带有 PTC/KTY84 温度传感器的电动机过热保护；

e．接地故障保护。

7.2.2　E700 型变频器的接线端子

E700 变频器电路的接线端子，可以分为主回路和控制回路两个部分。

（1）主回路接线端子

图 7-2 是已 700 变频器至回路的接线端子图。变频器经 R/L1、S/L2、T/L3 端子接入三相 380V（或者经 L、N 端子接入单相 220V）恒压、恒频（50Hz）的交流电源，再通过半导体元件的整流、电容器的滤波，转换为电压恒定的直流电源，供给逆变电路。逆变电路在 CPU 的控制下，又将直流电源逆变成电压、频率都可以调节的三相交流电源，供给电动机等负载设备。这个变换过程称为"交流-直流-交流"变换。

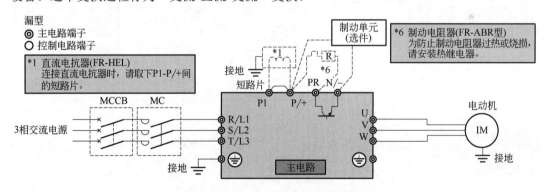

图 7-2　E700 的主回路接线端子

主回路中的各种接线端子详见表 7-1。

表 7-1　主回路中的接线端子

类　别	符　号	名称与功能
交流电源输入	R/L1	连接三相 380V 交流电源
	S/L2	
	T/L3	

续表

类　别	符　号	名称与功能
交流电源输入	L	连接单相 220V 交流电源
	N	
变频器输出	U	连接三相交流异步电动机
	V	
	W	
外部选件	P1、+	连接直流电抗器
	+、FR	连接制动电阻
	+、−	连接制动单元
接地	⏚	接地端子

在进行主回路的接线时，一定不能将电源端子连接到输出端子 U、V、W 上，否则会损坏变频器。

（2）控制回路的接线端子

图 7-3 是控制回路的接线图。接线端子由控制输入信号、频率设定信号、内置选件连接用接口、继电器输出、集电极开路输出、电压输出等部分组成。

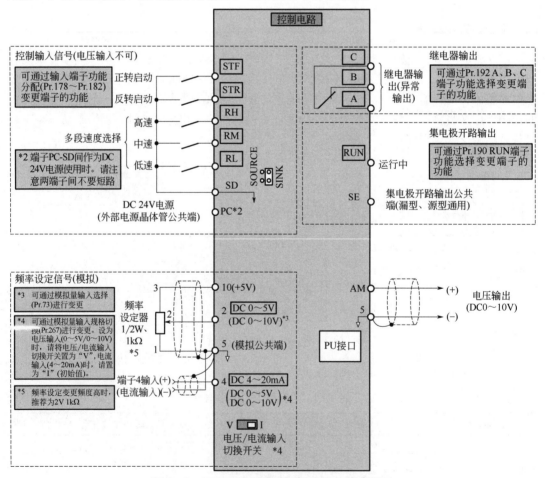

图 7-3　E700 型变频器的控制回路接线端子

控制回路中的接线端子详见表 7-2。

表 7-2　控制回路接线端子表

类别	符号	名称与功能
控制输入信号	STF	正转启动
	STR	反转启动
	RH	多段速度选择（高速）
	RM	多段速度选择（中速）
	RL	多段速度选择（低速）
	SD	接点输入公共端（漏型）
		外部晶体管公共端（源型）
		DC 24V 电源公共端
	PC*2	外部电源晶体管公共端
		DC 24V 电源
频率设定信号	10	频率设定用+5V 电源
	2	频率设定电压输入
	5	频率设定公共端
	4、5	电流输入（DC 4～20mA）
电压输出	AM、5	电压输出（DC 0～10V）
继电器输出	A、C	正常时不导通，异常时导通
	B、C	正常时导通，异常时不导通
集电极开路输出	RUN	运行中
	FU	频率检测
	SE	集电极开路输出公共端（漏、源通用）

7.3　E700 型变频器的面板和设置流程

（1）E700 型变频器的参数设置

E700 型变频器的各项参数，可以通过操作面板进行设置。操作面板由各种功能键组成，如图 7-4 所示。

通过图 7-4 中的各种功能键的操作，可以实现以下功能：

① 运行模式之间的切换；
② 通过 PU（面板）或 EXT（外部）控制，实现变频器的启动和停止；
③ 设置变频器的运行频率；
④ 显示运行频率、输出电压、输出电流；
⑤ 查看报警历史和参数；
⑥ 进行报警复位操作。

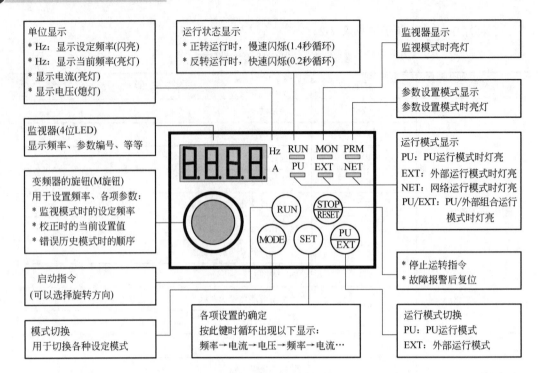

图 7-4　E700 型变频器的操作面板和各种功能键

（2）E700 型变频器的运行步骤

变频器在运行之前，要进行控制系统的设计、设备安装、导线连接。然后设置启动指令和频率指令。将启动指令设置为 ON 后，电动机便开始运转。电动机的转速则取决于所设定的频率。

启动指令和频率指令的设置流程，如图 7-5 所示。

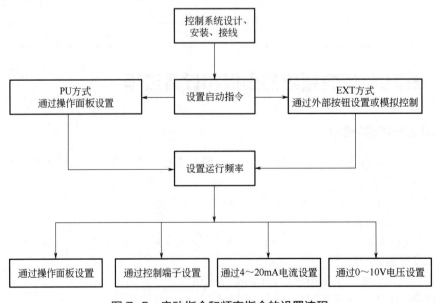

图 7-5　启动指令和频率指令的设置流程

7.4　E700 型变频器的基本调速电路

通过 E700 型变频器的基本调速电路，实现电动机的正向运转、反向运转、速度调节，从中熟悉 E700 型变频器的基本使用方法，为下一步的 PLC-变频器综合应用打好基础。

（1）基本调速电路的接线图

E700 型变频器的基本调速电路接线图，如图 7-6 所示。

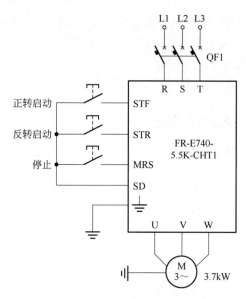

图 7-6　E700 型变频器的基本调速电路

（2）变频器相关参数的设置

对于图 7-6 所示的电路，变频器中相关参数的设置如表 7-3 所示。

表 7-3　变频器中相关参数的设置

参数号	参数名称	默认值	设置值	说　明
Pr.79	运行模式选择	0	3	启动、停止由外部按钮控制
				频率在变频器的 M 面板上调节
Pr.1	上限频率	60	50	输出频率上限
Pr.2	下限频率	0	0	输出频率下限
Pr.7	加速时间	5s	10s	从 0Hz 加速至 50Hz 所需要的时间
Pr.8	减速时间	10s	10s	从 50Hz 减速至 0Hz 所需要的时间

（3）变频器的启动和运行

① 设置运行频率。通过操作面板上的旋钮进行设置，例如设置为 30Hz。

② 电动机正向运转。按下正转启动按钮，正转输入端子 STF 为"ON"，电动机通电启动，向正方向运转，按照 Pr.7 所设置的 10s 斜坡上升时间加速，10s 之后，到达所设置的频率

30Hz。按下停止按钮，MRS 为"ON"，电动机按照 Pr.8 所设置的 10s 斜坡下降时间减速，10s 之后，频率下降到 0Hz，在正方向停车。

③ 电动机反向运转。按下反转启动按钮，反转输入端子 STR 为"ON"，电动机通电启动，向反方向运转，按照 Pr.7 所设置的 10s 斜坡上升时间加速，10s 之后，到达所设置的频率 30Hz。按下停止按钮，MRS 为"ON"，电动机按照 Pr.8 所设置的 10s 斜坡下降时间减速，10s 之后，频率下降到 0Hz，在反方向停车。

7.5　FX5U 与 E700 联合的 3 段速控制

将 FX5U 与 E700 变频器联合应用，很容易实现电动机的 3 段速度控制。

控制要求是：按下启动按钮，电动机启动，首先按照 10Hz 运行在第 1 段速度（低速）；延时 10s 后，按照 20Hz 运行在第 2 段速度（中速）；再延时 15s 后，按照 40Hz 运行在第 3 段速度（高速）。按下停止按钮，电动机停止运转。

（1）FX5U 与 E700 型变频器联合接线图

联合接线图见图 7-7。PLC 的选型、电源的连接、输入/输出端子的配置和连接，在图中都已经明确了。

按照控制要求，第 1 段速度可以由 Y1 控制 RL 端子；第 2 段速度可以由 Y2 控制 RM 端子；第 3 段速度可以由 Y3 控制 RH 端子。

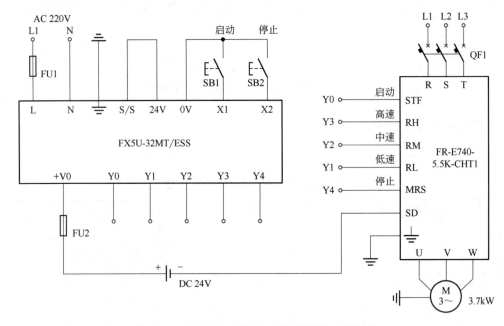

图 7-7　FX5U 与 E700 型变频器联合接线图

（2）设置变频器的参数

① 将变频器的各项参数恢复到出厂时的默认值。

② 设置数字控制端口参数和其他控制参数，如表 7-4 所示。

5

表 7-4　数字控制端口参数和其他控制参数

参数号	设置内容	设置值	说　明
Pr.79	运行模式	4	外部/PU 组合运行模式
Pr.1	上限频率	40	变频器运行的最高频率
Pr.2	下限频率	0	变频器运行的最低频率
Pr.7	加速时间	10	从 0Hz 加速到设定频率所需要的时间（s）
Pr.8	减速时间	10	从设定频率减速到 0Hz 所需要的时间（s）
Pr.6	低速	10	控制端子 RL 接通时的运行频率
Pr.5	中速	20	控制端子 RM 接通时的运行频率
Pr.4	高速	40	控制端子 RH 接通时的运行频率

（3）PLC 的梯形图程序

FX5U 与 E700 型联合的 3 段速度控制梯形图如图 7-8 所示。

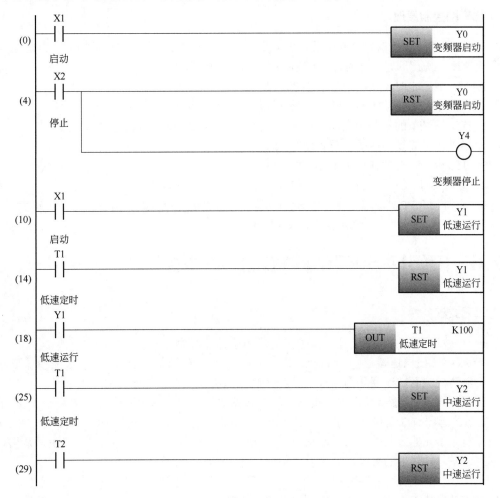

图 7-8

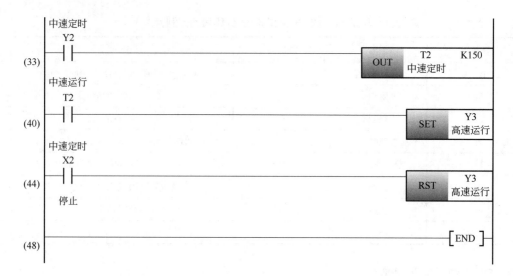

图 7-8　FX5U 与 E700 型联合的 3 段速度控制梯形图

（4）梯形图控制原理

① 按下启动按钮 X1，Y0 置位，变频器启动。同时 Y1 置位，变频器按照 10Hz 运行在第 1 段速度。与此同时，定时器 T1 线圈通电，开始延时 10s。

② 10s 后，定时器 T1 到达预定的时间，执行 3 种操作：

a. 定时器 T1 的常闭触点断开，使 Y1 复位，第 1 段速度停止；

b. 定时器 T1 的常开触点闭合，使 Y2 置位，按照 20Hz 运行在第 2 段速度；

c. 定时器 T2 线圈通电，开始延时 15s。

③ 15s 后，定时器 T2 到达预定的时间，执行 2 种操作：

a. 定时器 T2 的常闭触点断开，使 Y2 复位，第 2 段速停止；

b. 定时器 T2 的常开触点闭合，使 Y3 置位，变频器按照 40Hz 运行在第 3 段速度。

④ 按下停止按钮 X2，Y4 得电，变频器停止运行。

7.6　FX5U 与 E700 联合的纺纱机控制

（1）工艺要求

① 纺纱机启动过程要平稳，以防止突然加速造成断纱。

② 采用 7 段调速。随着纱线在纱筒上的卷绕，纱筒直径逐步增粗，为了保证纱线张力均匀，将电动机的运转速度分为 7 段，随着纱筒直径逐步增粗，转速必须逐步下降。

③ 使用霍尔传感器，将纺纱机轴上的旋转圈数转换成高速脉冲信号，送入 PLC 进行计数。霍尔传感器有 3 个接线端子，分别是正极、负极、信号端。正极接 PLC 的 DC 24V 正极；负极接输入单元的公共端；信号端接 PLC 的输入端子。机轴上安装有磁钢，当机轴旋转时，磁钢掠过霍尔传感器的表面，产生脉冲信号。

④ 由于机轴转速高达每分钟上千转，需要使用计数器对脉冲信号进行计数。计数器的输出控制变频器的工作频率，进而控制电动机的运转速度。

⑤ 纱线到达预定的长度（对应于 70000 转）时，自动停车。

⑥ 中途如果停车，再次开车时必须保持停车前的速度状态。

（2）纺纱机的 PLC-变频器接线图

图 7-9 是纺纱机的 PLC-变频器接线图。变频器内部有过载保护元件，所以不需要为电动机设置热继电器等过载保护元件。PLC 的选型、电源的连接、输入/输出端子的配置和连接，在图 7-9 中都已经标示了。

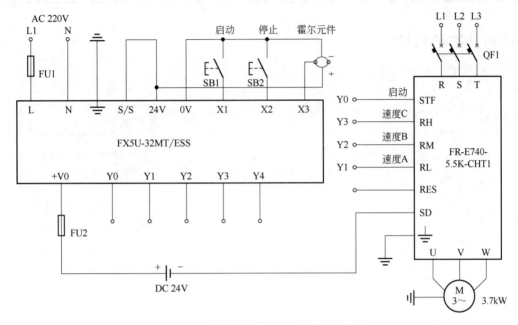

图 7-9　纺纱机的 PLC-变频器接线图

（3）参数的设置

在 E700 变频器中，通过 RL、RM、RH 这 3 个端子接通、断开状态的组合，可以获得 7 段速度。如果再增加一个复位端子 RES，通过 4 个端子的组合，则可以获得 15 段速度。各段速度还要依据计数器所计的圈数，并通过参数号进行设置。各项参数的设置如表 7-5 所示。

表 7-5　纺纱机变频器参数的设置

参数号	设置内容	所计的圈数	设置值	说　　明
Pr.79	运行模式	—	4	外部/PU 组合运行模式
Pr.1	上限频率	—	50	变频器运行的最高频率
Pr.2	下限频率	—	0	变频器运行的最低频率
Pr.7	加速时间	—	15	从 0Hz 加速到设定频率所需要的时间（s）
Pr.8	减速时间	—	15	从设定频率减速到 0Hz 所需要的时间（s）
Pr.4	第 1 段速度	00000～10000	50	控制端子 RL 接通时的运行频率
Pr.5	第 2 段速度	10000～20000	49	控制端子 RM 接通时的运行频率
Pr.6	第 3 段速度	20000～30000	48	控制端子 RL、RM 同时接通时的运行频率

续表

参数号	设置内容	所计的圈数	设置值	说　明
Pr.24	第 4 段速度	30000～40000	47	控制端子 RH 接通时的运行频率
Pr.25	第 5 段速度	40000～50000	46	控制端子 RL、RH 同时接通时的运行频率
Pr.26	第 6 段速度	50000～60000	45	控制端子 RM、RH 同时接通时的运行频率
Pr.27	第 7 段速度	60000～70000	44	控制端子 RL、RM、RH 同时接通时的运行频率

（4）PLC 的梯形图程序

纺纱机的 PLC 梯形图程序如图 7-10 所示。

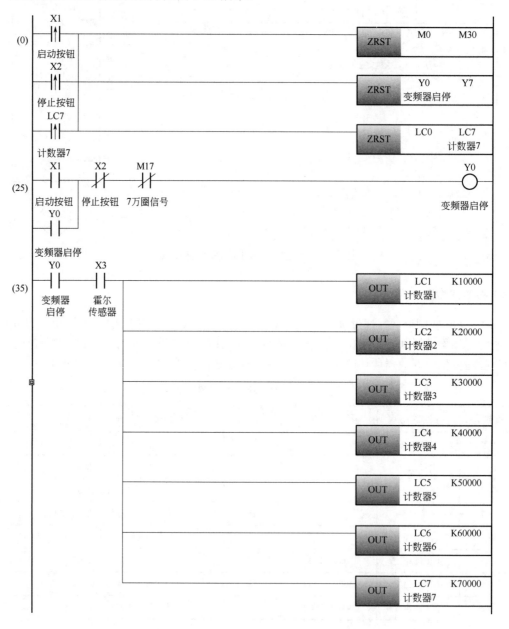

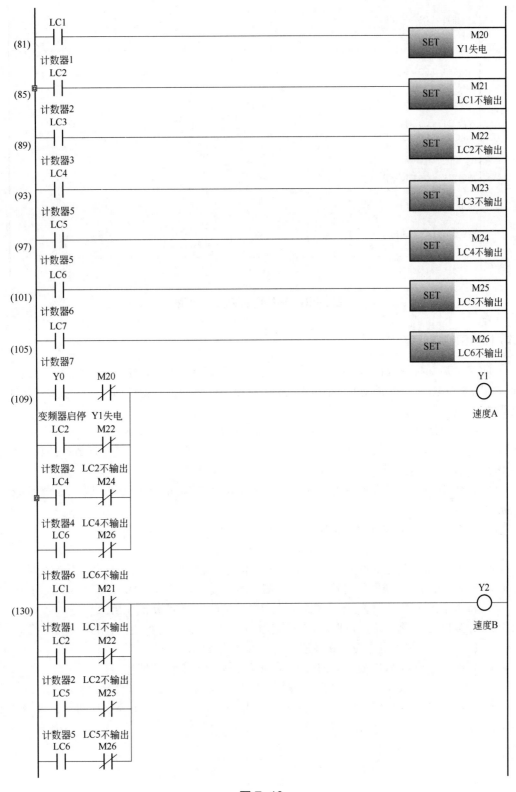

图 7-10

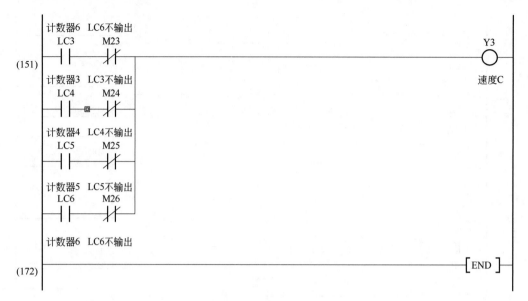

图 7-10　纺纱机的 PLC 梯形图

（5）梯形图控制原理

① 按下启动按钮 X1，Y0 得电，变频器启动。同时 Y1 得电，使变频器以第 1 段速度运行，频率为 50Hz。由于斜坡上升时间为 15s，可以保证纺纱机平稳启动，避免了突然加速造成断纱。

② 纺纱机运转时，霍尔传感器将机轴的旋转圈数转换成高速脉冲信号，送入 PLC 进行计数。纱筒上纱线的总圈数为 70000 圈，使用 7 个超长计数器，同时进行计数。计数值每增加 10000 圈，运转频率降低 1Hz。

③ 计数器 LC1 到达 10000 时，总圈数为 10000，LC1 输出控制信号，这个信号要执行 2 种控制功能：

a. 将内部继电器 M20 置位，M20 使 Y1 线圈失电，停止第 1 段速度；

b. 使 Y2 线圈得电，转入第 2 段速度，频率为 49Hz。

④ 计数器 LC2 到达 20000 时，LC2 有输出信号，这个信号也要执行 2 种控制功能：

a. 使 Y1 和 Y2 的线圈同时得电，转入第 3 段速度，频率为 48Hz；

b. 将内部继电器 M21 置位，M21 的常闭触点解除 LC1 的使能作用。

⑤ 计数器 LC3 到达 30000 时，LC3 有输出信号，这个信号也要执行 2 种控制功能：

a. 使 Y3 的线圈得电，转入第 4 段速度，频率为 47Hz；

b. 将内部继电器 M22 置位，M22 的常闭触点解除 LC2 的使能作用。

其他各段速的计数、切换、解除过程与上述基本相同，读者可以自行分析。

⑥ "ZRST" 是功能指令 "区间复位"。在按下启动按钮、按下停止按钮、计数器达到 70000 圈时，均通过 "上升沿脉冲" 指令使所有的内部继电器、输出继电器、计数器全部复位，变频器减速，经过 15s 后，下降到 0Hz。

8.1　定时电路

在自动控制电路中，定时器的使用非常广泛。但是，在继电器-接触器控制电路中，定时器的名称是"时间继电器"，它包括电磁线圈、瞬动触点、延时触点、连接导线等，一方面接线繁杂，另一方面故障率高。而在 PLC 中，定时器只是一个内部继电器，没有固体线圈、触点、导线，不需要输出端子，大大简化了电路，降低了故障率。

8.1.1　瞬时接通、延时断开电路

为了便于读者对 PLC 定时电路的理解，先画出对应的继电器控制电路，通过它来说明工作原理。

（1）继电器控制电路工作原理

如图 8-1 所示，按下启动按钮 SB1-1，接触器 KM1 的线圈通电，KM1 瞬时吸合，辅助常开触点闭合自保。松开按钮之后，SB1-2 闭合，时间继电器 KT1 的线圈通电进行延时。

到达设定的时间（10s）后，KT1 动作，其延时断开的常闭触点断开，切断 KM1 的电流通路，KM1 失电。

在延时过程中，如果需要将设备停止，按下停止按钮 SB2 即可终止延时，使 KM1 的线圈不能得电。

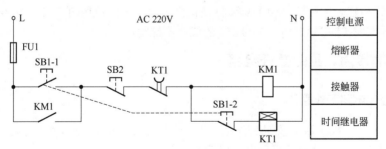

图 8-1　瞬时接通、延时断开电路

（2）FX5U 输入/输出元件的 I/O 地址分配

输入元件是启动按钮 SB1、停止按钮 SB2。输出元件只有一只接触器 KM1，元件的 I/O

地址分配如表 8-1 所示。

表 8-1　瞬时接通、延时断开电路 I/O 地址分配表

I（输入）			O（输出）		
元件代号	元件名称	地址	元件代号	元件名称	地址
SB1	启动按钮	X1	KM1	接触器	Y1
SB2	停止按钮	X2			

（3）PLC 的梯形图程序

瞬时接通、延时断开电路的 PLC 梯形图见图 8-2。图中的定时器编号是 T1，其时钟脉冲为 100ms（即 0.1s），因此设定值为 100。

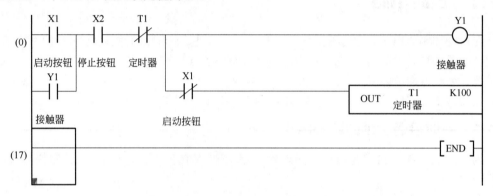

图 8-2　瞬时接通、延时断开电路的 PLC 梯形图

（4）梯形图控制原理

① 按下启动按钮 SB1，输入单元中 X1 接通，输出单元中 Y1 线圈立即得电，接触器 KM1 吸合。

② 松开 SB1，Y1 线圈保持得电，定时器 T1 得电，开始延时 10s。

③ 10s 后，T1 定时时间到，其常闭触点断开，Y1 线圈失电，接触器 KM1 释放。

④ 在运行和延时过程中，如果需要将设备停止，按下停止按钮 SB2，图 8-2 中 X2 的常开触点便断开，使 T1 终止延时，并使 Y1 的线圈不能得电。

8.1.2　延时接通、延时断开电路

（1）继电器控制电路工作原理

如图 8-3 所示，按下启动按钮 SB1-1，时间继电器 KT1 的线圈通电进行延时。KT1 瞬动常开触点 KT1-1 闭合，松开按钮后自动保持。

到达设定的时间（5s）后，KT1 动作，其延时闭合的常开触点 KT1-2 接通，接触器 KM1 的线圈通电，KM1 吸合，实现了延时接通。其辅助常开触点 KM1-1 闭合自保。

KM1 吸合后，其常开触点 KM1-2 闭合，时间继电器 KT2 的线圈通电开始延时。KT2 瞬动常闭触点 KT2-1 断开，切断 KT1 的电流通路。

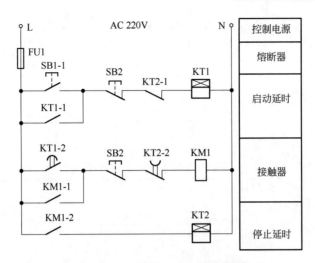

图 8-3　延时接通、延时断开电路

到达设定的时间（10s）后，KT2 动作，其延时断开的常闭触点 KT2-2 断开，KM1 的线圈断电，KM1 释放，实现了延时断开。

（2）输入/输出元件的 I/O 地址分配

输入元件是启动按钮 SB1、停止按钮 SB2。输出元件只有一个接触器 KM1，两个定时器都是 PLC 内部的继电器，不需要输出端子。元件的 I/O 地址分配如表 8-2 所示。

表 8-2　延时接通、延时断开电路 I/O 地址分配表

I（输入）			O（输出）		
元件代号	元件名称	地址	元件代号	元件名称	地址
SB1	启动按钮	X1	KM1	接触器	Y1
SB2	停止按钮	X2			

（3）PLC 的梯形图程序

延时接通、延时断开电路的 PLC 梯形图见图 8-4。图中的定时器编号是 T1 和 T2，其时钟脉冲都是 100ms（即 0.1s），因此两个定时器的设定值分别为 50 和 100。

（4）梯形图控制原理

① 按下启动按钮 SB1，X1 接通，定时器 T1 线圈得电，开始延时 5s。这里取 X1 的上升沿脉冲。图中使用了一个内部继电器 M1，其作用是"启动保持"，即在 T1 线圈通电后，通过 M1 的常开触点实现自保。这样不需要长时间按住 SB1，控制功能更为精确。

② 5s 后，T1 定时时间到，输出单元中 Y1 线圈得电，接触器 KM1 吸合。

③ Y1 线圈得电后，定时器 T2 线圈得电，开始延时 10s。

④ 10s 后，T2 定时时间到，Y1 线圈失电，KM1 释放，M1 和 T1 的线圈也失电，电路恢复到起始状态。

⑤ 在运行和延时过程中，如果需要将设备停止，按下停止按钮 SB2，图 8-4 中 X2 的常

开触点即可断开，终止 T1 和 T2 的延时，并使 Y1 的线圈不能得电。

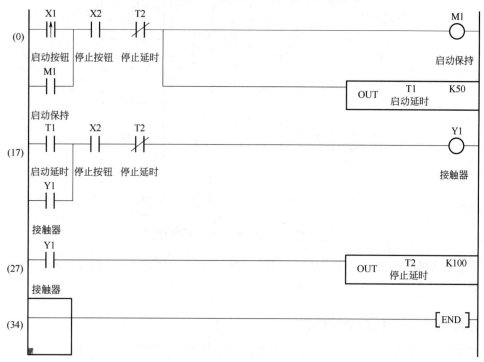

图 8-4　延时接通、延时断开电路的 PLC 梯形图

8.1.3　两台设备间隔定时启动电路

（1）继电器控制电路工作原理

如图 8-5 所示，按下启动按钮 SB1，时间继电器 KT1（设备 A 延时）的线圈通电进行延时，KT1 的瞬动常开触点 KT1-1 闭合实现自保。

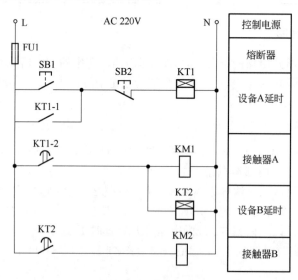

图 8-5　两台设备间隔定时启动电路

到达设定的时间（5s）后，KT1 动作，其延时闭合的常开触点 KT1-2 接通，接触器 KM1 的线圈通电，KM1 吸合，设备 A 启动。与此同时，时间继电器 KT2（设备 B 延时）的线圈通电进行延时。

到达设定的时间（10s）后，KT2 动作，其延时闭合的常开触点接通，KM2 的线圈通电，KM2 吸合，设备 B 启动。

按下停止按钮 SB2，KT1 线圈失电，KM1 释放。KT1 失电后又导致 KT2 线圈失电，KM2 释放。

（2）输入/输出元件的 I/O 地址分配

输入元件是启动按钮 SB1、停止按钮 SB2。输出元件是接触器 KM1、KM2。两个定时器都是 PLC 内部的继电器，不需要输出端子。元件的 I/O 地址分配如表 8-3 所示。

表 8-3　两台设备间隔定时启动电路 I/O 地址分配表

I（输入）			O（输出）		
元件代号	元件名称	地址	元件代号	元件名称	地址
SB1	启动按钮	X1	KM1	接触器	Y1
SB2	停止按钮	X2	KM2	接触器	Y2

（3）PLC 的梯形图程序

两台设备间隔定时启动电路的 PLC 梯形图见图 8-6。图中的定时器编号是 T1 和 T2，其时钟脉冲都是 100ms（即 0.1s），因此两个定时器的设定值分别为 50 和 100。

与图 8-4 一样，图 8-6 中也使用了一个内部继电器 M1，通过 M1 的常开触点实现自保。

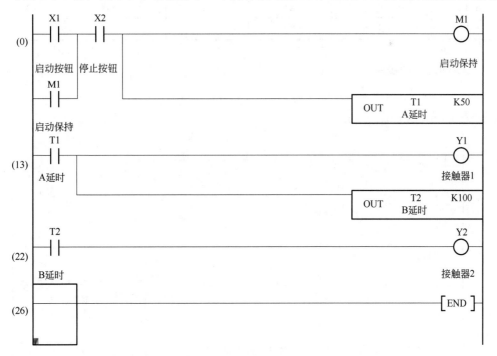

图 8-6　两台设备间隔定时启动电路的 PLC 梯形图

（4）梯形图控制原理

① 按下启动按钮 SB1，X1 接通，定时器 T1 线圈得电，开始延时 5s，M1 线圈得电自保。

② 5s 后，T1 定时时间到，其延时闭合的常开触点接通，输出单元中 Y1 线圈得电，接触器 KM1 吸合。与此同时，定时器 T2 线圈得电，开始延时 10s。

③ 10s 后，T2 定时时间到，其延时闭合的常开触点接通，输出单元中 Y2 线圈得电，接触器 KM2 吸合。

④ 按下停止按钮 SB2，X2 断开，T1、T2、Y1、Y2 的线圈均失电，KM1 和 KM2 释放。请注意，停止按钮 SB2 与 PLC 的输入端连接时，要以常闭触点接入，使梯形图中的 X2 平时处于闭合状态。

8.1.4　长达 2h 的延时电路

在 FX5U 的定时器中，最长的定时时间为 3276.7s，而 2h 等于 7200s，单独一个定时器无法实现，但是可以采用多个定时器进行组合，一级一级地进行接续延时。

（1）输入/输出元件的 I/O 地址分配

输入元件是启动按钮 SB1、停止按钮 SB2。输出元件是接触器 KM1。3 个定时器都是 PLC 内部的继电器，不需要输出端子。I/O 地址分配见表 8-4。

表 8-4　2h 延时电路 I/O 地址分配表

I（输入）			O（输出）		
元件代号	元件名称	地址	元件代号	元件名称	地址
SB1	启动按钮	X1	KM1	接触器	Y1
SB2	停止按钮	X2			

（2）PLC 的梯形图程序

在图 8-7 中，采用 3 个定时器（T1、T2、T3）组合，实现 2h 延时。3 个定时器的时间分别设置为 3000s、3000s、1200s。

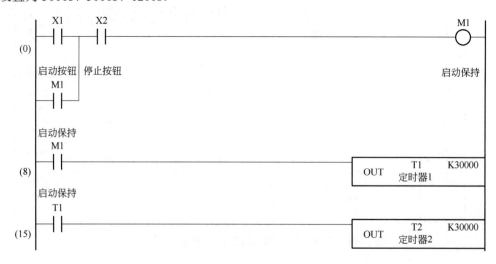

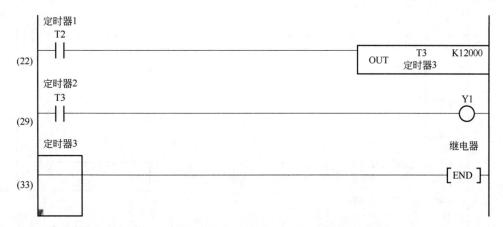

图 8-7　3 个定时器组合的 2h 延时电路 PLC 梯形图

（3）梯形图控制原理

① 按下启动按钮 X1，T1 定时器线圈得电，开始延时 3000s。

② 到达 3000s 时，T1 延时闭合的常开触点接通，T2 线圈得电，再延时 3000s。

③ 到达 6000s（从 X1 接通时算起）时，T2 延时闭合的常开触点接通，T3 线圈得电，进行 1200s 的延时。

④ 到达 7200s（从 X1 接通时算起）时，T3 延时闭合的常开触点接通，输出继电器 Y1 线圈得电。

⑤ 在运行过程中，可以按下停止按钮 SB2，使延时停止，Y1 线圈不得电。

8.1.5　定时器与计数器联合电路

将一个定时器和一个计数器组合，构成 5000s 长延时电路。

（1）输入/输出元件的 I/O 地址分配

输入元件是启动按钮 SB1、停止按钮 SB2。输出元件是接触器 KM1。定时器和计数器都是 PLC 内部的继电器，不需要输出端子。I/O 地址分配见表 8-5。

表 8-5　定时器与计数器联合的延时电路 I/O 地址分配表

I（输入）			O（输出）		
元件代号	元件名称	地址	元件代号	元件名称	地址
SB1	启动按钮	X1	KM1	接触器	Y1
SB2	停止按钮	X2			

（2）PLC 的梯形图程序

定时器和计数器组合的 5000s 长延时电路见图 8-8。

（3）梯形图控制原理

① T1 是一个设定值为 100s 的自复位定时器，它与计数器 C1 联合后，形成倍乘定时器。

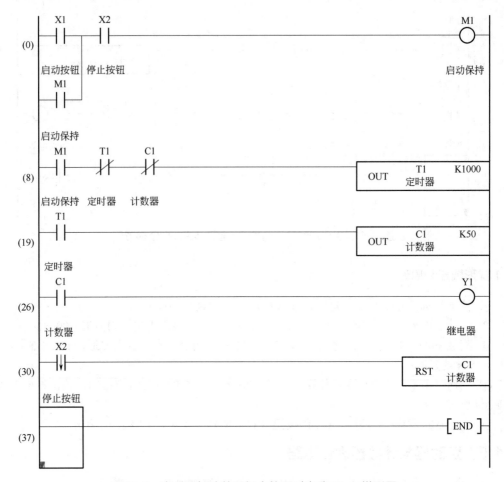

图 8-8　定时器与计数器组合的延时电路 PLC 梯形图

② 按下启动按钮 X1 后，内部继电器 M1 线圈得电并自保，T1 的线圈得电开始延时，到达 100s 时，T1 延时闭合的常开触点接通，送出第一个脉冲。

③ 当 T1 延时闭合的常开触点接通时，其延时断开的常闭触点也断开，T1 线圈失电，使脉冲消失。

④ T1 线圈失电后，其延时断开的常闭触点又恢复到接通状态，T1 线圈再次得电延时，100s 之后，送出第二个脉冲。如此反复循环，连续不断地送出计数脉冲。

⑤ 计数器 C1 对 T1 送出的脉冲进行计数，当计数值达到设定值 50 后，C1 的线圈得电，其常开触点闭合，使输出继电器 Y1 线圈得电。总体延时时间

$$T_z=(\Delta t+t_1)\times 50$$

式中，Δt 为脉冲持续时间；t_1 为定时器设定时间（100s）。由于脉冲持续时间很短，可以忽略不计，因此

$$T_z\approx t_1\times 50=100\times 50=5000（s）$$

⑥ 电路功能检查：按下启动按钮 X1，5000s 后，Y1 线圈得电，其指示灯亮。再按停止按钮 X2，Y1 线圈失电，其指示灯熄灭。

注意：停止按钮 SB2（X2）与 PLC 的输入端连接时，要以常闭触点接入。此外，用停止按钮对计数器 C1 进行复位时，要按图 8-8 所示，使用 X2 的下降沿。如果使用 X2 的常开触点，则 C1 始终处于复位状态，不能进行计数，无法实现控制功能。

8.2　电动机控制中的单元电路

电动机控制电路中，常用的单元电路有：启动-保持-停止电路、点动电路、正反转控制电路、自动循环电路、星-三角降压启动电路、串联电阻启动电路、三速控制电路等。这些单元电路是自动控制中广泛使用的基础电路，需要了如指掌。下面介绍 FX5U 型 PLC 对它们进行控制的方法。

8.2.1　启动-保持-停止电路

（1）控制要求和 I/O 地址分配

通过两个按钮，对电动机进行启动-保持-停止控制。

输入元件是启动按钮 SB1、停止按钮 SB2、电动机过载保护热继电器 KH1。输出元件是接触器 KM1、运行指示 XD1、停止指示 XD2。I/O 地址分配见表 8-6。

表 8-6　启动-保持-停止电路 I/O 地址分配表

I（输入）			O（输出）		
元件代号	元件名称	地址	元件代号	元件名称	地址
SB1	启动按钮	X1	KM1	接触器	Y1
SB2	停止按钮	X2	XD1	运行指示	Y2
KH1	电机过载	X3	XD2	停止指示	Y3

（2）PLC 的选型和接线图

本例采用三菱 FX5U-32MT/ESS 型 PLC。从表 1-5 可知，PLC 是 AC 电源/DC 24V 漏型/源型输入通用型；工作电源为 AC 100～240V，这里设计为 AC 220V；总点数 32，输入端子 16 个，输出端子 16 个；晶体管输出；负载电源为直流，本例选用通用的 DC 24V。

启动-保持-停止电路的主回路和 PLC 接线图见图 8-9。这是一种简单的、应用普遍的 PLC 控制电路。

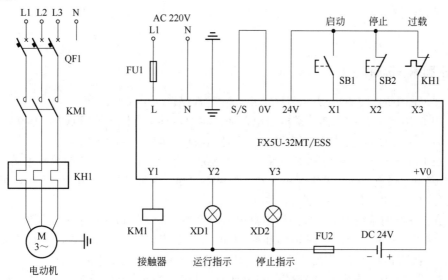

图 8-9　启动-保持-停止电路的主回路和 PLC 接线

（3）PLC 的梯形图程序

启动-保持-停止电路的梯形图见图 8-10。

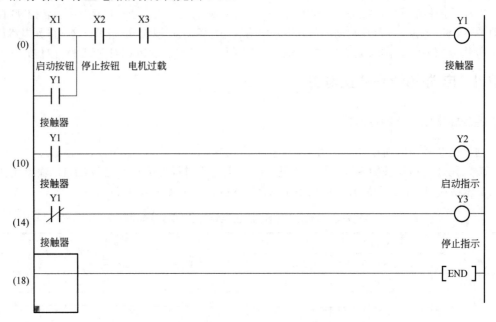

图 8-10　启动-保持-停止电路的梯形图

（4）梯形图控制原理

① 按下启动按钮 SB1（X1），Y1 线圈得电，其常开触点闭合自保。按下停止按钮 SB2（X2），Y1 线圈失电。

② Y1 线圈得电时，Y2 线圈也得电，指示电动机在运转；Y1 线圈失电时，Y3 线圈得电，指示电动机停止运转。

③ 过载保护由热继电器执行。如果电动机过载，则图 8-10 中的 X3 断开，电动机停止运转。

（5）梯形图编写说明

① 梯形图中的"END"表示程序结束，它是程序自动生成的。

② 图 8-10 所示的梯形图与继电器电路非常相似，只是将停止按钮 X2 放置在启动按钮 X1 的右边，这是为了便于梯形图的编写，也是编写梯形图的一种习惯。

③ 在 PLC 中，输入继电器 X 的编号是从 X0 开始，输出继电器 Y 的编号也是从 Y0 开始，这与继电器系统中元件的编号不一致。如果不习惯，也可以从 X1 和 Y1 开始，而将 X0、Y0 等编号空置起来，作为备用的 I/O 端子。

④ 在图 8-9 的接线图中，按照继电器电路的习惯，停止按钮 X2 使用了常闭触点，平时处于闭合状态。与此对应，在图 8-10 的梯形图中，X2 应该使用常开触点，平时是接通的。反之，如果在图 8-9 中 X2 使用常开触点，则在图 8-10 中应当使用常闭触点。

⑤ 在图 8-9 中，热继电器 KH1 是以常闭触点与 PLC 的输入端子 X3 连接的，在未过载

时这个触点是接通的，所以在梯形图中 X3 应该使用常开触点。

⑥ 在本例和后面实例中，为了便于阐述梯形图的控制原理，我们认为某个输出继电器得电，就是代表它的控制对象得电，例如本例中的 Y1 得电就是接触器 KM1 通电吸合。

8.2.2　带有点动的启动-保持-停止电路

（1）控制要求和 I/O 地址分配

通过 3 个按钮，对电动机进行带有点动的启动-保持-停止控制。

输入元件是点动按钮 SB1、启动按钮 SB2、停止按钮 SB3、电机过载保护热继电器 KH1；输出元件是接触器 KM1、运行指示 XD1、停止指示 XD2。I/O 地址分配见表 8-7。

表 8-7　带有点动的启动-保持-停止电路 I/O 地址分配表

I（输入）			O（输出）		
元件代号	元件名称	地址	元件代号	元件名称	地址
SB1	点动按钮	X1	KM1	接触器	Y1
SB2	启动按钮	X2	XD1	运行指示灯	Y2
SB3	停止按钮	X3	XD2	停止指示灯	Y3
KH1	热继电器	X4			

（2）PLC 的选型和接线图

本例仍采用三菱 FX5U-32MT/ESS 型 PLC。

主回路和 PLC 接线图见图 8-11。这个电路与图 8-9 基本相同，只是增加了一个点动按钮，也是一种非常简单的 PLC 控制电路。

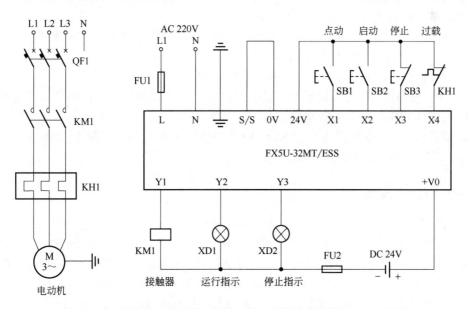

图 8-11　带有点动的启动-保持-停止电路的主回路和 PLC 接线

（3）PLC 的梯形图程序

带有点动的启动-保持-停止电路的梯形图见图 8-12。

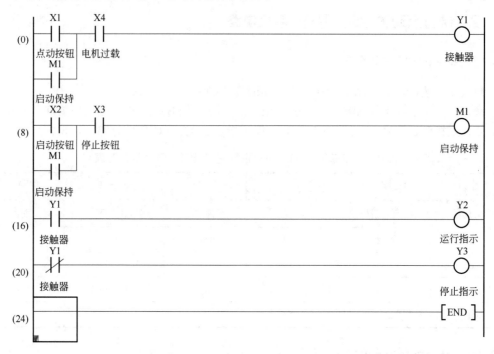

图 8-12　带有点动的启动-保持-停止电路的梯形图

（4）梯形图控制原理

① 按下点动按钮 SB1（X1），Y1 线圈得电，KM1 吸合，电动机启动运转。松开 SB1，Y1 线圈失电，KM1 释放，电动机停止运转。

② 按下启动按钮 SB2（X2），内部继电器 M1 的线圈得电，其两对常开触点闭合，一对用于自保，另外一对使 Y1 线圈得电，接触器 KM1 吸合。

③ 按下停止按钮 SB3（X3），M1 和 Y1 线圈失电。

④ Y1 线圈得电时，运行指示 Y2 线圈也得电，指示电动机在运转；Y1 线圈失电时，停止指示 Y3 线圈得电，指示电动机停止运转。

⑤ 过载保护由热继电器 KH1（X4）执行。如果电动机过载，则图 8-12 中的热继电器 X4 断开，Y1 线圈失电，电动机停止运转。

（5）一个"细节"问题

在与图 8-11 功能类似的继电器控制电路中，通常将 KM1 的一对常开触点与启动按钮 SB2 并联，以实现自保。当按下 SB2，使 KM1 得电后，这对常开触点闭合以实现自保。而点动控制时不允许自保，为了实现这个要求，一般都是将点动按钮 SB1 的常闭触点与 KM1 的自保触点串联，在点动控制时 SB1 按下，这对常闭触点断开，因而 KM1 不能自保。

但是，在图 8-12 的梯形图中，如果照搬继电器控制电路的方法，将 X1 的常闭触点与 Y1 的自保触点串联，则在 SB1 松开后，并不能使 Y1 的线圈失电，此时电动机还会继续运转，导致在"点动"状态时电动机失控。究其原因，是因为在梯形图中，X1 的常闭触点不是真正的触点，而是与 X1 常开触点状态相反的逻辑触点。当点动按钮松开时，X1 的常开触点断开，常闭触点在瞬间便得以闭合。但是，输出继电器 Y1 线圈得电的状态不能在瞬间改变，要经过 PLC 内部从输入单元到输出单元之间多个步骤的逻辑运算。在这种情况下，当点动按钮 SB1 松开后，Y1 的线圈不能失电，仍然处在自保状态，达不到点动控制的要求。

按照图 8-12 进行编程，则避免了这一问题。

所以，PLC 的梯形图与继电器电路既有许多类似之处，又有一些不同之处。

在编制 PLC 控制程序时，有不少这样的"细节"问题需要注意。

8.2.3　电动机正反转控制电路

（1）控制要求和 I/O 地址分配

通过 3 个按钮对电动机进行正反转可逆运转控制。

输入元件是正转启动按钮 SB1、反转启动按钮 SB2、停止按钮 SB3、电动机过载保护热继电器 KH1。输出元件是正转接触器 KM1、反转接触器 KM2、正转运行指示灯 XD1、反转运行指示灯 XD2。I/O 地址分配见表 8-8。

表 8-8　正反转控制电路 I/O 地址分配表

I（输入）			O（输出）		
元件代号	元件名称	地址	元件代号	元件名称	地址
SB1	正转启动按钮	X1	KM1	正转接触器	Y1
SB2	反转启动按钮	X2	XD1	正转运行指示灯	Y2
SB3	停止按钮	X3	KM2	反转接触器	Y3
KH1	热继电器	X4	XD2	反转运行指示灯	Y4

（2）PLC 的选型和接线图

在本例中，采用三菱 FX5U-32MT/ES 型 PLC。从表 1-5 可知，它是 AC 电源/DC 24V 漏型/源型输入通用型；工作电源为 AC 100～240V，这里设计为 AC 220V；总点数 32 个，输入端子 16 个，输出端子 16 个；晶体管漏型输出；负载电源为直流，本例选用通用的 DC 24V。

正反转控制电路的主回路和 PLC 接线图见图 8-13。

（3）PLC 的梯形图程序

正反转控制的 PLC 梯形图见图 8-14。

（4）梯形图控制原理

① 需要正转时，按下正转启动按钮 SB1，X1 接通，Y1 线圈得电，接触器 KM1 吸合，电动机通电正向运转，指示灯 XD1（Y2，正转指示）亮起。松开按钮后，由 Y1 的常开触点实现"自保"，维持 KM1 的吸合。

② 需要停止正转时，按下停止按钮 SB3，X3 断开，Y1 和 Y2 线圈均失电，接触器 KM1

释放，指示灯 XD1 熄灭。

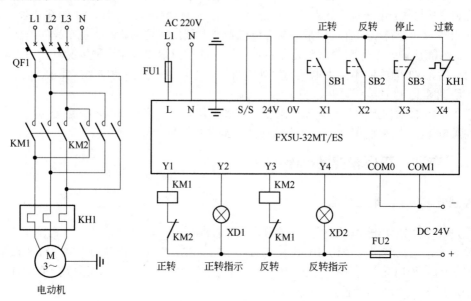

图 8-13　正反转控制电路的主回路和 PLC 接线

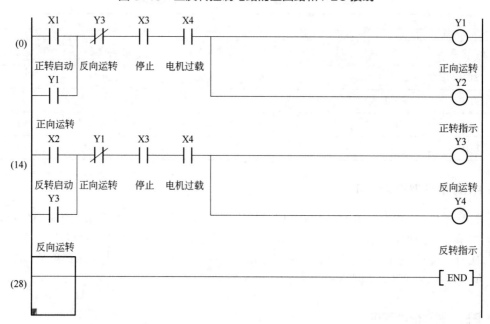

图 8-14　电动机正反转控制梯形图

③ 需要反转时，按下反转启动按钮 SB2，X2 接通，Y3 线圈得电，接触器 KM2 吸合，电动机通电反向运转，指示灯 XD2（Y4，反转指示）亮起。松开按钮后，由 Y3 的常开触点实现"自保"，维持 KM2 的吸合。

④ 需要停止反转时，按下停止按钮 SB3，X3 断开，Y3 和 Y4 线圈均失电，接触器 KM2 释放，指示灯 XD2 熄灭。

⑤ 联锁环节：在梯形图程序中，Y1 的常闭触点串联在 Y3 线圈的控制回路中，Y3 的常闭触点串联在 Y1 线圈的控制回路中。在图 8-13 所示的接线中，还设置了"硬接线联锁"，

而且这是更重要的联锁：KM1 的辅助常闭触点串联在 KM2 的线圈回路中，KM2 的辅助常闭触点也串联在 KM1 的线圈回路中。

⑥ 过载保护由热继电器执行。当电动机过载时，KH1（X4）的常闭触点断开，Y1～Y4 线圈不能得电，KM1、KM2 释放。

8.2.4　置位-复位指令的正反转控制电路

（1）控制要求和 I/O 地址分配

本例的控制对象与 8.2.3 相同，通过按钮对电动机进行正反转可逆控制，但是梯形图程序中采用置位-复位指令。

输入/输出元件的 I/O 地址分配同表 8-8。

（2）PLC 的选型和接线图

PLC 的选型与 8.2.3 节相同，选用三菱 FX5U-32MT/ES 型 PLC。

主回路和 PLC 接线图见 8.2.3 节中的图 8-13。

（3）PLC 的梯形图程序

采用置位-复位指令的正反转控制 PLC 梯形图见图 8-15。

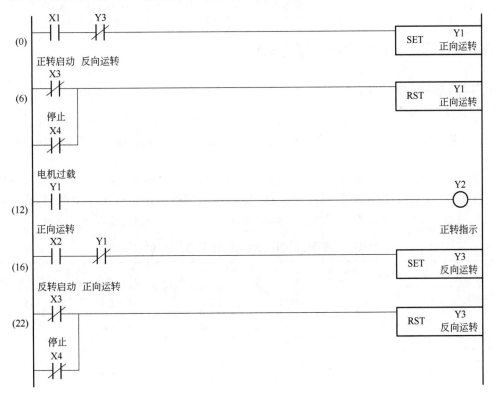

图 8-15

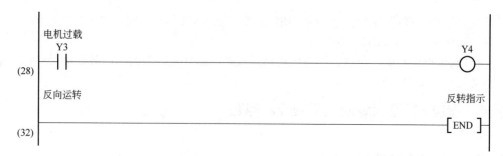

图 8-15　采用置位-复位指令的电动机正反转控制梯形图

（4）梯形图控制原理

控制原理与图 8-14 基本相同，但要注意以下几个问题：

① SET（置位）就是使输出线圈得电；RST（复位）就是使输出线圈失电。采用 SET 指令后，如果 Y1（Y3）线圈已经吸合，即使启动按钮 X1（X2）断开，Y1（Y3）线圈仍然保持吸合，不需要再加"保持"。

② 由于在图 8-13 的电路中，X3 是以常闭触点连接，如果需要执行复位功能，则在图 8-15 中也必须使用常闭触点。按下停止按钮时，图 8-13 中 X3 的触点断开，图 8-15 中的 X3（常闭触点）则闭合，使 Y1（或 Y3）线圈断电复位。

③ X4 也是如此，在图 8-13 的电路中它是以常闭触点连接，在正常状态下它是接通的，此时图 8-15 中的 X4（常闭触点）则是断开的，不执行复位功能。在过载时，图 8-13 中的实际触点是断开的，而图 8-15 中的 X4 则是闭合的，使 Y1（或 Y3）线圈复位断电。

8.2.5　行程开关控制的自动循环电路

（1）控制要求和 I/O 地址分配

采用两个交流接触器对电动机进行正转、反转自动循环控制。电动机的正转限位、反转限位均由行程开关控制。为了安全起见，通常还需要设置正转极限保护、反转极限保护，它们也是由行程开关来执行。

输入元件是正转启动按钮 SB1、反转启动按钮 SB2、停止按钮 SB3、电动机过载保护热继电器 KH1、正/反转限位开关 SQ1 和 SQ2、正/反转极限保护开关 SQ3 和 SQ4。输出元件是正/反转接触器 KM1 和 KM2、正/反转指示灯 XD1 和 XD2。I/O 地址分配见表 8-9。

表 8-9　行程开关控制的自动循环电路 I/O 地址分配表

I（输入）			O（输出）		
元件代号	元件名称	地址	元件代号	元件名称	地址
SB1	正转启动按钮	X0	KM1	正转接触器	Y1
SB2	反转启动按钮	X1	XD1	正转运行指示灯	Y2
SB3	停止按钮	X2	KM2	反转接触器	Y3
KH1	热继电器	X3	XD2	反转运行指示灯	Y4
SQ1	正转限位开关	X4			

续表

I（输入）			O（输出）		
元件代号	元件名称	地址	元件代号	元件名称	地址
SQ2	反转限位开关	X5			
SQ3	正转极限保护开关	X6			
SQ4	反转极限保护开关	X7			

（2）PLC 的选型和接线图

在本例中，采用三菱 FX5U-32MR/ES 型 PLC。从表 1-5 可知，它是 AC 电源/DC 24V 漏型/源型输入通用型；工作电源为 AC 100～240V，这里设计为 AC 220V；总点数 32 个，输入端子 16 个，输出端子 16 个；继电器输出；负载电源为交流，本例选用通用的 AC 220V。

由行程开关控制的自动循环电路 PLC 接线图见图 8-16。

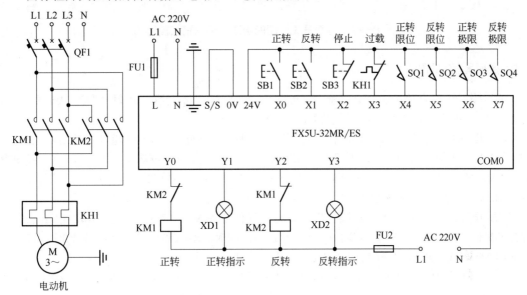

图 8-16　行程开关控制的自动循环电路的主回路和 PLC 接线

（3）PLC 的梯形图程序

行程开关控制的自动循环电路的梯形图见图 8-17。

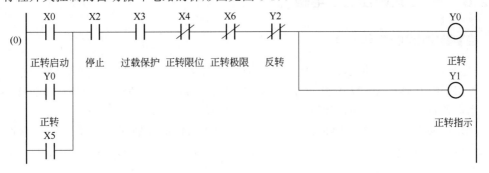

图 8-17

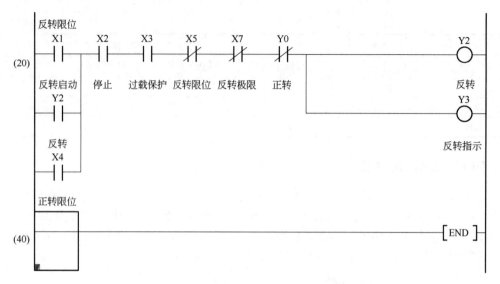

图 8-17　行程开关控制的自动循环电路的梯形图

（4）梯形图控制原理

① 按下正转启动按钮 SB1，输入继电器 X0 接通，输出继电器 Y0 线圈得电，接触器 KM1 吸合，电动机正向运转。Y1 线圈也得电，XD1 发出正转指示。

② 电动机正转到达"正转限位"位置时，行程开关 SQ1（X4）接通，其常闭触点断开，Y0 和 Y1 的线圈都失电，电动机正向运转停止。与此同时，X4 的常开触点接通，Y2 线圈得电，接触器 KM2 吸合，电动机反向运转。Y3 线圈也得电，XD2 发出反转指示。反向运转也可以由按钮 SB2（X1）来启动。

③ 电动机反转到达"反转限位"位置时，行程开关 SQ2（X5）接通，其常闭触点断开，Y2 和 Y3 线圈都失电，电动机反向运转停止。与此同时，X5 的常开触点接通，Y0 线圈得电，KM1 吸合，电动机再次正向运转，XD1 再次发出正转指示。

④ 安全保护：如果正向运转到达"正转极限"位置，SQ3 闭合，X6 接通，Y0 和 Y1 线圈均失电，电动机正向运转停止。如果反向运转到达"反转极限"位置，则 SQ4 闭合，X7 接通，Y2 和 Y3 线圈均失电，电动机反向运转停止。

⑤ 过载保护由热继电器执行。如果电动机过载，则图 8-16 中 KH1 的常闭触点断开，图 8-17 中 X3 的状态为"0"，Y0～Y3 均失电，电动机停止运转。

8.2.6　星-三角降压启动电路

（1）控制要求和电路工作流程

对一台 55kW 的电动机进行"星-三角"降压启动控制。启动时，首先将电动机接成"星"形，各相绕组上加上 AC 220V 相电压，以降低启动电流。延时 10s 后，将电动机转接为"三角"形，各相绕组上加上 AC 380V 线电压，电动机转入全压运转。

此外，要求在 A、B 两地操作。在 A 地用普通的机械按钮进行启动、停止操作；在 B 地用人机界面中的按钮（软键）进行操作。人机界面及有关的操作内容见第 6 章中的 6.4 节。

（2）输入/输出元件的 I/O 地址分配

根据工艺流程和控制要求，PLC 系统中需要配置以下元件：

① 2 个按钮，一个用于启动，另一个用于停止。

② 3 个接触器，第一个为主接触器，第二个为"星形启动"接触器，第 3 只为"角形运转"接触器。

③ 2 个指示灯，分别用于启动和运转指示。

④ 1 个热继电器，用于电动机的过载保护。

PLC 的 I/O 地址分配见表 8-10。

表 8-10　电动机星-三角降压启动电路的 I/O 地址分配表

I（输入）				O（输出）			
元件代号	元件名称	地址	用途	元件代号	元件名称	地址	用途
SB1	启动按钮	X1	启动	KM1	接触器 1	Y1	主接触器
SB2	停止按钮	X2	停止	KM2	接触器 2	Y2	星形启动
KH1	热继电器	X3	过载保护	XD1	指示灯 1	Y3	启动指示
				KM3	接触器 3	Y4	角形运转
				XD2	指示灯 2	Y5	运转指示

人机界面中的启动、停止按钮，软元件是内部继电器 M1 和 M2，它们不占用输入端子。

（3）PLC 的选型和接线图

根据电路工作流程和表 8-10，可选用三菱 FX5U-32MR/ES 型 PLC。

主回路和 PLC 接线见图 8-18，要注意几个问题：

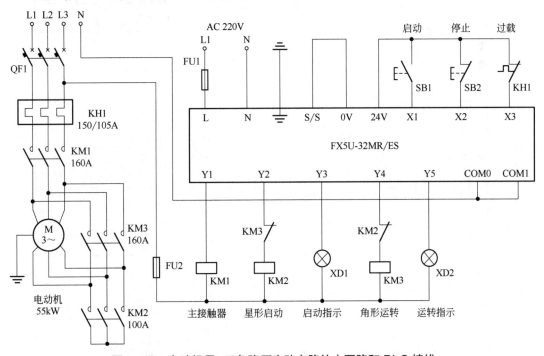

图 8-18　电动机星-三角降压启动电路的主回路和 PLC 接线

① KM2 是"星形启动"接触器，KM3 是"角形运转"接触器，它们不能同时得电，必须加上互锁。除了程序中的联锁之外，还必须有硬接线联锁，将交流接触器辅助常闭触点与对方的线圈串联。

② KM1～KM3 是 3 个功率较大的交流接触器，在实际接线中，PLC 的输出端不宜直接连接这类功率较大的交流接触器，应该用中间继电器进行转换。此处为了便于学习梯形图，省略了这个环节。

（4）PLC 的梯形图程序

电动机星-三角降压启动电路的梯形图见图 8-19。

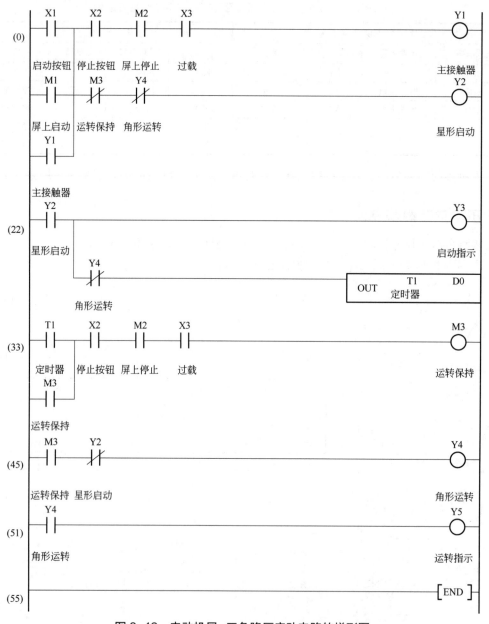

图 8-19　电动机星-三角降压启动电路的梯形图

（5）梯形图控制原理

① 按下启动按钮 X1，或者在人机界面上按下启动按钮 M1，Y1 线圈得电，主接触器 KM1 吸合。Y2 线圈也得电，星形启动接触器 KM2 吸合，系统在"星形启动"状态。

② Y2 线圈得电后，定时器 T1 线圈得电，开始延时。延时时间通过数据寄存器 D0，在人机界面中通过小数字键盘进行设置和调整，见第 6 章 6.4 节。

③ 延时时间到，内部继电器 M3 线圈得电。M3 的常闭触点断开，使 Y2 线圈失电，"星形启动"结束；M3 的常开触点闭合，使 Y4 线圈得电，转入"角形运转"。

④ 按下停止按钮 SB2，或者在人机界面上按下停止按钮 M2，则 Y1～Y5 线圈全部失电。过载时，图 8-18 中的 X3 断开，Y1～Y5 线圈也全部失电。

⑤ 过载保护由热继电器执行。如果电动机过载，则图 8-18 中 KH1（X3）的触点断开，Y1～Y5 均失电，电动机停止运转。

⑥ 针对图 8-19，在人机界面中，需要对"屏上启动"按钮 M1、"屏上停止"按钮 M2 的动作状态进行设置。在未操作时，将 M1 设置为 OFF 状态，M2 设置为 ON 状态；操作时它们的状态则相反。否则，不能实现相关的控制功能。

8.2.7　绕线电动机串联电阻启动电路

（1）控制要求和电路工作流程

电动机的定子回路由接触器 KM1 控制。在转子回路中，串联了 3 节电阻 R1、R2、R3，它们分别由接触器 KM2～KM4 控制。

按下启动按钮，电动机带着电阻以低速启动。3 个定时器按照 5s、4s、3s 的间隔，依次将转子回路中的电阻 R1～R3 切除，使转速一步一步地提高，最后达到额定转速。

（2）输入/输出元件的 I/O 地址分配

根据控制要求，PLC 系统中需要配置以下元件：

① 2 个按钮，一个用于启动，另一个用于停止。

② 4 个接触器，用于控制定子回路和 3 节电阻。

③ 2 个指示灯，分别指示电动机的启动状态和停止状态。

④ 1 个热继电器，用于电动机的过载保护。

PLC 的 I/O 地址分配见表 8-11。

表 8-11　绕线电动机启动电路的 I/O 地址分配

I（输入）				O（输出）			
元件代号	元件名称	地址	用途	元件代号	元件名称	地址	用途
SB1	按钮 1	X1	启动	KM1	接触器 1	Y1	定子回路
SB2	按钮 2	X2	停止	KM2	接触器 2	Y2	第 1 节电阻
KH1	热继电器	X3	过载保护	KM3	接触器 3	Y3	第 2 节电阻
				KM4	接触器 4	Y4	第 3 节电阻
				XD1	指示灯 1	Y5	运转指示
				XD2	指示灯 2	Y6	停止指示

（3）PLC 的选型和接线图

根据控制要求和表 8-11，可选用三菱 FX5U-32MR/ES 型 PLC。

主回路和 PLC 的接线见图 8-20。

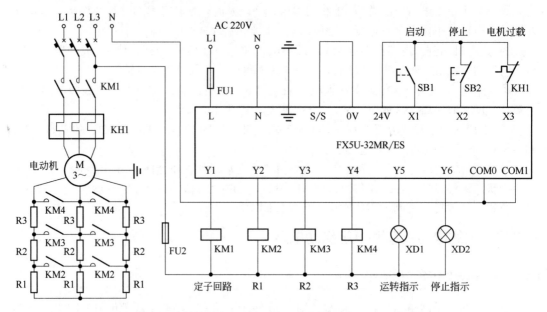

图 8-20　绕线电动机串联电阻启动电路主回路和 PLC 接线

（4）PLC 的梯形图程序

绕线电动机串联电阻启动电路的 PLC 梯形图见图 8-21。

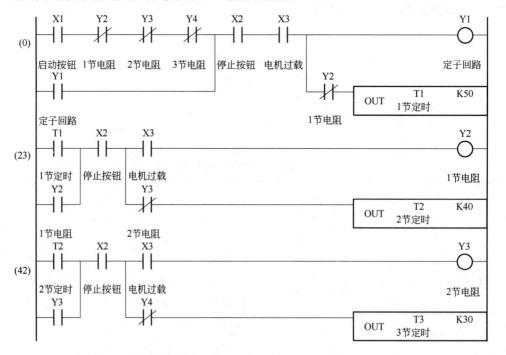

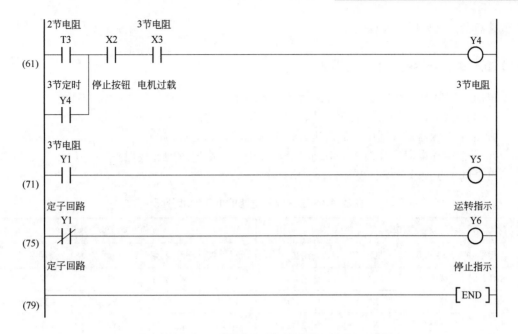

图 8-21　绕线电动机串联电阻启动电路的 PLC 梯形图

（5）梯形图控制原理

① 按下启动按钮 SB1，Y1 线圈得电并自保，电动机开始启动。与此同时，定时器 T1 线圈得电，开始计时 5s。

② 5s 后，T1 到达设定的时间，T1 的常开触点闭合，Y2 线圈得电并自保，接触器 KM2 吸合，将主回路中的启动电阻 R1 切除（R1 被短接），并使定时器 T2 线圈得电，开始计时 4s。Y2 的常闭触点断开，使 T1 线圈断电。

③ 4s 后，T2 到达设定的时间，T2 的常开触点闭合，Y3 线圈得电并自保，接触器 KM3 吸合，将主回路中的启动电阻 R2 切除，并使定时器 T3 线圈得电，开始计时 3s。Y3 的常闭触点断开，使 T2 线圈断电。

④ 3s 后，T3 到达设定的时间，T3 的常开触点闭合，Y4 线圈得电并自保，接触器 KM4 吸合，将主回路中的启动电阻 R3 切除。Y4 的常闭触点断开，使 T3 线圈断电。

⑤ 按下停止按钮 SB2，X2 断开，Y1～Y6 线圈均失电，电动机停止运转。

⑥ 联锁环节：如果 KM2、KM3、KM4 没有释放，则定子主回路不能再次启动。

⑦ 过载保护由热继电器 KH1 执行。如果电动机过载，则 X3 断开，Y1 线圈失电，KM1 释放，电动机停止运转。与此同时，Y2～Y6 的线圈也全部失电。

8.2.8　异步电动机三速控制电路

（1）控制要求和电路工作流程

在某些场合，需要使用三速异步电动机，它具有两套绕组，低、中、高三种不同的转速。其中一套绕组与双速电动机一样，当定子绕组接成三角形时，电动机以低速运转；当定子绕组接成双星形时，电动机以高速运转。另外一套绕组接成星形，电动机以中速运转。三种速度分别用一个按钮和一个交流接触器进行控制。在中速时，要以低速启动；在高速时，既要以低速启动，又要以中速过渡。

（2）输入/输出元件的 I/O 地址分配

根据控制要求，PLC 系统中需要配置以下元件：

① 4 个按钮，分别用于低速启动、中速启动、高速启动、停止。

② 3 个接触器，分别用于低速运转、中速运转、高速运转。

③ 3 个热继电器，分别用于电动机低速、中速、高速时的过载保护。

PLC 的 I/O 地址分配见表 8-12。

表 8-12　三速控制电路的 I/O 地址分配

I（输入）				O（输出）			
元件代号	元件名称	地址	用途	元件代号	元件名称	地址	用途
SB1	按钮 1	X1	低速启动	KM1	接触器 1	Y1	低速运转
SB2	按钮 2	X2	中速启动	KM2	接触器 2	Y2	中速运转
SB3	按钮 3	X3	高速启动	KM3	接触器 3	Y3	高速运转
SB4	按钮 4	X4	停止				
KH1	热继电器 1	X5	低速过载保护				
KH2	热继电器 2	X6	中速过载保护				
KH3	热继电器 3	X7	高速过载保护				

（3）PLC 的选型和接线图

根据电路工作流程和表 8-12，可以选用三菱 FX5U-32MT/ESS 型 PLC。从表 1-5 可知，它是 AC 电源/DC 24V 漏型/源型输入通用型；工作电源为 AC 100～240V，这里设计为 AC 220V；总点数 32 个，输入端子 16 个，输出端子 16 个；晶体管（源型）输出；负载电源为直流，本例选用通用的 DC 24V。

在本例中，PLC 输出端子所连接的负载元件是交流接触器，在工作中它们需要频繁地切换，以实现对电动机的速度控制。如果采用继电器输出型的 PLC，则在 PLC 内部，输出继电器的触点容易磨损，造成一些故障，所以采用晶体管输出恰到好处。

三速控制电路的主回路和 PLC 接线见图 8-22。图中 KM1～KM3 上反向并联的二极管起保护作用，防止接触器线圈断电时产生反向电动势，击穿 PLC 内部的输出晶体管。

（4）PLC 的梯形图程序

三速控制电路的 PLC 梯形图见图 8-23。

（5）梯形图控制原理

① 按下低速启动按钮 SB1，X1 闭合，M1 和 Y1 线圈得电，电动机接成三角形以低速运转。

② 按下中速启动按钮 SB2，X2 闭合，M2 和 Y1 线圈得电，电动机接成三角形以低速启

动。同时定时器 T1 线圈得电，开始延时 3s。3s 之后，Y1 线圈失电，Y2 线圈得电，电动机
退出低速，接成星形以中速运转。

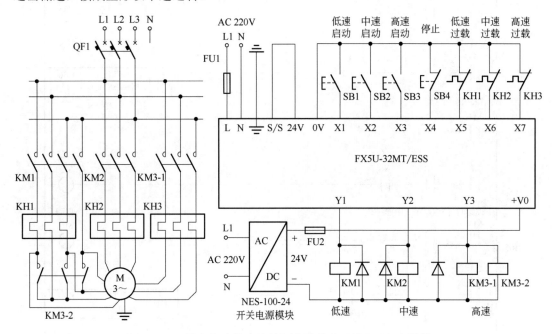

图 8-22　异步电动机三速控制电路的主回路和 PLC 接线

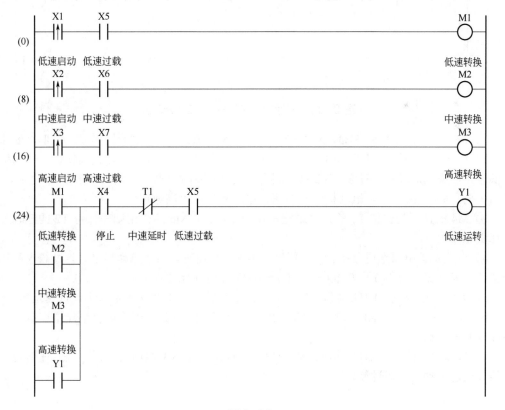

图 8-23

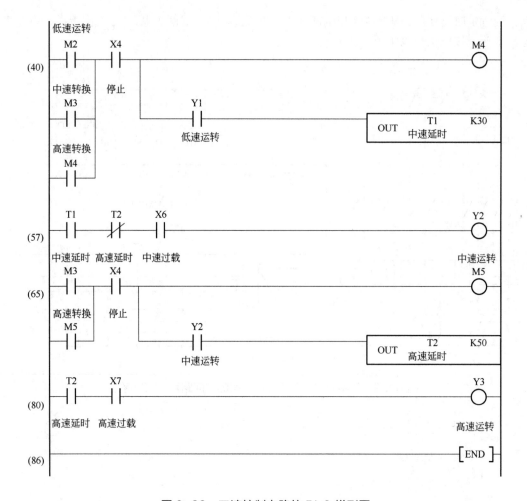

图 8-23　三速控制电路的 PLC 梯形图

③ 按下高速启动按钮 SB3，X3 闭合，M3 和 Y1 线圈得电，电动机接成三角形以低速启动。同时 T1 线圈得电，开始延时 3s。3s 之后，Y1 线圈失电，同时 Y2 线圈得电，电动机退出低速，接成星形以中速过渡。Y2 线圈得电又使 T2 线圈得电，开始延时 5s。5s 之后，Y2 线圈失电，Y3 线圈得电，电动机退出中速，接成双星形以高速运转。

④ M4 的作用是保持 T1 的延时过程不在中途停止，M5 的作用则是保持 T2 的延时过程不在中途停止。

⑤ 过载保护由热继电器执行。在低速、中速、高速时，如果电动机过载，过载电流是不一样的，因此需要使用 3 个热继电器 KH1～KH3 分别进行过载保护。

a. 当低速过载时，KH1 动作，X5 的常开触点断开，Y1 线圈失电，不能低速运转。

b. 当中速过载时，KH2 动作，X6 的常开触点断开，Y2 线圈失电，不能中速运转，也不能以低速启动。

c. 当高速过载时，KH3 动作，X7 的常开触点断开，Y3 线圈失电，不能高速运转，也不能以低速启动、中速过渡。

第9章
自动控制装置编程实例

PLC 在自动控制装置中应用广泛，三菱 FX5U 型 PLC 更是大显身手，下面介绍部分自动控制装置的编程实例。

9.1 皮带输送机顺序控制装置

（1）皮带输送机工作流程

皮带输送机的示意图见图 9-1，物料按箭头方向输送。为了防止物料堆积，启动时必须顺向启动，逐级延时。先启动第 1 级，第 2 级比第 1 级延迟 5s，第 3 级又比第 2 级延迟 5s。停止时则必须逆向停止，逐级延时，先停止第 3 级，第 2 级比第 3 级延迟 5s，第 1 级又比第 2 级延迟 5s。

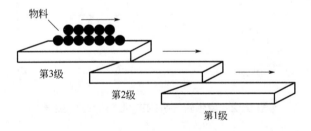

图 9-1　皮带输送机示意图

（2）输入/输出元件的 I/O 地址分配

根据工艺流程和控制要求，PLC 系统中需要配置以下元件：

① 2 个按钮，一个用于启动，另一个用于停止。

② 3 个接触器，分别控制 3 台皮带机。

③ 3 个指示灯，分别用于各级皮带机的指示。

④ 3 个热继电器，分别用于 3 台皮带机的过载保护。

PLC 的 I/O 地址分配见表 9-1。

表 9-1　皮带输送机元件 PLC 的 I/O 地址分配

I（输入）				O（输出）			
元件代号	元件名称	地址	用途	元件代号	元件名称	地址	用途
SB1	按钮1	X1	启动	KM1	接触器1	Y1	第1级皮带机
SB2	按钮2	X2	停止	KM2	接触器2	Y2	第2级皮带机
KH1	热继电器1	X3	第1级过载保护	KM3	接触器3	Y3	第3级皮带机
KH2	热继电器2	X4	第2级过载保护	XD1	指示灯1	Y4	第1级指示
KH3	热继电器3	X5	第3级过载保护	XD2	指示灯2	Y5	第2级指示
				XD3	指示灯3	Y6	第3级指示

（3）PLC 的选型和接线图

根据工作流程和表 9-1，可选用三菱 FX5U-32MR/ES 型 PLC。

主回路和 PLC 接线见图 9-2。

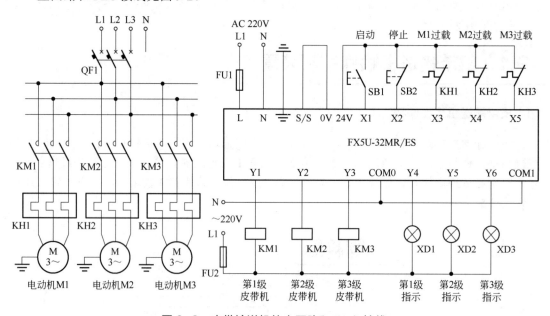

图 9-2　皮带输送机的主回路和 PLC 接线

（4）PLC 的梯形图程序

皮带输送机的 PLC 梯形图见图 9-3。

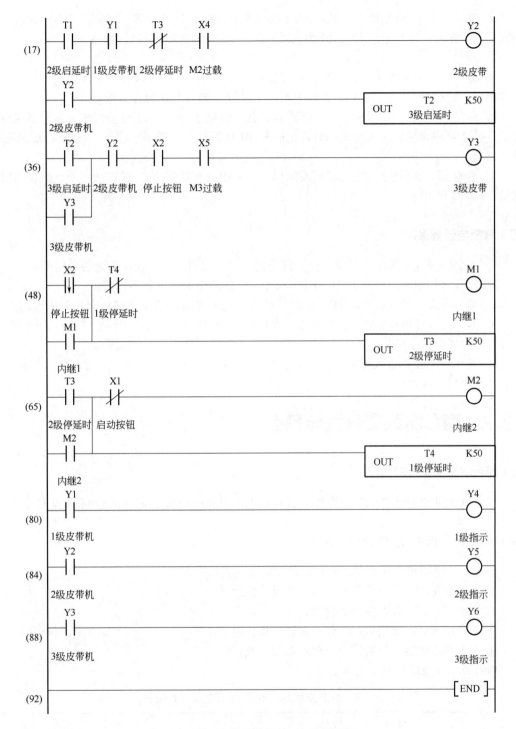

图 9-3 皮带输送机的 PLC 梯形图

（5）梯形图控制原理

① 启动时，按下启动按钮 SB1，Y1 线圈得电，KM1 吸合，第 1 级皮带机启动并自保。与此同时，定时器 T1 线圈得电，开始延时 5s，为第 2 级皮带机启动做准备。

② 5s 之后，T1 到达设定的时间，Y2 线圈得电，KM2 吸合，第 2 级皮带机启动并自保。与此同时，定时器 T2 线圈得电，开始延时 5s，为第 3 级皮带机启动做准备。

③ 5s 之后，T2 到达设定的时间，Y3 线圈得电，KM3 吸合，第 3 级皮带机启动并自保。

④ 停止时，按下停止按钮 SB2，Y3 线圈失电，接触器 KM3 释放，第 3 级皮带机停止。与此同时，定时器 T3 线圈得电，开始延时 5s，为第 2 级皮带机停止做准备。

⑤ 5s 之后，T3 到达设定的时间而动作，其常闭触点断开，Y2 线圈失电，接触器 KM2 释放，第 2 级皮带机停止。与此同时，定时器 T4 线圈得电，开始延时 5s，为第 1 级皮带机停止做准备。

⑥ 5s 之后，T4 到达设定的时间而动作，其常闭触点断开，Y1 线圈失电，接触器 KM1 释放，1 级皮带机停止。

（6）联锁与过载保护

① 如果前级皮带机没有启动，则后级不能启动。如果前级停止，后级会自动停止。

② 过载保护由热继电器 KH1～KH3 执行，它们的保护范围各不相同：

a. 当 1 级皮带机过载时，KH1 动作，X3 常开触点断开，三级皮带机全部停止运转；

b. 当 2 级皮带机过载时，KH2 动作，X4 常开触点断开，2 级和 3 级皮带机停止运转，1 级皮带机可以继续运转；

c. 当 3 级皮带机过载时，KH3 动作，X5 常开触点断开，仅有 3 级皮带机停止运转，1 级和 2 级可以继续运转。

9.2 两台水泵交替运转装置

（1）两台水泵交替运转流程

水泵 A 向水池注水 20min，然后水泵 B 从水池中向外抽水 10min，两台水泵交替工作。

（2）输入/输出元件的 I/O 地址分配

根据工艺流程和控制要求，PLC 系统中需要配置以下元件：

① 2 个按钮，一个用于启动，另一个用于停止。

② 2 个接触器，分别控制 2 台水泵。

③ 2 个指示灯，分别指示 2 台水泵的工作状态。

④ 2 个热继电器，分别用于 2 台水泵的过载保护。

PLC 的 I/O 地址分配见表 9-2。

表 9-2 水泵交替运转电路 PLC 的 I/O 地址分配

I（输入）				O（输出）			
元件代号	元件名称	地址	用途	元件代号	元件名称	地址	用途
SB1	按钮 1	X1	启动	KM1	接触器 1	Y1	水泵 A
SB2	按钮 2	X2	停止	KM2	接触器 2	Y2	水泵 B
KH1	热继电器 1	X3	水泵 A 过载保护	XD1	指示灯 1	Y3	泵 A 指示
KH2	热继电器 2	X4	水泵 B 过载保护	XD2	指示灯 2	Y4	泵 B 指示

（3）PLC 的选型和接线图

根据控制要求和表 9-2，可选用三菱 FX5U-32MT/ES 型 PLC。它是 AC 电源/DC 24V 漏型/源型输入通用型；工作电源为 AC 100～240V，这里设计为 AC 220V；总点数 32 个，输入端子 16 个，输出端子 16 个；晶体管（漏型）输出；负载电源为直流，现在选用通用的 DC 24V。

主回路和 PLC 接线如图 9-4 所示。

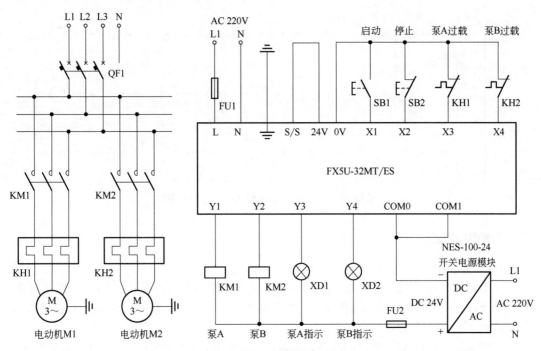

图 9-4　两台水泵交替运转主回路和 PLC 接线

（4）PLC 的梯形图程序

两台水泵交替运转的 PLC 梯形图见图 9-5。

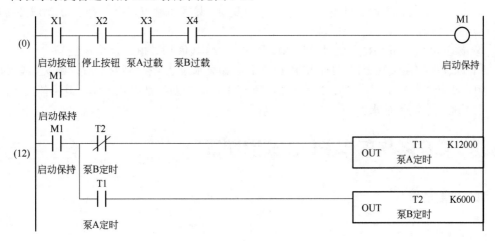

图 9-5

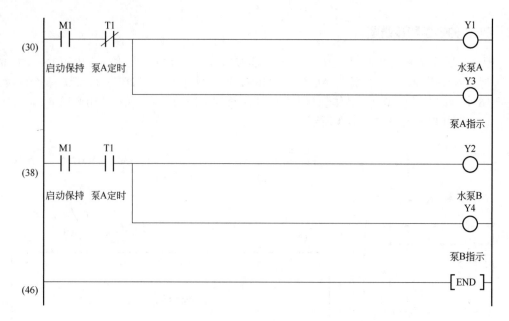

图 9-5　两台水泵交运转的 PLC 梯形图

（5）梯形图控制原理

从图 9-4 和图 9-5 可知，两台水泵的控制原理是：

① 启动时，按下启动按钮 SB1，X1 接通，内部继电器 M1 通电并自保，Y1 线圈得电，KM1 吸合，水泵 A 启动，向水池注水。Y3 线圈也得电，指示水泵 A 在运转。与此同时，定时器 T1 线圈得电，开始计时 20min。

② 20min 后，T1 到达设定的时间，其常闭触点断开，Y1 和 Y3 线圈失电，水泵 A 停止运转。与此同时，T1 的常开触点闭合，Y2 线圈得电，KM2 吸合，水泵 B 启动，从水池中向外抽水。Y4 线圈也得电，指示水泵 B 在运转。此时定时器 T2 线圈也得电，开始计时 10min。

③ 10min 后，T2 到达设定的时间，其常闭触点断开，使 T1 的线圈断电复位。此时 T1 的常开触点断开，水泵 B 停止运转；T1 的常闭触点闭合，水泵 A 再次运转。

④ 由于 T1 的常开触点断开，定时器 T2 也复位，其常闭触点闭合，又使 T1 的线圈得电，T1 再次进入定时。

⑤ 按下停止按钮 SB2，X2 断开，M1 和 Y1～Y4 线圈均失电，水泵停止。

⑥ 过载保护由热继电器 KH1 和 KH2 执行。如果水泵 A 或水泵 B 过载，则 X3 或 X4 的常开触点断开，M1 和 Y1～Y4 的线圈都不能得电，两台水泵都停止工作，既不能向水池注水，也不能从水池中抽水。

9.3　C6140 车床 PLC 改造装置

（1）车床控制要求

C6140 车床是国产的普通车床，用于金属材料的切削加工，共有 3 台电动机：D1（7.5kW）为主轴电动机，它带动主轴旋转和刀架进给；D2（90W）为冷却电动机，它在切削加工时提供冷却液，对刀具进行冷却；D3（250W）为刀架快速移动电动机，它使刀具快速地接近或离开加工部位。

（2）输入/输出元件的 I/O 地址分配

根据控制要求，PLC 系统中需要配置以下元件：6 个按钮、1 个旋钮、3 个接触器，3 个指示灯、1 个照明灯，它们的用途和 I/O 地址分配见表 9-3。

表 9-3　C6140 车床控制电路的 I/O 地址分配

I（输入）				O（输出）			
元件代号	元件名称	地址	用途	元件代号	元件名称	地址	用途
SB1	按钮 1	X1	电源启动	KM1	接触器 1	Y1	主轴电机
SB2	按钮 2	X2	电源停止	KM2	接触器 2	Y2	冷却电机
SB3	按钮 3	X3	主轴启动	KM3	接触器 3	Y3	快移电机
SB4	按钮 4	X4	主轴停止	XD1	指示灯 1	Y4	主轴指示
SB5	按钮 5	X5	冷却启动	XD2	指示灯 2	Y5	快移指示
SB6	按钮 6	X6	快移点动	XD3	指示灯 3	Y6	电源指示
SB7	旋钮	X7	照明控制	EL	照明灯	Y7	机床照明

（3）PLC 的选型和接线图

根据机床的控制要求和表 9-3，可选用三菱 FX5U-32MR/ES 型 PLC。它是 AC 电源/DC 24V 漏型/源型输入通用型；工作电源为 AC 100～240V，这里设计为 AC 220V；总点数 32 个，输入端子 16 个，输出端子 16 个；继电器输出；负载电源为交流，这里选用通用的 AC 220V。

C6140 车床控制电路的主回路和 PLC 接线见图 9-6。

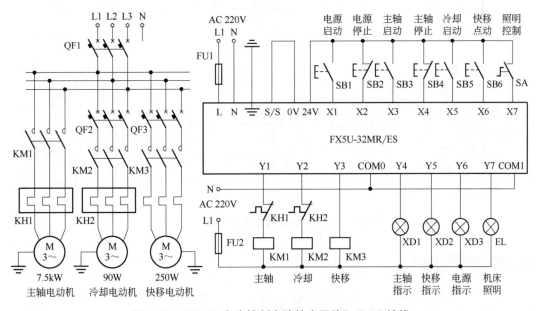

图 9-6　C6140 车床控制电路的主回路和 PLC 接线

（4）PLC 的梯形图程序

C6140 车床控制电路的 PLC 梯形图见图 9-7。

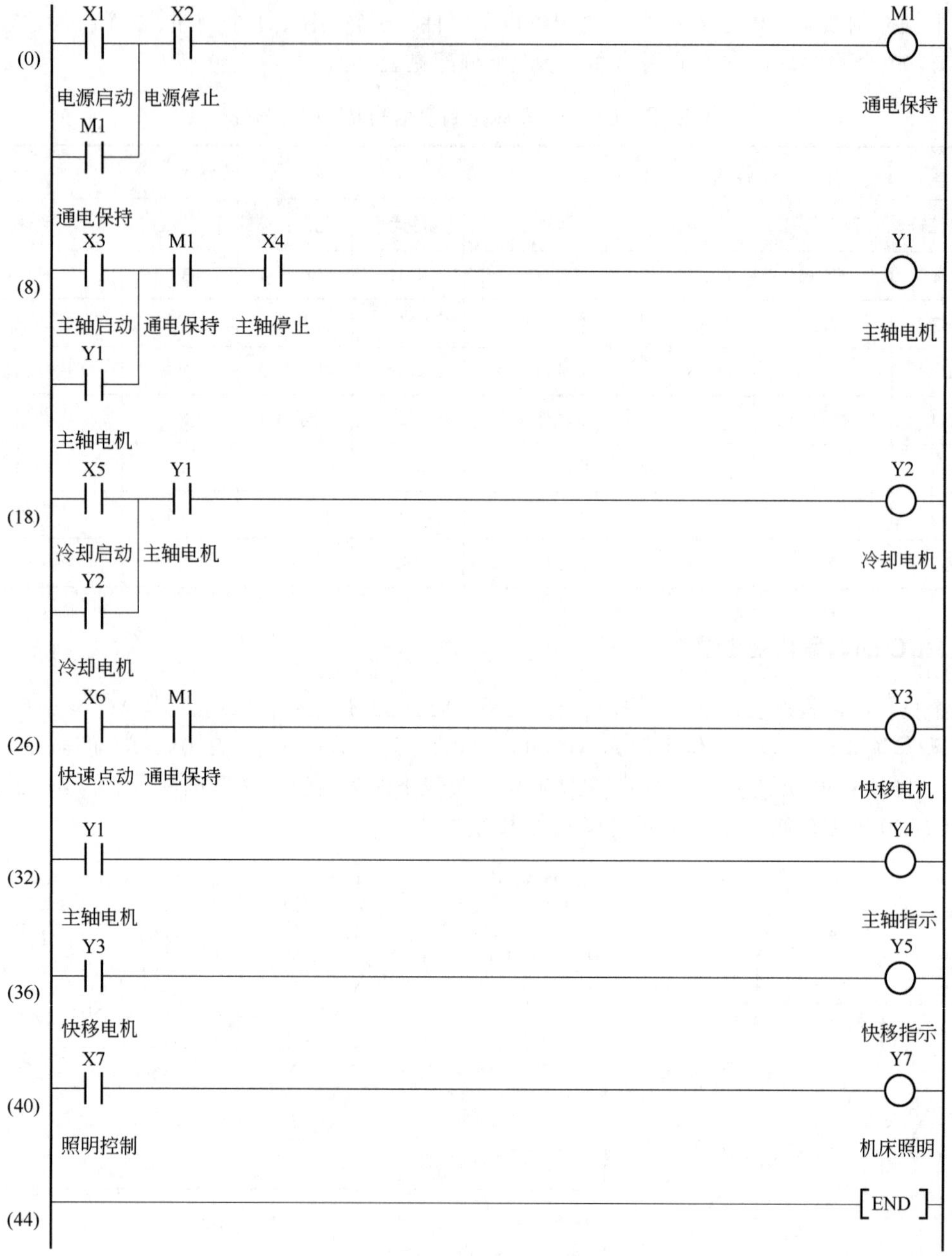

图 9-7　C6140 车床控制电路的 PLC 梯形图

（5）梯形图控制原理

① 按下电源启动按钮 SB1，X1 闭合，内部继电器 M1 的线圈得电并自保，为切削加工作好准备。按下电源停止按钮 SB2，M1 的线圈失电。

② 按下主轴启动按钮 SB3，X3 闭合，Y1 线圈得电并自保，KM1 吸合，主轴电动机启动运转。按下主轴停止按钮 SB4，Y1 的线圈失电，主轴停止运转。

③ 主轴电动机启动后，按下冷却启动按钮 SB5，X5 闭合，Y2 线圈得电并自保，KM2 吸合，冷却电动机启动运转。主轴电动机停止后，Y2 线圈失电，冷却电动机自动停止运转。

④ 按下快移点动按钮 SB6，X6 闭合，Y3 线圈得电，KM3 吸合，快移电动机通电运转。松开 SB6，Y3 线圈失电，快移电动机停止运转。

⑤ 机床照明灯控制：当旋钮开关 SA 接通时，X7 闭合，照明灯 EL 点亮。

⑥ 过载保护：主轴电动机用热继电器 KH1 作过载保护，冷却电动机用热继电器 KH2 作过载保护，快移电动机是短时工作，没有必要设置过载保护。KH1、KH2 的常闭触点没有连接到 PLC 的输入单元，而是直接串联在 KM1、KM2 的线圈回路中（这也是一种常用的接法）。当主轴电动机过载时，KH1 的常闭触点断开，KM1 断电释放；当冷却电动机过载时，KH2 的常闭触点断开，KM2 断电释放。

9.4　加热炉自动送料装置

（1）加热炉控制要求

某加热炉自动送料装置由两台电动机驱动，一台是炉门电动机，另一台是推料电动机。图 9-8 是的工作示意图。当物料检测器检测到待加热的物料时，炉门电动机正转，将炉门打开后，推料电动机推动推杆前进，运送物料进入炉内，到达指定的料位。随后推杆后退，回到炉门外原来的位置。接着炉门电动机反转，将炉门关闭。如果物料检测器再次检测到物料，则进行下一轮的循环。已经加热好的物料，从加热炉的另外一端送出（这部分电路不包含在本例之中）。

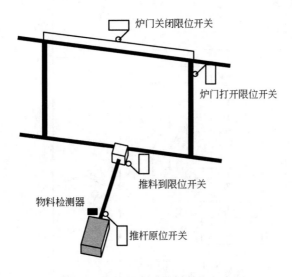

图 9-8　加热炉自动送料装置示意图

（2）输入/输出元件的 I/O 地址分配

根据控制要求，PLC 系统中需要配置以下元件：2 个按钮、1 个检测器、4 个行程开关、

4 个交流接触器。它们的用途和 I/O 地址分配见表 9-4。

表 9-4　加热炉自动送料装置的 I/O 地址分配

I（输入）				O（输出）			
元件代号	元件名称	地址	用途	元件代号	元件名称	地址	用途
SB1	按钮 1	X1	启动按钮	KM1	接触器 1	Y1	炉门打开
SB2	按钮 2	X2	停止按钮	KM2	接触器 2	Y2	炉门关闭
SQ1	接近开关	X3	物料检测	KM3	接触器 3	Y3	推杆前进
XK1	限位开关 1	X4	门开到位	KM4	接触器 4	Y4	推杆后退
XK2	限位开关 2	X5	门关到位				
XK3	限位开关 3	X6	推杆原位				
XK4	限位开关 4	X7	推料到位				

（3）PLC 的选型和接线图

根据自动送料装置的控制要求和表 9-4，可选用三菱 FX5U-32MT/ESS 型 PLC。它是 AC 电源/DC 24V 漏型/源型输入通用型；工作电源为 AC 100～240V，这里设计为 AC 220V；总点数 32 个，输入端子 16 个，输出端子 16 个；晶体管（源型）输出；负载电源为直流，这里选用通用的 DC 24V。

主回路和 PLC 的接线如图 9-9 所示。

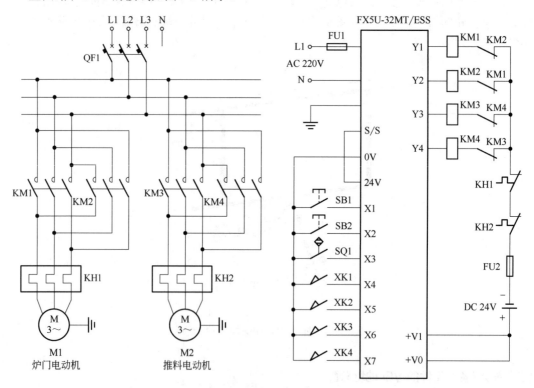

图 9-9　加热炉自动送料装置主回路和 PLC 接线图

（4）编写顺序控制功能图

这是一种自动循环控制电路，非常适宜采用顺序控制，其控制功能图用图 9-10 表达，整个流程由按钮 SB1 启动。

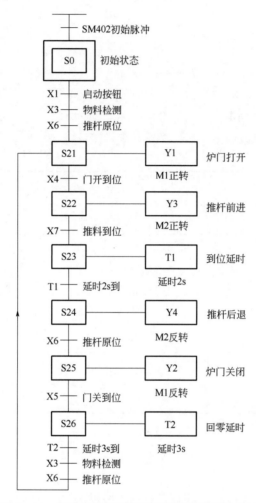

图 9-10　加热炉自动送料装置的顺序控制功能图

图 9-10 与图 4-7～图 4-12 不同，它不是按照 GX Works3 中 SFC 流程图的语言格式编辑的，而是按照工艺要求编辑的方框图，其用途是为下一步编辑步进梯形图提供指南。

（5）编写步进指令的顺序控制梯形图

图 9-10 非常清楚地表达了加热炉自动送料装置的工作流程。下面采用步进指令 STL 和 RETSTL 编写出对应的顺序控制梯形图，如图 9-11 所示。

图 9-11

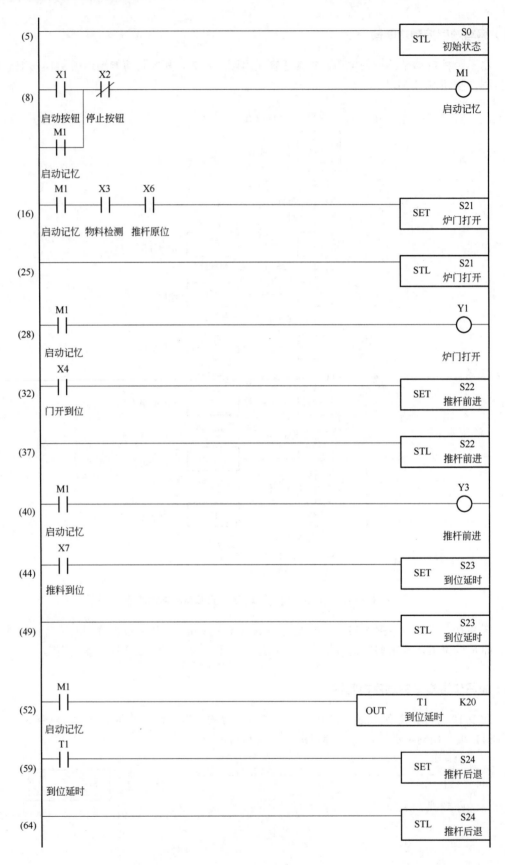

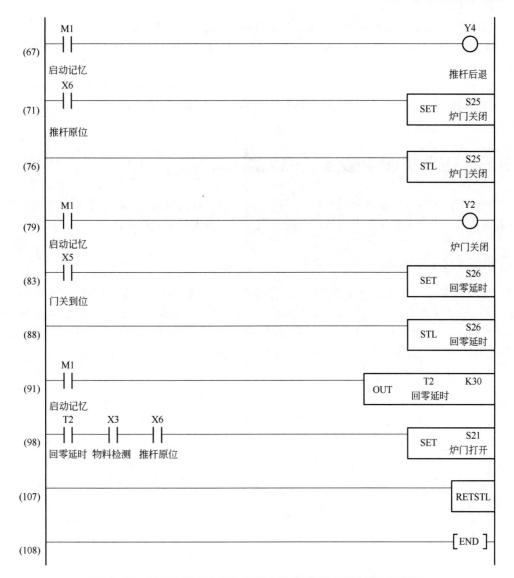

图 9-11　采用步进指令的加热炉自动送料装置顺序控制梯形图

（6）梯形图控制原理

① 开机后，由初始脉冲 SM402 启动控制流程中的初始步 S0。

② 当接近开关 SQ1（X3）检测到有物料，且推杆在原位（X6 闭合）时，按下启动按钮 SB1（X1），内部继电器 M1 得电，进入流程 S21。接触器 KM1（Y1）通电，炉门电动机正转，将炉门打开。

③ 炉门打开到位时，限位开关 XK1（X4）闭合，进入流程 S22。接触器 KM3（Y3）得电，推料电动机正转，推杆前进。

④ 推杆前进到位时，进入流程 S23。定时器 T1 通电，延时 2s。

⑤ 延时 2s 后，进入流程 S24。接触器 KM4（Y4）得电，推料电动机反转，推杆后退。

⑥ 推杆退回到原位时，行程开关 XK3（X6）闭合，进入流程 S25。接触器 KM2（Y2）得电，炉门电动机反转，将炉门关闭。

⑦ 炉门关闭到位时，进入流程 S26。定时器 T2 通电，延时 3s。

⑧ 延时 3s 后，如果 SQ1（X3）再次检测到有物料，则回到流程 S21，转入下一轮的循环。

⑨ 图中的 M1 并不能单独控制 Y1~Y4、T1~T2 的线圈，这些线圈还要受到有关的流程步骤的控制。但是，如果按下停止按钮 SB2（X2），则 M1 失电，Y1~Y4、T1~T2 均不能得电，送料装置停止工作。

9.5 工业机械手搬运工件装置

机械手在工业自动控制领域中得到广泛应用，它可以完成搬运物料、装配、切割、喷染等多项工作，大大减轻了工人的劳动强度，避免了许多人身安全事故。

（1）机械手的控制要求

图 9-12 是某气动传送机械手搬运工作示意图，其任务是将工件从 A 点搬运到 B 点。机械手的上升、下降、左行、右行分别由电磁阀 YV1~YV4 完成。YV1 与 YV2 实际上是具有双线圈的二位电磁阀，如果其中一个电磁阀的线圈通电，就一直保持现有的机械动作，直到相对应的另一个线圈通电为止。YV3 与 YV4 也是这种具有双线圈的二位电磁阀。

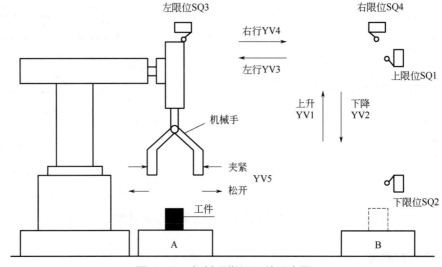

图 9-12 机械手搬运工件示意图

机械手的夹紧、松开动作由电磁阀 YV5 完成。YV5 通电时夹住工件，断电时松开工件。夹紧装置不带限位开关，通过一定的延时来完成夹紧动作。机械手的工作臂设有上限位、下限位、左限位、右限位，对应的限位开关分别是 SQ1~SQ4。

在图 9-12 中，机械手的任务是将工件从 A 点搬运到 B 点，这个过程可以分解为 8 个动作：

原位→下降→夹紧工件→上升→右行→下降→松开工件→上升→左行→原位

（2）输入/输出元件的 I/O 地址分配

根据控制要求，PLC 系统中需要配置以下元件：2 个按钮、5 个行程开关、5 个电磁阀。

它们的用途和 I/O 地址分配见表 9-5。

表 9-5　机械手搬运工件装置的 I/O 地址分配

I（输入）				O（输出）			
元件代号	元件名称	地址	用途	元件代号	元件名称	地址	用途
SB1	按钮 1	X1	启动	YV1	电磁阀 1	Y1	上升
SB2	按钮 2	X2	停止	YV2	电磁阀 2	Y2	下降
SQ1	限位开关 1	X3	上限位	YV3	电磁阀 3	Y3	左行
SQ2	限位开关 2	X4	下限位	YV4	电磁阀 4	Y4	右行
SQ3	限位开关 3	X5	左限位	YV5	电磁阀 5	Y5	夹紧/松开
SQ4	限位开关 4	X6	右限位				
SQ5	限位开关 5	X7	工件检测				

（3）PLC 的选型和接线图

根据机械手的控制要求和表 9-5，可选用三菱 FX5U-32MR/ES 型 PLC。它是 AC 电源/DC 24V 漏型/源型输入通用型；工作电源为 AC 100～240V，这里设计为 AC 220V；总点数 32 个，输入端子 16 个，输出端子 16 个；继电器输出；负载电源为交流，这里选用通用的 AC 220V。

PLC 的接线如图 9-13 所示。

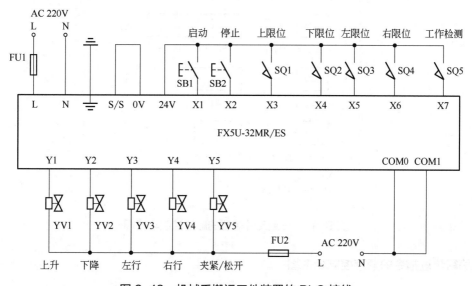

图 9-13　机械手搬运工件装置的 PLC 接线

（4）编写顺序控制功能图

这也是一种典型的自动循环控制电路，适宜于采用顺序控制，其控制功能图用图 9-14 表达，整个流程由按钮 SB1 启动。

图 9-14 是按照工艺要求编辑的控制功能图，有了这种功能图后，控制流程就更为清晰了，编辑顺序控制梯形图也更为方便。

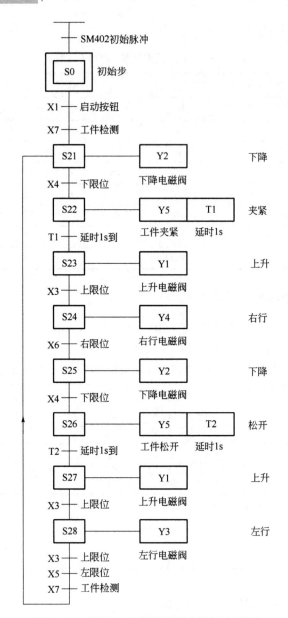

图 9-14　搬运工件装置的顺序控制功能图

（5）编写步进指令的顺序控制梯形图

根据图 9-14，采用步进指令所编写的机械手顺序控制梯形图如图 9-15 所示。

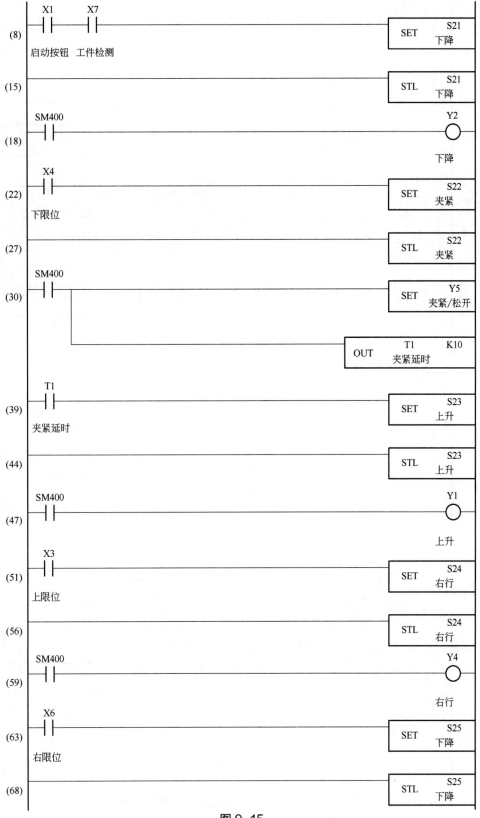

图 9-15

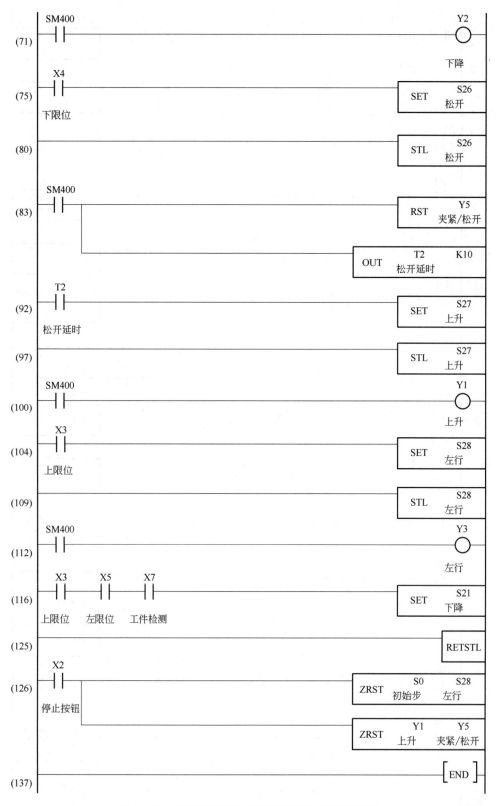

图 9-15　采用步进指令的机械手顺序控制梯形图

（6）梯形图控制原理

① 开机后，由初始脉冲 SM402 启动控制流程中的初始步 S0。

② 当行程开关 SQ5（X7）检测到原位有工件时，按下启动按钮 SB1（X1），进入流程 S21。下降电磁阀 YV2（Y2）通电，机械手下降。

③ 机械手下降到位时，下限位行程开关 SQ2（X4）闭合，进入流程 S22。夹紧/松开电磁阀 YV5（Y5）得电，机械手将工件夹紧，并由定时器 T1 延时 1s。

④ 延时结束后，进入流程 S23，上升电磁阀 YV1（Y1）通电，机械手上升。

⑤ 上升到位后，上限位行程开关 SQ1（X3）闭合，进入流程 S24。右行电磁阀 YV4（Y4）通电，机械手向右行走。

⑥ 右行到位后，右限位开关 SQ4（X6）闭合，进入流程 S25。下降电磁阀 YV2（Y2）通电，机械手下降。

⑦ 下降到位后，下限位开关 SQ2（X4）闭合，进入流程 S26。夹紧/松开电磁阀 YV5（Y5）断电，机械手松开，将工件释放，并由定时器 T2 延时 1s。

⑧ 延时结束后，进入流程 S27，上升电磁阀 YV1（Y1）通电，机械手上升。

⑨ 上升到位后，上限位行程开关 SQ1（X3）闭合，进入流程 S28。左行电磁阀 YV3（Y3）通电，机械手向左行走。

⑩ 左行到位后，如果原位上又有工件，则 SQ5（X7）再次闭合，转入下一个循环，重新进入流程 S21。

⑪ 在程序的后面，使用了一个功能指令"ZRST"，其功能是"区间复位"。当停止按钮 SB2（X2）按下接通时，流程 S0～S28、输出继电器 Y1～Y5 全部复位，恢复到原来不得电的状态，此时机械手停止各项动作。

⑫ SM400 是常 ON 特殊继电器，用来执行 PLC 的某些特定功能。其线图由 PLC 自行驱动，可以直接使用它的触点，这个触点始终处于闭合状态。

9.6　注塑成型生产线控制装置

在塑胶制品中，应用面最广、品种最多、精密度最高的是注塑成型产品。注塑成型机可以将各种热塑性或热固性材料加热熔化后，以一定的速度和压力注射到塑料模具内部，经冷却和保压之后，得到所需的塑料制品。

注塑成型机是一种集机械、电气、液压于一体的典型自动控制系统。它具有成型复杂产品、加工种类多、后续加工量少、产品质量稳定等特点。目前绝大多数塑料制品都采用注塑成型机进行加工。

PLC 由于具有高度的可靠性、易于编程等特点，在注塑成型机中得到了广泛应用。

（1）注塑成型机的控制流程

注塑成型机的生产工艺一般要经过原位、闭模、射台前进、注射、保压、预塑、射台后退、开模、顶针前进、顶针后退、复位等步骤。这些工序可以用 8 个电磁阀来完成，其中注射和保压工序还需要一定的延时。各个工序之间的转换由接近开关控制。8 个电磁阀的动作时序见表 9-6。

表 9-6　注塑成型机电磁阀动作时序表

电磁阀	YV1	YV2	YV3	YV4	YV5	YV6	YV7	YV8
原位								
闭模	+		+					
射台前进								+
注射							+	
保压							+	+
预塑	+						+	
射台后退						+		
开模		+		+				
顶针前进			+		+			
顶针后退				+	+			
复位								

（2）输入/输出元件的 I/O 地址分配

输入元件是 8 个接近开关、2 个按钮；输出元件是 8 个电磁阀。元件的 I/O 地址分配如表 9-7 所示。在表中，尽量将外部元件的序号与 I/O 地址的序号相对应（SQ1～SQ7 对应 X1～X7、YV1～YV7 对应 Y1～Y7）。这样处理的好处是编程时更为简捷，可以减少一些差错。

表 9-7　注塑成型机的 I/O 地址分配表

I（输入）				O（输出）			
元件代号	元件名称	地址	用途	元件代号	元件名称	地址	用途
SQ1	接近开关 1	X1	原位开关	YV1	电磁阀 1	Y1	闭模/预塑
SQ2	接近开关 2	X2	闭模终点	YV2	电磁阀 2	Y2	开模
SQ3	接近开关 3	X3	射台前进终点	YV3	电磁阀 3	Y3	闭模/顶针前进
SQ4	接近开关 4	X4	加料限位终点	YV4	电磁阀 4	Y4	开模/顶针后退
SQ5	接近开关 5	X5	射台后退终点	YV5	电磁阀 5	Y5	顶针前进/后退
SQ6	接近开关 6	X6	开模终点	YV6	电磁阀 6	Y6	射台后退
SQ7	接近开关 7	X7	顶针前进终点	YV7	电磁阀 7	Y7	注射/保压/预塑
SQ8	接近开关 8	X10	顶针后退终点	YV8	电磁阀 8	Y10	射台前进/保压
SB1	按钮 1	X11	启动按钮				
SB2	按钮 2	X12	停止按钮				

（3）PLC 的选型和接线图

根据控制流程和表 9-7，可选用三菱 FX5U-32MR/ES 型 PLC。

注塑成型机的 PLC 接线见图 9-16。

（4）编写顺序控制功能图

注塑成型机是自动循环控制电路，适宜于采用顺序控制，其控制功能图用图 9-17 表达，整个流程由按钮 SB1（X11）启动。

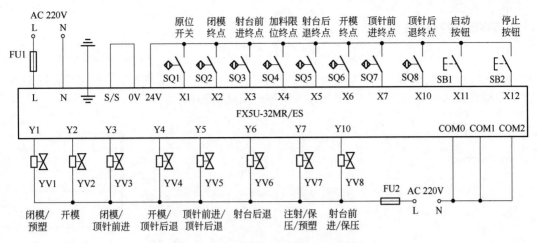

图 9-16 注塑成型机的 PLC 接线

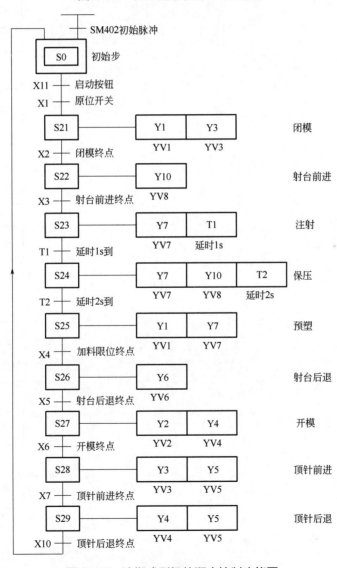

图 9-17 注塑成型机的顺序控制功能图

（5）编写顺序控制梯形图

对于图 9-17 所示的顺序控制功能图，可以采用多种形式编辑与其对应的梯形图。第一种形式是采用置位/复位指令，第二种形式是采用步进指令，第三种形式是采用移位寄存器指令。现在采用置位/复位指令，所编写的顺序控制梯形图见图 9-18。

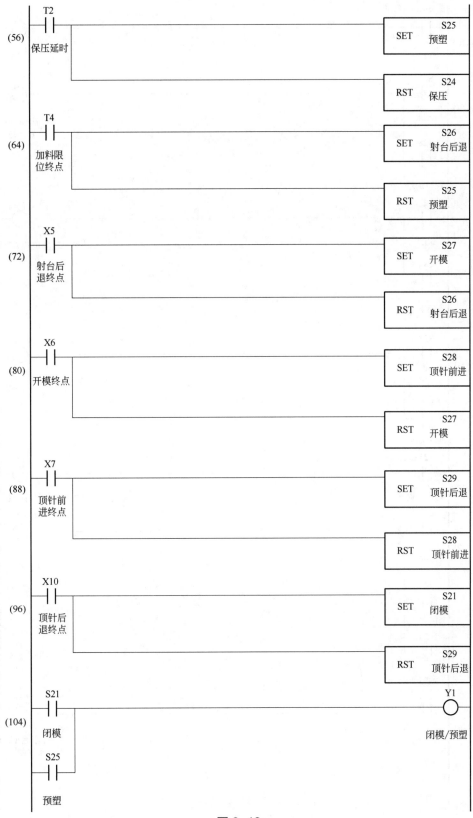

图 9-18

```
            S27                                                Y2
(110)      ─┤ ├─────────────────────────────────────────────( )
            开模                                               开模

            S21                                                Y3
(114)      ─┤ ├─────┬───────────────────────────────────────( )
            闭模     │                                         闭模/顶
                     │                                         针前进
            S28      │
           ─┤ ├──────┘
            顶针前进

            S27                                                Y4
(120)      ─┤ ├─────┬───────────────────────────────────────( )
            开模     │                                         开模/顶
                     │                                         针后退
            S29      │
           ─┤ ├──────┘
            顶针后退

            S28                                                Y5
(126)      ─┤ ├─────┬───────────────────────────────────────( )
            顶针前进  │                                         顶针前
                     │                                         进/后退
            S29      │
           ─┤ ├──────┘
            顶针后退

            S26                                                Y6
(132)      ─┤ ├─────────────────────────────────────────────( )
            射台后退                                            射台后退

            S23                                                Y7
(136)      ─┤ ├─────┬───────────────────────────────────────( )
            注射     │                                         注射/保
                     │                                         压/预塑
            S24      │
           ─┤ ├──────┤
            保压      │
                     │
            S25      │
           ─┤ ├──────┘
            预塑

            S22                                                Y10
(144)      ─┤ ├─────┬───────────────────────────────────────( )
            射台前进  │                                         射台前
                     │                                         进/保压
            S24      │
           ─┤ ├──────┘
            保压
```

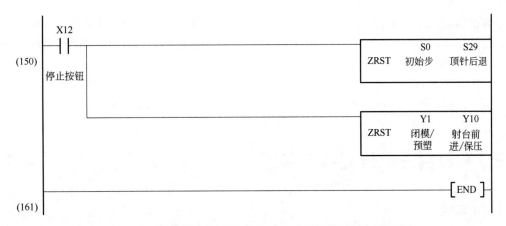

图 9-18 采用置位/复位指令的注塑成型机顺序控制梯形图

（6）梯形图控制原理

① 通电后，初始脉冲 SM402 将初始步 S0 置位，流程 S29（顶针后退终点）复位。

② 在原位状态下，原位开关 SQ1（X1）闭合，按下启动按钮 SB1（X11），流程 S21 置位，进入闭模工序，初始步 S0 复位。此时电磁阀 YV1（Y1）和 YV3（Y3）通电。

③ 在闭模终止位置，接近开关 SQ2（X2）闭合，流程 S22 置位，进入射台前进工序，流程 S21 复位。此时电磁阀 YV8（Y10）通电。

④ 在射台前进终点，接近开关 SQ3（X3）闭合，流程 S23 置位，进入注射工序，流程 S22 复位。此时电磁阀 YV7（Y7）通电，并延时 1s。

⑤ 延时 1s 时间到，流程 S24 置位，进入保压工序，流程 S23 复位。此时电磁阀 YV7（Y7）、YV8（Y10）通电，并延时 2s。

⑥ 延时 2s 时间到，流程 S25 置位，进入预塑工序，流程 S24 复位。此时电磁阀 YV1（Y1）、YV7（Y7）通电。

⑦ 在加料限位终点，接近开关 SQ4（X4）闭合，流程 S26 置位，进入射台后退工序，流程 S25 复位。此时电磁阀 YV6（Y6）通电。

⑧ 在射台后退终点，接近开关 SQ5（X5）闭合，流程 S27 置位，进入开模工序，流程 S26 复位。此时电磁阀 YV2（Y2）、YV4（Y4）通电。

⑨ 在开模终点位置上，接近开关 SQ6（X6）闭合，流程 S28 置位，进入顶针前进工序，流程 S27 复位。此时电磁阀 YV3（Y3）、YV5（Y5）通电。

⑩ 在顶针前进终点，接近开关 SQ7（X7）闭合，流程 S29 置位，进入顶针后退工序，流程 S28 复位。此时电磁阀 YV4（Y4）、YV5（Y5）通电。

⑪ 在顶针后退终点，接近开关 SQ8（X10）闭合，初始步 S0 置位，最后一步的流程 S29 复位，转入下一轮的循环。

⑫ 在程序的结尾处，使用了一个功能指令"ZRST"，其功能是"区间复位"。当停止按钮 SB2（X12）按下接通时，流程 S0～S29、输出继电器 Y1～Y10 全部复位，恢复到原来不得电的状态，此时注塑成型机各个工序的动作全部停止。

（7）需要注意的一个问题

从表 9-6 可知，在电磁阀 YV1～YV8 中，大多数都要在多个流程中反复通电，如果某个电磁阀的线圈出现在相邻的流程步中，分别进行驱动，就有可能导致程序不能正常执行。正确的方法如梯形图中第 104～149 步所示，将各个流程步中控制同一输出线圈的常开触点并联起来，一起去驱动该输出线圈。

　　例如，驱动 Y7 线圈的三个流程分别是 S23、S24、S25，这里把它们的常开触点并联起来（S23 的常开触点使用"常开触点逻辑运算开始"指令 LD，S24 和 S25 的常开触点则使用"常开触点并联连接"指令 OR），一起去驱动 Y7 的线圈。

9.7　舞台三色灯光控制装置

（1）控制流程

　　根据舞台灯光的要求，采用红、绿、黄三种颜色的灯具。红灯首先亮，延迟 20s 后，红灯熄灭，绿灯亮；再延迟 30s 后，绿灯熄灭，黄灯亮；60s 之后，黄灯熄灭，转入下一轮的循环。

（2）输入/输出元件的 I/O 地址分配

　　输入元件是启动旋钮 SA1；输出元件为 3 个接触器 KM1～KM3，分别控制红、绿、黄三种颜色的灯具。元件的 I/O 地址分配如表 9-8 所示。

表 9-8　舞台三色灯光控制电路的 I/O 地址分配表

I（输入）				O（输出）			
元件代号	元件名称	地址	用途	元件代号	元件名称	地址	用途
SA1	旋钮	X1	启动	KM1	接触器	Y1	红灯
				KM2	接触器	Y2	绿灯
				KM3	接触器	Y3	黄灯

（3）PLC 的选型和接线图

　　根据控制流程和表 9-8，可选用三菱 FX5U-32MT/ESS 型 PLC。

　　舞台三色灯光的主回路和 PLC 接线见图 9-19。

（4）PLC 的控制程序

　　根据舞台三色灯光的控制要求，可以参照第 4 章 4.2.2 节中所叙述的编辑方法，一步一步地编辑 SFC 功能图，如图 9-20 所示。

　　在第 4 章中 4.2.3 节里介绍了在 SFC 功能图中编辑转移条件和运行输出线圈内置梯形图的方法。在这里可以继续采用这种方法进行编辑。也可以借用图 9-20 功能图的框架，参照它的流程和步骤，然后采用步进指令 STL 和 RETSTL，编辑出整体的舞台三色灯光步进梯形图，如图 9-21 所示。

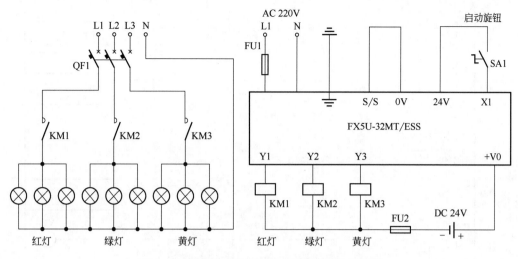

图 9-19 舞台三色灯光的主回路和 PLC 接线

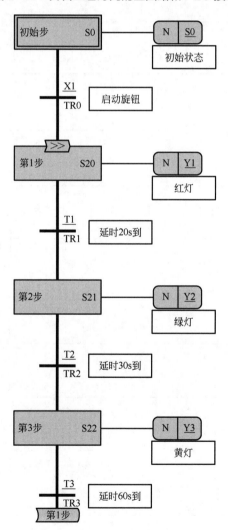

图 9-20 舞台三色灯光的 SFC 功能图

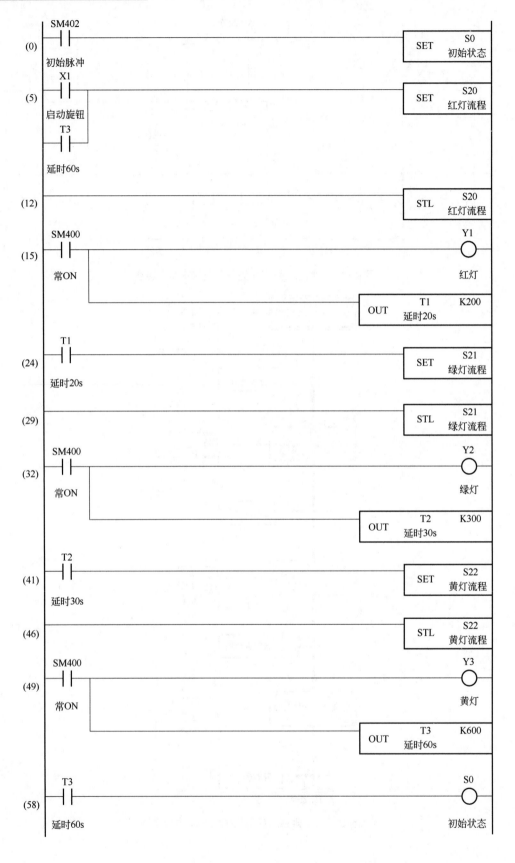

图 9-21 舞台三色灯光的步进梯形图

（5）步进梯形图控制原理

① 接通启动旋钮 SA1，输入单元中的 X1 接通，输出单元中的 Y1 线圈立即得电，接触器 KM1 吸合，红灯亮。与此同时，定时器 T1 线圈得电，开始延时 20s。

② 20s 后，T1 定时时间到，Y1 线圈失电，接触器 KM1 释放，红灯熄灭。Y2 线圈得电，接触器 KM2 吸合，绿灯亮。与此同时，定时器 T2 线圈得电，开始延时 30s。

③ 30s 后，T2 定时时间到，Y2 线圈失电，接触器 KM2 释放，绿灯熄灭。Y3 线圈得电，接触器 KM3 吸合，黄灯亮。与此同时，定时器 T3 线圈得电，开始延时 60s。

④ 60s 后，T3 定时时间到，Y3 线圈失电，接触器 KM3 释放，黄灯熄灭。与此同时，程序跳转到初始状态 S0，转入下一轮的循环。

⑤ 断开启动旋钮 SA1，在黄灯熄灭后，不再转入下一轮，所有的灯都不亮。

9.8 知识竞赛抢答装置

（1）控制要求

参赛者分为三组，每组有一个"抢答"按钮，当主持人按下"开始抢答"按钮后，如果在 10s 之内有人抢答，则先按下"抢答"按钮的信号有效，对应的抢答指示灯亮。后按下"抢答"按钮的信号无效，对应的抢答指示灯不亮。

如果在 10s 之内无人抢答，则"撤销抢答"指示灯亮，抢答器自动撤销此次抢答。当主持人再次按下"开始抢答"按钮后，所有的"抢答"和"撤销抢答"指示灯都熄灭，进入下一轮的抢答。

（2）输入/输出元件的 I/O 地址分配

输入元件为 1 个旋钮开关、4 个按钮；输出元件为 5 个指示灯。元件的 I/O 地址分配如表 9-9 所示。

表 9-9 知识竞赛抢答器的 I/O 地址分配表

I（输入）				O（输出）			
元件代号	元件名称	地址	用途	元件代号	元件名称	地址	用途
SA	旋钮	X1	启动旋钮	XD1	指示灯	Y1	启动指示
SB1	按钮	X2	开始抢答	XD2	指示灯	Y2	1 组抢答指示
SB2	按钮	X3	1 组抢答	XD3	指示灯	Y3	2 组抢答指示
SB3	按钮	X4	2 组抢答	XD4	指示灯	Y4	3 组抢答指示
SB4	按钮	X5	3 组抢答	XD5	指示灯	Y5	撤销抢答指示

（3）PLC 的选型和接线图

根据控制要求和表 9-9，可选用三菱 FX5U-32MT/ES 型 PLC。

知识竞赛抢答器的 PLC 接线图如图 9-22 所示。

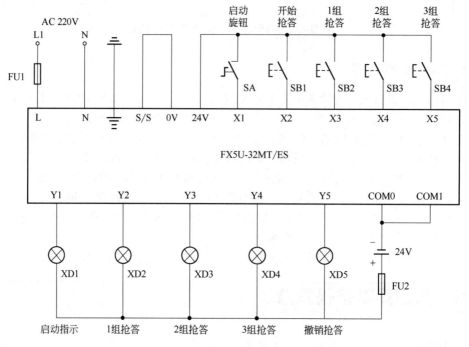

图 9-22　知识竞赛抢答器 PLC 接线图

（4）编写 PLC 的控制程序

根据知识竞赛抢答器的控制要求，编写出 PLC 的梯形图程序，如图 9-23 所示。

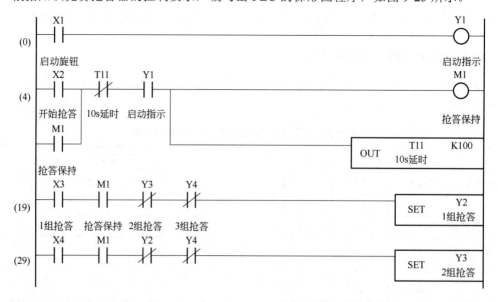

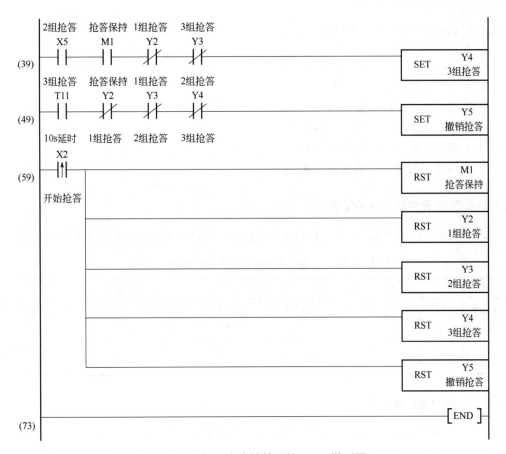

图 9-23　知识竞赛抢答器的 PLC 梯形图

（5）梯形图控制原理

① 接通旋钮 SA，输入单元中的 X1 接通，输出单元中的 Y1 线圈立即得电，启动指示灯 Y1 亮，抢答器开始工作。

② 按下"开始抢答"按钮 SB1，内部继电器 M1 线圈得电，开始抢答。同时定时器 T11 线圈通电，对抢答时间进行 10s 限制。

③ 若某一组首先按下抢答按钮，则对应的抢答指示灯亮。与此同时，其他两组的抢答被封锁。

④ 10s 后，如果 3 组都没有抢答，则定时器 T11 的常开触点接通，Y5 线圈得电，"撤销抢答"指示灯亮。

⑤ 主持人再次按下"开始抢答"按钮，所有的"抢答"和"撤销抢答"指示灯都熄灭，定时器 T11 复位。

9.9　公园喷泉控制装置

（1）控制流程

公园喷泉采用 PLC 控制，通过改变喷泉的造型和灯光颜色，达到千姿百态、五彩纷呈的效果。喷泉分为 3 组，控制流程是：

① A 组先喷 5s；

② A 组停止，B 组和 C 组同时喷 5s；

③ A 组和 B 组停止，C 组喷 5s；

④ C 组停止，A 组和 B 组同时喷 3s；

⑤ A 组、B 组、C 组同时喷 5s；

⑥ A 组、B 组、C 组同时停止 4s；

⑦ 进入下一轮循环，重复①～⑥。

（2）输入/输出元件的 I/O 地址分配

输入元件为 2 个按钮；输出元件为 3 个电磁阀。元件的 I/O 地址分配如表 9-10 所示。

表 9-10　公园喷泉控制电路的 I/O 地址分配表

I（输入）				O（输出）			
元件代号	元件名称	地址	用途	元件代号	元件名称	地址	用途
SB1	按钮	X1	启动	DT1	电磁阀	Y1	A 组喷泉
SB2	按钮	X2	停止	DT2	电磁阀	Y2	B 组喷泉
				DT3	电磁阀	Y3	C 组喷泉

（3）PLC 的选型和接线图

根据控制流程和表 9-10，可选用三菱 FX5U-32MT/ES 型 PLC。

公园喷泉控制电路的 PLC 接线如图 9-24 所示。图中的 VD1～VD3 是续流二极管，它反向并联在电磁阀 DT1～DT3 的两端，防止电磁线圈在断电时产生的感应电压损坏 PLC 输出单元内部的晶体管。

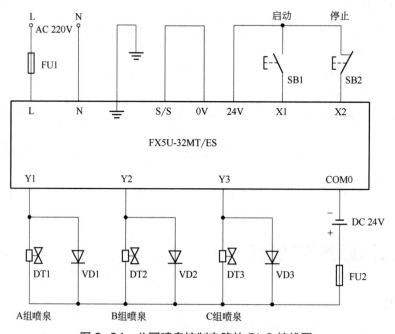

图 9-24　公园喷泉控制电路的 PLC 接线图

（4）PLC 的控制程序

根据公园喷泉的控制流程，编写出 PLC 的梯形图程序，如图 9-25 所示。

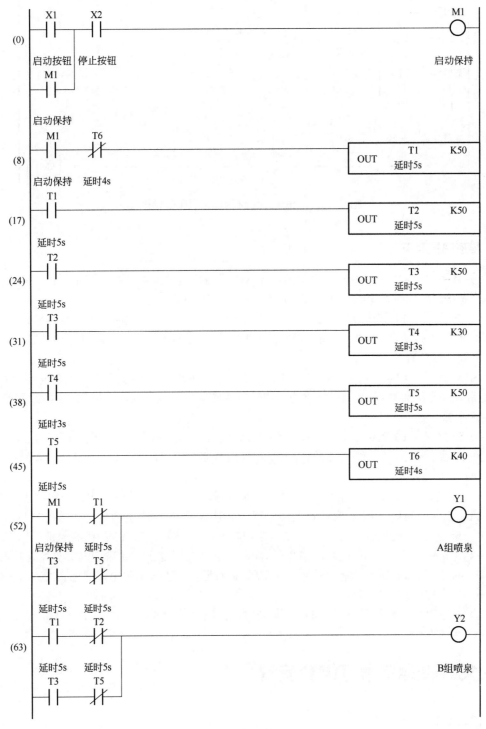

图 9-25

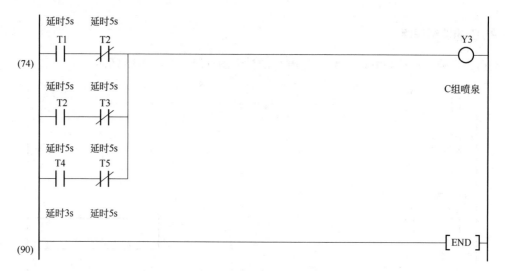

图 9-25　公园喷泉控制电路的 PLC 梯形图

（5）梯形图控制原理

①　按下"启动按钮"SB1，内部继电器 M1 线圈得电并保持，喷泉开始工作，Y1 得电，A 组首先喷射。同时，定时器 T1 线圈通电，开始延时 5s。

②　5s 之后，T1 到达设定的时间，T1 的常闭触点断开，Y1 线圈失电，A 组停止喷射。T1 的常开触点接通，Y2 和 Y3 线圈得电，B 组和 C 组开始喷射。与此同时，定时器 T2 的线圈通电，开始延时 5s。

③　5s 之后，T2 到达设定的时间，T2 的常闭触点断开，Y2 线圈失电，B 组也停止喷射。T2 的常开触点接通，Y3 线圈继续得电，C 组继续喷射。与此同时，定时器 T3 的线圈通电，开始延时 5s。

④　5s 之后，T3 到达设定的时间，T3 的常闭触点断开，Y3 线圈失电，C 组停止喷射。T3 的常开触点接通，Y1 和 Y2 线圈得电，A 组和 B 组喷射。与此同时，定时器 T4 的线圈通电，开始延时 3s。

⑤　3s 之后，T4 到达设定的时间，T4 的常开触点接通，Y3 线圈得电，C 组喷射。A 组和 B 组也仍然在喷射。T4 的常开触点接通后，定时器 T5 的线圈也通电，开始延时 5s。

⑥　5s 之后，T5 到达设定的时间，T5 的常闭触点断开，Y1、Y2、Y3 的线圈全部失电，A 组、B 组、C 组都停止喷射。与此同时，T5 的常开触点接通，定时器 T6 的线圈通电，开始延时 4s。

⑦　4s 之后，T6 到达设定的时间，其常闭触点断开，T1 线圈失电，并导致 T2～T6 线圈全部失电，电路转入到启动后的初始状态，重复以上工作流程。

⑧　按下"停止按钮"SB2，M1 线圈失电，控制流程中断，定时器 T2～T6、输出线圈 Y1～Y3 全部失电。

9.10　交通信号灯控制装置

（1）控制流程

白天，将控制旋钮 SA 放在"正常工作"位置，东西方向绿灯亮 25s、闪烁 3s，黄灯亮

2s，在这 30s 之内，南北方向红灯一直亮着。此后，南北方向绿灯亮 25s、闪烁 3s，黄灯亮 2s，而东西方向红灯一直亮着。如此循环下去。

夜间，将旋钮放在"夜间工作"位置，东西和南北两个方向的绿灯和红灯都不工作，而黄灯同时闪烁，提醒夜间过往车辆和行人在通过十字路口时减速慢行，注意安全。

（2）输入/输出元件的 I/O 地址分配

输入元件为 2 个旋钮（正常工作和夜间工作）；输出元件为 6 个接触器。各元件的用途和 I/O 地址分配如表 9-11 所示。

表 9-11　交通信号灯控制电路的 I/O 地址分配表

I（输入）				O（输出）			
元件代号	元件名称	地址	用途	元件代号	元件名称	地址	用途
SA	旋钮	X1	正常工作	KM1	接触器	Y1	东西绿灯
		X2	夜间工作	KM2	接触器	Y2	东西黄灯
				KM3	接触器	Y3	东西红灯
				KM4	接触器	Y4	南北绿灯
				KM5	接触器	Y5	南北黄灯
				KM6	接触器	Y6	南北红灯

（3）PLC 的选型和接线图

根据控制流程和表 9-11，可选用三菱 FX5U-32MR/ES 型 PLC。

交通信号灯的 PLC 接线如图 9-26 所示，PLC 的输入端连接着旋钮 SA（X1、X2），输出端连接着 6 个接触器（KM1～KM6），再用接触器的触点控制信号灯。

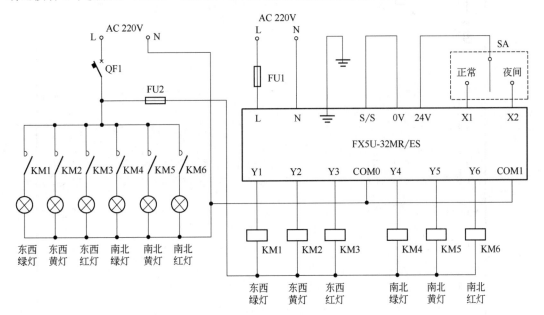

图 9-26　交通信号灯的主回路和 PLC 接线

（4）PLC 的控制程序

根据交通信号灯的控制流程，编写出 PLC 的梯形图程序，如图 9-27 所示。

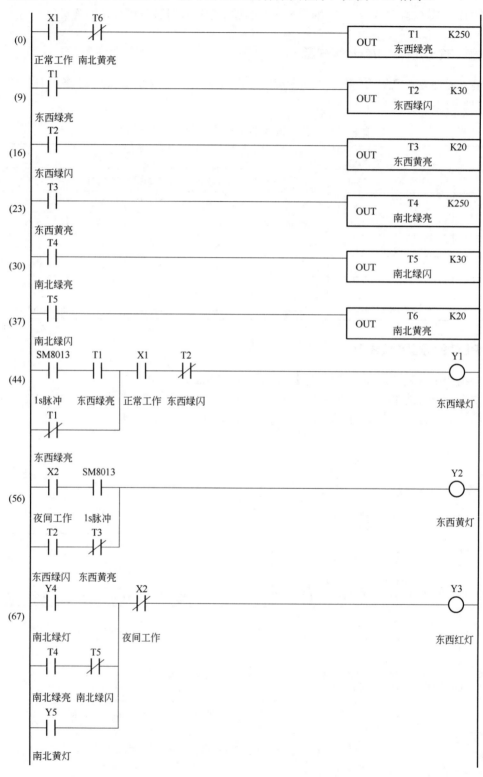

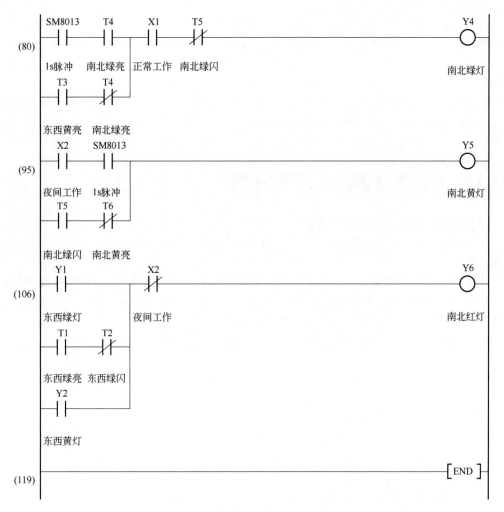

图 9-27 交通信号灯的 PLC 梯形图

（5）梯形图控制原理

① 将旋钮 SA 放在"正常工作"位置，输入单元中的 X1 接通，输出单元中 Y1 线圈得电，东西绿灯平亮。与此同时，定时器 T1 线圈得电，开始延时 25s。

② 25s 后，T1 定时时间到，其常闭触点断开，东西绿灯由平亮转为闪烁。与此同时，T1 的常开触点闭合，定时器 T2 线圈得电，开始延时 3s。

③ 3s 后，T2 定时时间到，T2 的常闭触点断开，Y1 线圈失电，东西绿灯熄灭。T2 的常开触点闭合，Y2 线圈得电，东西黄灯亮。与此同时，定时器 T3 线圈得电，开始延时 2s。

④ 2s 后，T3 定时时间到，T3 的常闭触点断开，Y2 线圈失电，东西黄灯熄灭。在东西绿灯平亮、闪烁，东西黄灯亮期间，Y6 线圈一直得电，南北红灯保持在亮的状态。T3 定时结束后，其常开触点闭合，输出单元中 Y4 线圈得电，南北绿灯平亮。与此同时，定时器 T4 线圈得电，开始延时 25s。

⑤ 25s 后，T4 定时时间到，其常闭触点断开，南北绿灯由平亮转为闪烁。与此同时，T4 的常开触点闭合，定时器 T5 线圈得电，开始延时 3s。

⑥ 3s 后，T5 定时时间到，T5 的常闭触点断开，Y4 线圈失电，南北绿灯熄灭。T5 的常

开触点闭合，Y5 线圈得电，南北黄灯亮。与此同时，定时器 T6 线圈得电，开始延时 2s。

⑦ 2s 后，T6 定时时间到，T6 的常闭触点断开，Y5 线圈失电，南北黄灯熄灭。在南北绿灯平亮、闪烁，南北黄灯亮期间，Y3 线圈一直保持得电，东西红灯保持在亮的状态。T6 常闭触点断开后，T1～T6 的线圈全部失电，转入下一轮的循环。

⑧ 将旋钮 SA 放在"夜间工作"位置，输入单元中的 X2 接通，由 PLC 内部特殊辅助继电器 SM8013 提供的 1s 时钟脉冲加到 Y2、Y5 线圈上，使它们间歇通电，东西黄灯和南北黄灯不停地闪烁，提醒夜间过往车辆和行人在通过十字路口时减速慢行，注意安全。

9.11　饮水机温度自动控制装置

温度自动控制装置需要采用模拟量控制。

数字量用"0"和"1"表示，"0"表示接通或得电，"1"表示断开或失电，如图 9-28（a）所示。

在采用 FX5U 型 PLC 进行自动控制时，有时需要使用模拟量的数据。模拟量通常用于表示工程中的物理值，它反映的是随着时间变化的参数，如图 9-28（b）所示。温度、压力、液位、电动机运行中的频率和电流等，都是常见的模拟量信号。

模拟量的表现形式与数字量不同，它是连续变化的物理量，通常用电压信号或电流信号来表示。

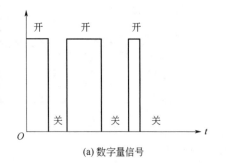

(a) 数字量信号

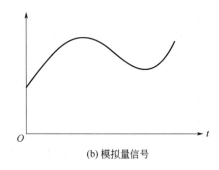

(b) 模拟量信号

图 9-28　数字量信号和模拟量信号

（1）控制要求

在本例中，用一只电加热器对饮水机中的水进行加热。当水温低于下限值 90℃时，加热器自动通电，对水进行加热，使水的温度逐渐上升。当水温达到上限值 100℃时，加热器自动断电，停止加热。随后水的温度逐渐下降，低于下限值时，再次通电加热。达到上限值时，再次停止加热。

对于这样的控制过程，有 5 个要求：

① 用温度探头检测温度。

② 温度探头不能直接接入 PLC 的模拟量输入端子，需要将它接入温度变送器。变送器转换出来的是一个标准电量，也就是模拟量信号。常用的电压信号是：0～5V、−5～+5V、0～10V、−10～+10V，其中最常用的是 0～10V。常用的电流信号是：0～20mA、4～20mA、−20mA～+20mA，其中最常用的是 4～20mA。在本例中，温度变送器转换出来的模拟量信号是 0～10V 电压信号。

③ 将 0～10V 电压信号连接到 FX5U 的内置模拟量输入端子或模拟量输入模块。

④ 在 FX5U 内部,通过 A/D 转换器将模拟量输入信号转换为数字量信号,然后进行运算和处理。

⑤ 经过 CPU 运算和处理的信号,通过数字量或模拟量输出端子输出到 FX5U 的外部,执行控制功能。

(2) PLC 的选型和接线图

PLC 选用 FX5U-32MR/ES 型。

接线如图 9-29 所示,可以采用手动和自动两种方式进行控制。在自动方式时,热敏电阻 RT 置于电加热器中,采集温度信号,然后传送到温度变送器,在这里转换为 0～10V 的模拟量电压信号。这个信号再输入到 FX5U-32MR/ES 的内置模拟量输入端子 V1+、V-(接线位置参看第 1 章图 1-6),进行运算和自动加温控制。

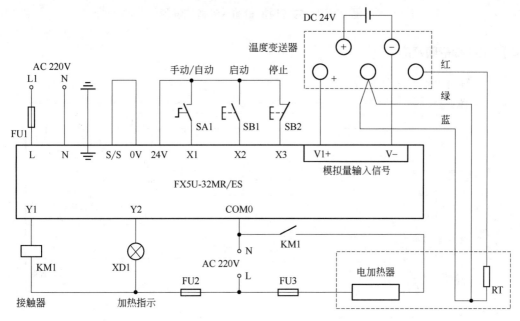

图 9-29　采用 FX5U-32MR/ES 的饮水机温度自动控制装置

内置模拟量的输入和输出不占用点数。

(3) 内置模拟量输入参数的设置

① 在导航栏中,依次点"参数"→"FX5U CPU"→"模块参数"→"模拟输入",打开内置模拟量参数输入的界面,如图 9-30 所示。

② 在"设置项目一览"中,依次点击"基本设置"→"A/D 转换允许/禁止设置功能",在 CH1(通道 1)中选择"允许"。

③ 点击"应用设置"→"比例缩放设置",将其中的"比例缩放启用/禁用"设置为"启用"。

④ 将"比例缩放上限值"设置为 10000,下限值设置为 0。

⑤ 点击"应用"按钮,就可以将 0～10 的模拟量电压信号转换为 0～10000。

⑥ 将图 9-30 中设置的内容写入到 FX5U 中。

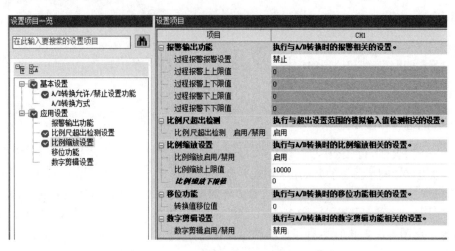

图 9-30　内置模拟量输入参数的设置

（4）PLC 梯形图程序

梯形图程序如图 9-31 所示。

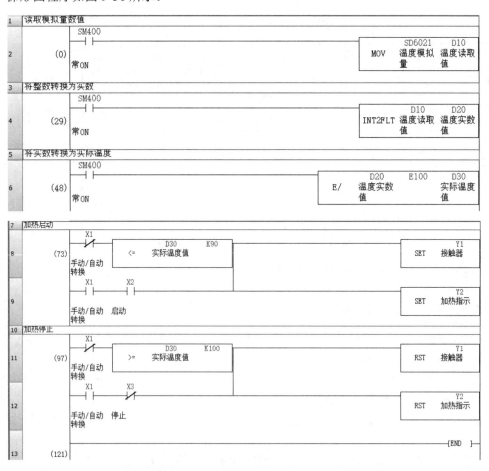

图 9-31　饮水机温度自动控制装置的 PLC 梯形图

（5）梯形图控制原理

① 手动/自动转换：

a. 当转换开关 X1 接通时，通过手动方式控制加温；

b. 当转换开关 X1 断开时，通过自动方式控制加温。

② 手动加热控制：

a. 按下启动按钮 X2，Y1 和 Y2 线圈得电，加热器通电加温；

b. 按下停止按钮 X3，Y1 和 Y2 线圈断电，加热器停止加温。

③ 自动加热控制：

a. 将热敏电阻放入加热器中，检测加热器的温度，并将温度值通过导线连接到温度变送器。温度变送器将温度值转换为 0～10V 的模拟量电压信号，并将这个信号输送到 FX5U 的内置模拟量输入端子（V1+、V-），然后在 PLC 中再进行 3 步转换：

第 1 步，利用"移动"指令 MOV 将 0～10V 的模拟量温度信号（SD6021）转换为数字量（整数型）的信号，放置在数据寄存器 D10 中。

第 2 步，利用"转换值"指令 INT2FLT 将 D10 中的整数型变量转换为实数型变量，放置在数据寄存器 D20 中。

第 3 步，D20 的绝对值太大，如果采用人机界面显示温度曲线，不便于显示和监测。利用"除法"指令"E/"将它除以 100，转换为实际温度值 D30。

b. 当温度低于下限值 90℃时，通过 16 位数据比较（有符号）指令"LD<=[2]"，使 Y1 自动置位，加热器通电。

c. 当温度达到上限值 100℃时，通过 16 位数据比较（有符号）指令"LD>=[2]"，使 Y1 自动复位，加热器断电。

10 第10章
FX5U 的安全使用和故障诊断

用于各个工业领域中的 PLC 性能稳定，工作可靠，无故障时间可以达到几十万小时。但是，PLC 是以半导体器件为主体的机器，随着使用时间的延长、环境和温度的影响，元器件会逐渐地老化，不可避免地出现某些故障。所以，要求电气工程师具有过硬的技术和丰富的经验，不仅能够编制程序、读懂和解析程序，而且要注重安全，能进行正确的安装和使用，并定期进行检查和保养，及时排除 PLC 在使用中出现的各种故障。

10.1 安装和接线中的安全问题

（1）对使用环境的要求

三菱 FX5U 型 PLC 可以在绝大多数工业现场使用，但是它对使用环境还是有一些要求的。在一般情况下，要避开以下场所：

① 有大量的粉尘和铁屑；
② 有强烈的电磁干扰；
③ 环境温度低于−20℃，高于+50℃；
④ 有水珠凝聚，或相对湿度超过 85%；
⑤ 有油烟、腐蚀和易燃气体；
⑥ 有连续的、频繁的振动和冲击。

（2）FX5U 型 PLC 的两种安装方法

① DIN 导轨安装：通过基本单元背面自带的卡扣，将 PLC 固定在 35mm 宽的 DIN 导轨上；拆卸时，将卡扣轻轻地向下方拉动，就可以将 PLC 取下来。
② 直接安装：用 M4 螺钉将 PLC 固定在电控柜的底板上。

（3）电源的连接

① 对于使用交流电源的机型，CPU 基本单元内部配有开关式稳压电源，交流电压的波动在−15%～+10%的范围之内，PLC 都可以正常工作，不需要采取稳压措施，直接将 50Hz、

220V 交流电源连接到 PLC 的 L、N 端子就可以了。

② 对于电源中存在的常规干扰，FX5U 型 PLC 本身具有足够的抑制能力。如果干扰特别严重，可以安装一个 1∶1 的隔离变压器，以减少干扰。

③ CPU 基本单元工作电源的连接见图 10-1。

a. 图 10-1（a）是 AC 电源、DC 输入机型的工作电源（AC 100～240V，国内一般都是 AC 220V），相线和零线分别连接到面板左上角的 L、N 端子，地线连接到接地端子。

b. 图 10-1（b）是 DC 电源、DC 输入机型的工作电源（DC 24V），电源的正极和负极分别连接到面板左上角的"+"端子和"-"端子，注意不能接反，地线连接到接地端子。

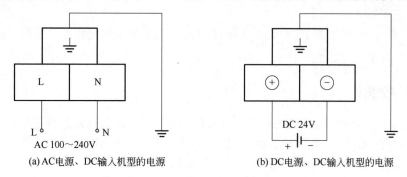

(a) AC 电源、DC 输入机型的电源　　　　(b) DC 电源、DC 输入机型的电源

图 10-1　CPU 基本单元工作电源的连接

④ 接线完成后，要将上、下接线端子板的塑料盖板装上，以防止触电。

（4）电源配线的注意事项

① 交流电源不能错接到直流电源端子、直流输入端子、直流输出端子，否则会烧坏 PLC。

② FX5U 系列 PLC 的输出回路内部没有配置熔断器，为了防止负载短路造成 PLC 损坏，在外部必须配置熔断器，一般每 4 个输出端子配置一个 5A 左右的熔断器。

③ PLC 的电源线要远离干扰源。电源线、动力线、I/O 线、其他控制线应当分别配线，最好分槽走线。如果必须在同一个线槽内，要分别捆扎，并保持 10cm 以上的距离。

④ FX5U 系列 PLC 的接线端子中，还有一些空位端子，它们以"·"表示。在任何情况下都不能使用这些端子。

（5）DC 24V 接线端子的使用

FX5U 系列 PLC 上部的接线端子中，有一个"24V"端子，它是 PLC 内部 24V 直流电源的正极端子，是输入端传感器件（接近开关等）的工作电源。

注意：这个"24V"端子不是要求接入 24V 直流电源，任何外部电源都不能连接到这个端子上，否则会损坏 PLC；如果使用不带内置电源的扩展模块，则需要将基本单元和扩展单元的"24V"端子连接起来。

（6）输入端子的接线

① PLC 的输入端子是 PLC 与外部控制信号的连接端口，它接收按钮、旋钮、行程开关、限位开关、接近开关和其他传感器送入的开关量信号。在一般情况下，外部控制信号都是通过导线连接到 PLC 的输入端子。

② 开关量与模拟量导线要分开敷设。模拟量信号的传送应采用屏蔽电缆，屏蔽层做好接地，接地电阻小于屏蔽层电阻的 1/10。输入端子与输出端子的接线不能共用一根电缆，要分开走线。

③ 在 FX5U 型 PLC 中，输入单元大多数采用 DC 24V 漏型/源型输入通用型，这时要注意 S/S 端子的接法：

a．如果是 AC 电源，当漏型输入时，需要按图 1-21 连接；当源型输入时，需要按图 1-22 连接。

b．如果是 DC 电源，当漏型输入时，需要按图 1-23 连接；当源型输入时，需要按图 1-24 连接。

c．对于只有两个端子的开关量输入元件（如按钮、行程开关等），既可以采用漏型输入，也可以采用源型输入。

④ 输入端子上接线的长度一般不要超过 30m，但是如果环境较好，干扰很小，导线也可以适当延长。

（7）输出端子的接线

① PLC 的输出端子是 PLC 与外部执行元件的连接端口，执行元件通常有继电器、小型接触器、电磁阀、指示灯、数码显示器等。在一般情况下，执行元件都是通过导线连接到 PLC 的输出端子 Y 与公共端子 COM 之间，或 Y 与+V 端子之间。

② 输出端子的接线可以分为公共输出和各组独立输出。公共输出时，必须使用同一类型、同一电压等级的负载电源，还要将各组的 COM 或+V 端子连接在一起。各组独立输出时，可以分别采用不同类型、不同电压等级的负载电源。

③ PLC 内部的输出级控制元件（继电器、晶体管），都是封装在印刷电路板上，并且连接到输出端子，在内部没有配置熔断器等保护元件。如果外部的负载元件（继电器、接触器、电磁阀等）短路，就会烧坏印刷电路板，因此在 PLC 外部应配置熔断器、自动开关等元件，以保护外部的负载元件和内部的控制元件。

④ 交流输出和直流输出不要使用同一根电缆。

（8）重视接地问题

① 良好的接地可以避免绝大多数电磁脉冲对 PLC 的干扰，保证 PLC 的正常工作。为了避免来自电源和输入端、输出端的干扰，PLC 的接地端子应当采用不小于 $2.5mm^2$ 的专用铜芯线进行稳妥可靠的接地，接地电阻要小于 100Ω。

② PLC 各个单元的接地线要连接在一起，然后使用专用的接地线单独进行接地。如果使用带有内置电源的扩展模块，其接地点应当与基本单元的接地点连接在一起。

③ PLC 也可以与其他设备共用接地体，但是接地线一定要分开，各行其道。不得与其它设备，特别是强电系统的设备共享接地线（即串联接地），更不能将接地线连接到建筑物的大型金属结构上。

10.2　使用 FX5U 的安全措施

（1）防止 PLC 失控造成事故

如果 PLC 失控，会造成严重事故，必须在其外部设置确保安全的电路。不能直接用外部电源作为 PLC 输出端的负载电源，外部电源必须通过一个小型交流接触器供给 PLC，如

图 10-2 所示。电源通过按钮 SB2 启动，当出现紧急情况时，按下急停按钮 SB1 使接触器 KM 释放，以迅速切断 PLC 输出端的负载电源。

（2）必要时设置硬接线联锁

①　由 PLC 控制电动机正反转电路时，除了在程序中设置正转/反转联锁之外，在外部电路中必须设置正转/反转硬接线联锁。如图 10-3 所示，将 KM1、KM2 的辅助常闭触点分别串联到对方的线圈回路中，以防止正反转同时通电动作，酿成设备事故。

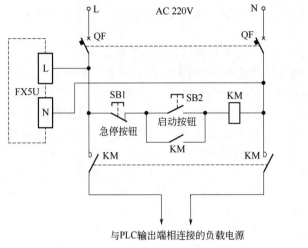

图 10-2　PLC 电源急停电路

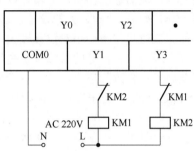

图 10-3　正转和反转的硬接线联锁

②　对于各种限位，除了在程序中设置超极限联锁之外，在外部电路中必须进行硬接线联锁，以防止限位失灵而酿成事故。

10.3　FX5U 型 PLC 的定期检查

FX5U 型 PLC 在工作过程中，需要建立定期检查制度，按期执行，以保证它在最佳的状态下运行。每台 PLC 都有确定的定期检查时间，一般以 6～12 个月检查一次为宜。如果使用环境中条件较差，还需要把检查的间隔时间适当缩短。定期检查的主要内容如表 10-1 所示。

表 10-1　FX5U 型 PLC 定期检查的主要内容

序号	项目	检修内容	判断标准
1	供电电源	在电源端子处测量电压波动范围	供电电压的 85%～110%
2	运行环境	环境温度	-20～55℃
		环境湿度	35%～85%RH，不结露
		积尘情况	无灰尘堆积
3	安装状态	各单元是否安装固定可靠	无松动
		插接件是否连接可靠	无松动
4	输入电源	在输入端子处测量电压变化	以输入规格为准
5	输出电源	在输出端子处测量电压变化	以输出规格为准
6	寿命元件	电池、继电器、存储器	以各元件具体要求为准

10.4 FX5U 型 PLC 的故障分布

FX5U 型 PLC 的故障，按照故障发生的概率，主要分布在以下几个方面。

① 现场操作和控制元件。如按钮、行程开关、限位开关、接近开关等。这些元件反复操作，触点很容易磨损，经常出现触点粘连、接触不良等故障现象。元件如果长期闲置不用，又会出现动作不灵敏、触点锈蚀等故障现象。

② 继电器和接触器。在 PLC 控制系统中，使用了大量的继电器和接触器，特别是小型继电器。如果现场环境比较恶劣、温度较高、动作频繁，就容易发生故障。最常见的故障现象是线圈烧坏、触点粘连、接触不良。

继电器和接触器的选型非常重要。实践证明，如果继电器和接触器的质量低劣、触点容量太小，很容易打火、氧化、发热变形、烧坏线圈或者不能使用。所以在 PLC 控制系统中要尽量选用高性能的继电器和接触器，以提高整个装置的可靠性。

③ 电磁阀和电动阀之类的设备。这类设备是 PLC 输出级的执行元件，一般要经过许多环节才能完成位置转换，相对位移较大。电气、液压或气压等各个环节稍有不到位，就会产生误差或出现故障。常见的故障现象是线圈烧坏、阀芯卡滞、动作失灵。在运行过程中，要经常对此类的设备进行巡查，检查有无机械变形，动作是否灵活，控制是否有效。

④ PLC 系统中的子设备，即附属设备。这些设备包括插接件、接线端子、接线盒、螺钉螺母等。它们产生故障的原因除本身的质量问题之外，还与安装工艺有关。如果螺钉没有拧紧，会导致打火、端子烧毛、接触不良。但也不是拧得越紧越好。拧得太紧了，在维修时拆卸困难，大力拆卸又容易造成连接件损坏。所以在安装时，要认真执行工艺规程。如果接线板上淋水或潮湿，端子容易漏电、生锈。

⑤ 传感器和仪表。这类故障的主要表现为控制信号不正常，信号时有时无。在安装这类设备时，一般要采用屏蔽电缆，屏蔽层要在一端可靠接地，而不要在两端都接地。有关的电缆要尽量与动力电缆，特别是变频器的动力电缆分开敷设，以避免电磁脉冲干扰。

⑥ 电源和接地线。电源不稳定、接地线不合乎要求，容易产生电磁脉冲，干扰 PLC 的正常工作。此时会出现一些时有时无的、难以查找的疑难故障。

⑦ PLC 本身的硬件故障。这类故障存在于 PLC 控制器内部，主要表现为 PLC 内部开关电源损坏、CPU 不正常、输入单元内部的元件（光电耦合器等）损坏、输出端子内部的元件（继电器、晶体管、光电耦合器等）损坏等。在实际维修中，输入和输出端子内部元件损坏的情况时有发生。

⑧ PLC 软件故障。在这类故障中，PLC 的硬件（元器件）一般没有损坏，但是控制程序出了问题，导致工作异常。故障的主要表现是程序受到干扰和破坏，导致工艺动作紊乱。如果 PLC 停用时间太久，常常会导致控制程序和参数丢失，不能正常工作。

10.5 通过面板指示灯诊断故障

FX5U 的面板上有一些 LED 指示灯，通过这些指示灯，可以诊断某些故障。

（1）电源指示灯"PWR"

FX5U 的基本单元、带有内置电源的扩展模块的面板上，都安装有电源指示灯"PWR"，它显示是否通电，有 2 种状态：

　① 灯亮：PLC 通电后，"PWR"就会亮起，表示电源正常，可以进行工作。

　② 不亮：此时要检查电源是否加上，连接线是否断开，电源电压是否太低。

　　如果确认外部电源已经正确无误地连接到 PLC 的电源端子上，要检查 PLC 内部是否混入了导电性异物，或存在其他异常情况，导致内部的熔断器烧断。如果 PLC 内部开关电源中的元器件损坏，"PWR"指示灯也不会亮。在这些情况下，仅仅更换熔断器不能解决问题，必须查明故障原因并予以排除。

　　如果电源内部的熔断器烧断，在查明原因后，要用同一规格的熔断器更换，绝对不能加大熔断器的规格。

　　在 FX5U 的输入端子一侧，有一个"24V"端子，它是 PLC 内部 DC 24V 电源的正极，这个电源供给 PLC 输入端的传感器使用，如果传感器过载或短路，导致电源中的保护电路动作，指示灯"PWR"也不正常。此时，可以拆下"24V"端子外部的连接线进行验证。如果连接线拆除后"PWR"恢复正常，可以确认是传感器过载或短路。

（2）运行指示灯"P.RUN"

　　这个指示灯显示 FX5U 是否在运行，它有 3 种状态：

　① 灯亮：将运行开关置于"RUN"位置时，FX5U 程序进入运行状态，这个指示灯点亮，发出绿光，表示 FX5U 在正常工作，自动控制程序正在处理和执行中。

　② 不亮：如果将运行开关置于"STOP"位置，则程序停止运行，指示灯不亮；如果程序存在错误不能运行，指示灯也不亮。

　③ 闪烁：处于 PAUSE（暂停）状态，或在运行过程中进行程序写入。

（3）出错指示灯"ERR"

　　这个指示灯表示 CPU 处于错误的状态，有 3 种情况：

　① 不亮：表示 PLC 程序在正常执行，没有出现使 PLC 停止运行的错误。

　② 灯亮：说明 CPU 出错。如果 PLC 内部混入灰尘或导电性物质、外部噪声严重干扰导致 PLC 失控、功能模块使用太多导致 PLC 程序的执行时间太长等，这个指示灯也会亮起，发出红色光。此时可进行断电复位，重新通电后，可再次试运行。或检查程序，修正其中的错误。

　③ 闪烁：说明程序出错。常见的原因有：硬件损坏、程序被破坏、程序中有语法错误（例如定时器、计数器的常数未设置）、程序受到外界的严重干扰、存储器的内容发生变化等。此时指示灯就会以红光闪烁，同时 PLC 的输出全部关断，需要仔细检查程序，修正错误部分。

（4）存储卡指示灯"CARD"

　　这个指示灯显示 SD 存储卡是否可以正常使用，它有 3 种状态：

　① 灯亮：可以使用或不可拆下。

　② 灯灭：未插入或可以拆下。

　③ 闪烁：正在准备中。

（5）SD、RD、SD/RD 指示灯

　　它们显示通信收发数据的状态：

① SD：用内置 RS-485 通信发送数据时灯亮。

② RD：用内置 RS-485 通信接收数据时灯亮。

③ SD/RD：用内置以太网发送或接收数据时灯亮。

（6）输入指示灯

输入指示灯设置在输入端子的下方，一个输入指示灯对应着一个输入端子。有多少个输入端子，就有多少个输入指示灯。当某一个输入端子所连接的控制元件的状态为"1"时，与其对应的输入指示灯就会亮起，发出绿色光，指示这个输入信号已经连接到 PLC 的输入单元。所以，在一般情况下，通过观察某个输入指示灯是否发亮，就可以判断对应的输入信号是否接入。

当有信号输入时，如果有关的指示灯不亮，常见的原因有：

① 输入端子损坏或接触不良。

② 从图 1-21～图 1-28 可知，在 PLC 的输入端子与输入指示灯之间，还有输入接口电路。这部分电路中还有一些元器件，例如光电耦合器、放大整形电路、数据处理电路等。如果其中某一个元器件损坏，即使输入信号确实已经接入到 PLC 的输入端子上，但是与其对应的指示灯也可能不亮。

③ 在 PLC 的输入端使用接近开关、光电传感器等元件时，如果传感部位有污垢、位移偏大等情况，会引起灵敏度下降或信号减弱，导致输入指示灯亮度下降或不亮。

④ 输入信号出现的时间太短，小于 PLC 的扫描周期，此时输入接口电路没有驱动，导致指示灯来不及点亮。

⑤ 采用汇点输入（无源）时，信号的接触电阻太大，使 PLC 内部输入电流不足，不能驱动输入接口电路。

⑥ 采用源输入（有源）时，信号的接触电阻太大，导致输入信号的电压太低，不足以驱动输入接口电路。

⑦ 扩展模块与基本单元之间没有连接好。

当输入端子损坏时，需要更换到另一个输入端子上，并修改有关部分的程序。

（7）输出指示灯

输出指示灯设置在输出端子的上方，一个输出指示灯对应着一个输出端子。有多少个输出端子，就有多少个输出指示灯。当某一个输出元件得电时，与其对应的输出指示灯就会亮起，发出绿色光，指示这个输出信号已经连接到 PLC 的输出端子上。所以，在一般情况下，通过观察某个输出指示灯是否发亮，就可以判断对应的输出端子的状态是"0"还是"1"。

当有信号输出时，如果有关的指示灯不亮，常见的原因有：

① 输出端子损坏或接触不良。

② 从图 1-29～图 1-31 可知，在 PLC 的输出端子与输出指示灯之间，还有输出接口电路。这部分电路中也有一些元器件，例如继电器、晶体管、光电耦合器等。如果其中某一个元器件损坏，即使输出指示灯亮了，输出信号也可能送不到 PLC 的输出端子上。

③ 输出端子外部的负载太大或短路，导致保护电路动作，熔断器烧断。

④ 扩展模块与基本单元之间没有连接好。

当输出端子损坏时，需要更换到另一个输出端子上，并修改有关部分的程序。

10.6　通过特殊继电器诊断故障

当 FX5U 出现某些错误时，某些特殊继电器由 OFF 状态转变为 ON 状态，以指示错误的具体内容，用于出错报警的部分特殊继电器见表 10-2。

表 10-2　用于出错报警的部分特殊继电器

特殊继电器	报警内容	ON 状态	OFF 状态	备　注
SM0	最新自诊断出错	有出错	无出错	包括报警器 ON
SM1	最新自诊断出错	有出错	无出错	不包括报警器 ON
SM50	出错解除	请求解除	解除完成	
SM51	电池电量过低锁存	电池电量过低	电池电量正常	
SM52	电池电量过低	电池电量过低	电池电量正常	
SM53	AC/DC 电源	下降	正常	
SM56	运算出错	出错	正常	
SM62	报警器	检测出	未检测出	
SM80	信息 1 使用	使用中	未使用	使用中的标志
SM112	信息 2 使用	使用中	未使用	使用中的标志

10.7　通过故障代码诊断故障

当 FX5U 的某些硬件或程序出错，例如模块配置出错、存储卡异常、电池异常、非法中断、软元件指定不正确、无法执行指针、运算出错等，可以反映到故障代码中。常见的故障代码和出错内容见表 10-3。

表 10-3　常见的故障代码和出错内容

故障代码	出错内容
1080H	超过 ROM 写入次数
1090H	检测出电池异常
1120H	SNTP 时钟设置异常
1200H	检测模块的中度异常
1800H	检测出报警器
1810H、1811H	运算出错
1900H	检测出恒定扫描时间超出
1921H	同时检测出 IP 地址写入/清除请求
1FE0H～1FE6H、2008H	模块配置异常
2120H、2121H	存储卡异常
2400H	模块校验异常
2440H、2441H	检测出管理模块的重度异常
2450H	检测模块的重度异常

续表

故障代码	出错内容
2522H	检测出非法中断
2801H	模块指定不正确
2820H、2821H、2822H、2823H	软元件指定不正确
2840H	文件指定不正确
3360H~3362H	指令嵌套数异常
3380H	无法执行指针
3780H	高速比较表上限超出
3781H	预置值范围外出错
3400H~3406H、3420H、3500H、3502H~3506H、350AH、350CH~350FH、3510H~351EH、3580H、3581H、3583H~3588H、3600H、3611H~361CH、3621H~362CH、3631H~363CH、3641H~364CH、3651H~365CH、3661H~366CH、3671H~367CH、3681H~368CH、3691H~369CH、36A1H~36ACH、36B1H~36BCH、36F0H	运算出错

10.8　FX5U 型 PLC 故障诊断实例

　　FX5U 型 PLC 性能可靠，平均无故障时间可以达到数万小时，但是也会不可避免地出现某些故障。在遇到故障时，要能够迅速查明故障原因，采用行之有效的方法，及时排除故障，缩短维修时间，提高生产效率。

　　但是，由于 PLC 是一门比较复杂的技术，牵涉到方方面面，故障的诊断和处理往往不是一帆风顺。目前 PLC 类的书刊对基础理论和编程叙述很多，但是处于生产第一线的工程师，会遇到一些 PLC 方面的故障，他们需要对这些故障进行诊断和处理。本书在此筛选出 20 多个比较典型的故障诊断和处理实例，以供读者借鉴和参考。

　　FX5U 型 PLC 的故障可以分为硬件故障和软件故障两大类。硬件故障主要是指 PLC 控制器内部的元器件损坏，或输入/输出端子损坏，或输入端控制元件、输出端执行元件损坏，或导线的连接出现异常。软件故障主要是指程序的编制不正确，或存储器的内容发生变化导致程序紊乱，或工艺参数丢失等。

10.8.1　硬件故障诊断实例

◁ 【实例 1】PLC 的输入端子内部损坏

　　故障设备：某全自动内圈挡边磨床，采用三菱 FX5U-32MT/ES 进行控制。

　　故障现象：在"自动"状态下，按下"循环启动"按钮，机床没有任何反应，不能执行自动循环加工的各项动作。

　　诊断分析：

　　① 机床的工作状态有"自动"和"手动"两种，它们是通过操作面板上的旋钮开关 SA1 来转换的。将 SA1 置于"手动"状态时，机床工作正常。

　　② SA1 的"自动"挡接入 PLC 的输入端子 X1。原来的接线见图 10-4（a），观察其状态

指示灯，当置于"自动"时，X1 的指示灯不亮，反复拨动 SA1，指示灯始终不亮。

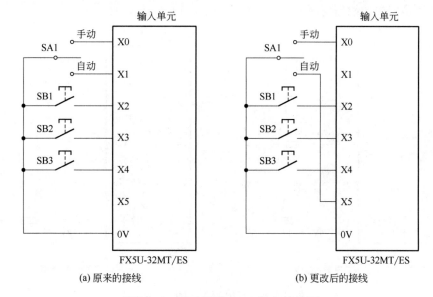

图 10-4　自动挡的 PLC 输入接线图

③ 检查旋钮 SA1，在完好状态。

④ 将"自动"挡的连接线与 X1 断开，改接到 PLC 的空余输入端子 X5 上，则 X5 指示灯的状态随着 SA1 的拨动而变化。由此证明 PLC 的输入端子 X1 内部损坏。

故障处理：按照图 10-4（b）改接，将"自动"挡的连接线改接到 X5 上，再将 PLC 程序中所有的 X1 都改写成 X5，此后机床恢复正常工作。

经验总结：在选用 PLC 时，要预留 10%左右的 I/O 端子，以用于程序更改和输入/输出继电器损坏后的更换。

【实例 2】PLC 内部的输出继电器损坏

故障设备：某全自动内圆磨床，采用三菱 FX5U-64MR/ES 进行全自动控制。

故障现象：机床通电后，进行自动循环磨削，但是磨架向左行驶及其后续动作有时可以执行，有时不能执行。

诊断分析：

① 在这台机床的 PLC 输出单元中，Y6 与"磨架左行"电磁阀 YV2a 相连接，对 YV2a 进行控制，如图 10-5（a）所示。

② 观察 PLC 各指示灯的状态，发现不论是"自动"还是"手动"，Y6 的指示灯都已点亮，但是电磁阀 YV2a 不能动作。

③ 在 YV2a 得电时，用万用表测量其两端的直流电压，不足 7V，而正常值是 24V。这说明输出点 Y6 已经损坏，很可能是其内部继电器的常开触点损坏，导致 YV2a 不能动作。

故障处理：恰好 PLC 上有几个空余的输出端子 Y24～Y27。按图 10-5（b）将电磁阀 YV2a 改接到 Y24 和 COM4 上，梯形图中的 Y6 全部更改为 Y24，其他元件的接线不变。此后故障得以排除，自动循环磨削完全正常。

经验总结：当 PLC 的输出单元采用继电器时，继电器可能出现以下故障：

① 继电器线圈烧坏；

② 触点接触不良或粘连短路;

③ 印刷电路中的线条烧断。

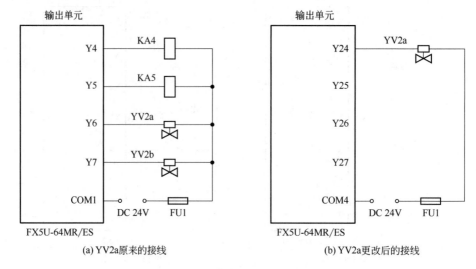

图 10-5　电磁阀 YV2a 的接线

【实例3】PLC 内部开关电源不正常

故障设备:某数控外圈滚道磨床,采用三菱 FX5U-80MT/DSS 进行控制。

故障现象:机床通电后,辅助装置都能独立地工作,但是不能进行自动循环磨削加工。

诊断分析:

① 自动循环磨削加工的动作是由 PLC 控制的,分析认为故障在 PLC 部分。

② 对 PLC 的工作状态进行检查,发现 I/O 单元上的输入/输出指示灯都不亮,电源指示灯和程序运行指示灯"P.RUN"也不亮,这说明 PLC 根本没有工作。

③ 从 L、N 端子上检查 PLC 的输入电源,220V 交流电压正常。但是在 24V、0V 端子上测量不到 24V 直流电压,分析是 PLC 内部的开关电源出了问题。

故障处理:与 PLC 的制造厂家联系后,更换整套 PLC,并输入机床加工程序,此后数控机床工作正常。

经验总结:如果 PLC 面板上所有的指示灯都不亮,一般是外部电源或内部开关电源出现故障。

【实例4】内部的晶体管等元件损坏

故障设备:某全自动内圆磨床,采用三菱 FX5U-64MT/ES 进行全自动控制。

故障现象:在自动加工过程中,根据加工流程,当仪表架进入后,电磁吸盘 YH1 就通电上磁,将工件吸住。但是吸盘上没有磁力,不能将工件吸持。

诊断分析:

① 根据电气原理图,吸盘的 220V 交流电源是由继电器 KA6 控制的,KA6 由 PLC 的输出点 Y26 所控制。观察 Y26 的 LED 指示灯,在仪表架进入后立即由暗转亮,这说明 PLC 的动作程序没有问题。

② 电磁吸盘由 PLC 的输出单元控制，输出单元采用晶体管电路，如图 10-6 所示。从图中可知，在正常情况下，当指示灯 LED 亮时，说明 PLC 内部有输出信号，此时受控元件 KA6 上应当有 24V 直流电压。

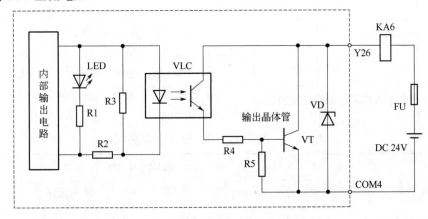

图 10-6　电磁吸盘的 PLC 控制电路

③ 用万用表检测，此时 KA6 上的电压为 0V。

④ 拆开输出单元进一步检查，发现 Y26 内部的晶体管 VT 断路。

故障处理：在这台 PLC 的输出单元上，Y27 是备用的输出端子，用它来替换 Y26，并修改、重新写入 PLC 程序。

另有一台自动钻镗攻丝机床，使用三菱 FX5U-80MT/ESS 型 PLC 进行控制。机床在更换切削刀具时，换刀动作失控，刀具既不能夹紧，也不能松开，显示器上出现报警，提示"工件没有夹紧"。

检查对应的输出端子，确认由"夹紧"接近开关送来的信号已经到达，但是输出端子对应的 LED 指示灯没有亮。对输出单元进行检查，发现其内部的光电耦合器件损坏。

这块输出板上还有两个备用的输出端子，可以直接修改程序，并将原输出端子更换到备用的输出端子上。

如果现场没有手提电脑等编程设备，可以拆开 PLC，找到损坏的输出端子和备用的输出端子，将损坏端子内部的元件切断，改接到备用端子的元件上，同时将外部所控制的继电器也改接到备用的端子上。

经验总结：在 FX5U 型 PLC 的输出单元中，某一输出端子的 LED 指示灯点亮，说明 PLC 内部有输出信号。但是如果输出级的元件（晶体管等）损坏，外部被控元件（继电器等）就不能通电，无法完成相关的动作，所以不要认为 LED 点亮输出单元就完全正常。

PLC 内部的输出元件或端子损坏后，如果没有编程设备，可以拆开 PLC，采用改换元件的方法排除故障。

◁ 【实例 5】输入接线端子松动、脱落

故障设备：某全自动立式铣床，采用三菱 FX5U-80MT/ES 进行控制。

故障现象：铣床在调试时，将工作方式选择开关选择在"手动"位置，对 X 轴进行操作，但是 X 轴工作台不能移动。

诊断分析：

① 用同样的方法检查 A、Y、Z 轴，故障现象相同，各轴都不能移动。

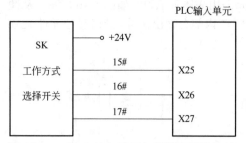

图 10-7　PLC 输入端子与选择开关的连接

② 检查 PLC 的电源电压，在正常状态。

③ 检查工作方式选择开关 SK。这个开关安装在铣床操作面板的左上方，共有五个挡位，分别是手动、数据输出、数据输入、纸带指令、存储器指令。其工作状态通过 15#、16#、17#导线与 PLC 的输入端子 X25、X26、X27 连接，如图 10-7 所示。

④ 转动 SK 的操作手柄，观察 PLC 中有关输入端子的信号状态，并与正常状态进行比较，详见表 10-4 所示。

表 10-4　PLC 有关输入接口的信号状态

工作方式	输入接口的信号状态					
	正常状态			实际状态		
	X25	X26	X27	X25	X26	X27
手动方式	0	1	0	0	1	1
数据输出方式	0	1	1	0	1	0
数据输入方式	1	0	0	1	0	1
纸带指令方式	1	0	1	1	0	1
存储器指令方式	1	1	0	1	1	1

⑤ 对表 10-4 所示的信号状态进行分析，发现在五种状态中，除纸带方式之外，其余都不正常，而且出错部位都在 X27 端子上。分析认为可能是工作方式选择开关 SK 或连接导线存在故障。

⑥ 拆开面板检查 SK，发现 17#导线在 PLC 输入端子板处齐根拉断，断脱后的线头又紧靠着 15#导线的端子。在操作 SK 时，15#导线与 17#导线时碰时断，导致 PLC 输入信号错误，产生上述故障现象。

故障处理：重新连接好 17#导线。

另有一台设备，用三菱 FR-E740 型变频器驱动工件电动机，由 FX5U－32MT/ESS 型 PLC 进行自动控制。在加工中出现故障：工作电动机的运转速度太慢，研磨完一个工件需要很长的时间。

按照工艺要求，工件电动机的速度分为低速和高速两挡，但是没有出现高速，始终以低速旋转。

图 10-8 是工件电动机的控制原理图。在图 10-8（a）中，PLC 的输出端子 Y6 和 Y7 控制继电器 KA1 和 KA2。在图 10-8（b）中，KA1 的常开触点连接到变频器的低速控制端子 RL 上，KA2 的常开触点连接到变频器的高速控制端子 RH 上，它们共同作用，控制变频器的输出频率，从而控制工件电动机的转速。

观察输出端子 Y6 和 Y7 的状态，完全符合程序要求，这说明机床的控制程序没有问题。

进一步检查，发现 KA2 未能吸合，其原因是 Y7 的接线螺钉松动，造成 KA2 不能得电，变频器的高速挡没有输出。

经验总结：在 PLC 的输入/输出端子中，接线端子松动、接触不良是一种常见故障。

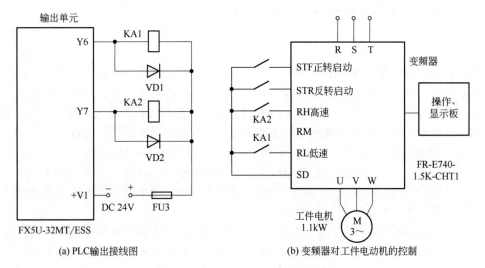

(a) PLC输出接线图　　　　　　　　　　　(b) 变频器对工件电动机的控制

图 10-8　工件电动机控制原理图

【实例 6】内部继电器触点粘连

故障设备：MK2015A 型全自动内圆磨床，采用三菱 FX5U-64MR/ES 进行控制。

故障现象：机床在正常加工过程中，突然出现故障，磨架不能向右行驶，始终无法回到参考点。

诊断分析：

① 从 PLC 的输出接线图来看，担负"磨架右行"功能的电磁阀是 YV2b，输出点是 Y7，此时 PLC 输出单元上 Y7 的指示灯已经点亮，但是 YV2b 上附带的指示灯却不亮。

② 用万用表测量，Y7 端子与公共端子 COM2（即直流电源的负端）不通，YV2b 上也没有获得 24V 的直流电压。

③ 分析认为，Y7 的指示灯已亮，说明指示灯前面的控制电路工作正常，而 Y7 与 COM1 端子不通，很可能是内部继电器损坏，或是有关的印刷线路断裂。

④ 拆开 PLC 进行检查，发现 Y7 内部继电器常开触点的印刷线路变色，并在 A 处烧断，如图 10-9 所示，于是用导线重新进行焊接。

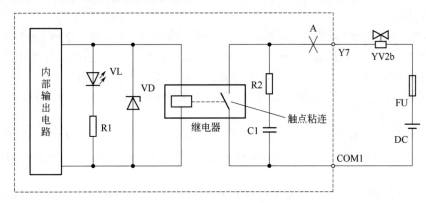

图 10-9　Y7 内部继电器的故障

⑤ 装好 PLC 后，通电再试，机床又出现新的故障：磨架始终处于参考点，不能向左行驶。检查后发现，电磁阀 YV2b 始终处于通电状态。

⑥ 分析认为，Y7 的内部继电器可能存在另外一种故障——常开触点粘连。在断电时用万用表测量，Y7 的输出端子果然与 COM1 是直通的。

故障处理：将电磁阀 YV2b 从输出继电器 Y7 的端子上拆除，改接到备用端子 Y26 上。COM1 也改为 COM4，并通过手提电脑和 RJ-45 编程电缆修改梯形图中有关的程序。

这次维修走了一点弯路。在第一次拆开 PLC 时，如果顺便用万用表测量一下 Y7 内部继电器的常开触点，就很容易发现触点粘连的故障，可以避免再次拆卸和安装。

另有一台 3MKS215 型数控内圈滚道磨床，使用三菱 FX5U-64MT/ESS 进行控制。在自动加工过程中，磨架始终处在右边的原始位置，不能向左行驶，以致不能进入磨削位置。

观察发现，右行（回原位）电磁阀 YV2a 始终在通电，由于 YV2a 与左行电磁阀 YV2b 互相联锁，所以 YV2b 被锁住，无法通电。

YV2a 由输出点 Y10 控制，YV2b 由输出点 Y11 控制。观察 Y10 的指示灯并没有点亮，其输出继电器没有导通，Y10 应该处于高电位 24V，但是万用表测量表明，Y10 却处于低电位 0V。怀疑 Y10 内部继电器的触点粘连，拆开检查果真如此。

因为 PLC 输出单元中有空余的输出端子和继电器，直接取下一个空余的继电器，进行代换后故障排除。

经验总结：对于采用继电器的 PLC 输出电路，当 PLC 的输出继电器触点粘连时，即使未执行有关的程序，指示灯不亮，该触点外部被控元件仍然通电，产生意外的动作，使机床的动作程序紊乱。所以不要认为指示灯没有亮，相关的输出点就一定是断开的。

◁ 【实例 7】保护二极管接反、短路

故障设备：某全自动组合机床，采用三菱 FX5U-64MT/ES 进行控制。

故障现象：机床启动后工作正常，但是在操作后部的尾架使其向前运动时，机床突然断电。

诊断分析：

① 检查机床的 DC 24V 电源模块，发现熔断器 FU2 已经熔断。

② 这个直流电源为 PLC 的输出侧提供 DC 24V 电源，检查其外部电路，没有明显的短路。重新换上熔断器 FU2，再次操作尾架向前运动，机床又断电了，熔断器 FU2 再次熔断。

③ 经了解，在出现此故障之前，由于 PLC 输出端子 Y16 所连接的接触器 KM7 损坏，导致机床的尾架向前动作无法执行，在更换 KM7 后才出现 FU2 熔断的情况，因此要重点检查 KM7 的连接。

④ 检查发现，KM7 线圈两端并联了一个保护二极管，维修人员在更换 KM7 时，将二极管 VD 的极性弄反了，错接成图 10-10（a）形式。在这种情况下，当 PLC 内部有关的晶体管导通，送出尾架向前信号时，24V 直流电源通过 VD 短路，使 FU2 熔断。

故障处理：取下保护二极管，按图 10-10（b）调换正极和负极并重新焊接，此后故障不再出现，机床恢复正常工作。

另有一台机床，在按下"准备"按钮时，控制系统自动掉电，电控柜面板上的红色报警灯亮。测量直流电压，24V 电压下降到 0V，这说明电源模块不正常，但是更换后也未能排除故障。

这个电源模块所提供的直流电源送至 PLC 的输出电路。分析认为，当"准备"按钮按下后，PLC 就有控制信号输出。如果某一输出点短路，就会使电源电压下降，导致控制系统自动断电。对 PLC 的输出回路 [图 10-10 (c)] 进行检查，发现其中的输出点 Y32 不正常，它与 24V（+）之间的电阻接近于 0Ω。

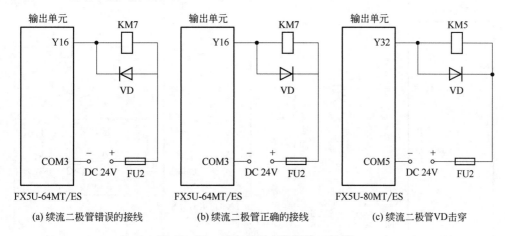

(a) 续流二极管错误的接线　　　(b) 续流二极管正确的接线　　　(c) 续流二极管VD击穿

图 10-10　输出单元中的保护二极管

　　检查 Y32 所连接的接触器 KM5，在正常状态。再检查续流二极管 VD，已经击穿短路。

　　经验总结：与 PLC 输出端子相连接的接触器，有时需要并联一个保护二极管（续流二极管）。这个二极管必须反向连接，即二极管的正极朝向直流电源的负极，二极管的负极朝向直流电源的正极，否则会造成直流电源短路。如果续流二极管击穿短路，也会造成电源短路。

　　◁ 【实例 8】内部晶体管负载能力不足

　　故障设备：某数控高精度无心外圆磨床，采用三菱 FX5U-64MT/ES 进行控制。

　　故障现象：机床使用不到一年时间，在自动加工过程中，进入砂轮修整工步时，砂轮修整器没有倒下，导致砂轮不能修整，后续工步也停止执行。

　　诊断分析：

　　① 查看电气接线图，在 PLC 的输出单元上，由输出端子 Y15 控制修整器电磁阀 YV8，有关的电路如图 10-11 (a) 所示。

　　② 用万用表测量，端子 Y15 没有输出电压。进一步检查发现，这个端口内部的驱动晶体管烧坏。

　　③ 由于设备还在保修期之内，制造厂家派人来现场修理。他们更换了 PLC 输出板，使机床恢复了正常工作，但是半年之后，再次发生同样的故障。

　　④ 进一步检查，Y15 所控制的砂轮修整电磁阀线圈电压是 DC 24V，电流约 1.1A，属于感性负载。而在 PLC 输出单元内部，末级晶体管驱动感性负载时的额定电流仅为 0.5A。这是机床电气设计人员的疏漏！造成了小马拉大车、晶体管严重过载而烧坏。

　　故障处理：在这种情况下，如果只更换或修理 PLC 输出板，隐患没有排除，故障还会再次发生，因此必须对原来的电路进行局部改进。

　　① 将电磁阀 YV8 从原输出端子上拆除，用一个 DC 24V、40mA 的继电器 KA1 接在 YV8 原来的位置上，这个负载对于 PLC 输出端的晶体管来说是绰绰有余。KA1 触点的额定电流是 5A，再用它控制 YV8 的线圈也是恰到好处。

　　② 由于继电器线圈和电磁阀都是感性负载，为安全起见，在继电器线圈和电磁阀线圈上各反向并联一个续流二极管 VD1 和 VD2。改进后的电路见图 10-11 (b)。

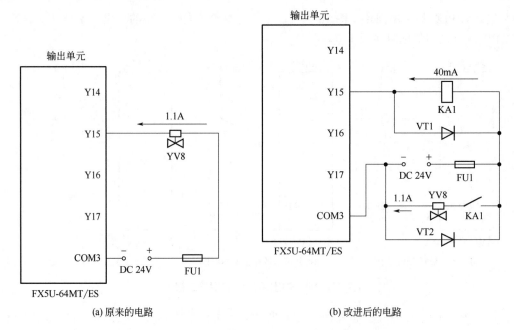

图 10-11　修整器电磁阀 YV8 的控制电路

这样改进后，机床长期使用未出现同类故障。为了方便今后的工作，还需要将改动的部分电路在原来的图纸上做好记载。

经验总结：在 PLC 内部，输出元件（继电器、晶体管等）的额定输出电流都比较小，继电器每个点不大于 2A，晶体管每个点不大于 0.5A。对 PLC 进行选型时，要考虑内部输出元件的负载电流，以及负载元件（继电器、接触器、电磁阀等）的额定电流，前者必须大于后者，否则会造成内部输出元件损坏。

◁ 【实例 9】缺少"硬件互锁"导致反复跳闸

故障设备：某公司的一台 3.4M 全自动立式车床，采用三菱 FX5U-80MR/ES 进行控制。

故障现象：这台车床所用的横梁升降机构，在由上升转入下降，或由下降转入上升时，接触器都有很大的弧光，主回路中的断路器反复跳闸。

诊断分析：

① 对横梁升降机构进行检查，机械部件完好，没有阻滞现象。

② 对电动机进行检查，三相绕组正常，没有短路、受潮、接地等异常情况。

③ 图 10-12（a）是控制横梁升降机构的梯形图，实际上是正反转控制电路。图中 X0 是上升启动按钮，控制电动机的正转；X1 是下降启动按钮，控制电动机的反转。X2 是停止按钮，Y0 和 Y1 是输出继电器，分别控制上升接触器 KM1 和下降接触器 KM2，如图 10-12（b）所示。

④ 从梯形图上看，没有错误之处。在输出继电器 Y0 和 Y1 的控制回路中，加上了互锁，还有按钮 X0 和 X1 的互锁。

⑤ 有的设计人员认为，有了以上两种程序互锁，Y0 和 Y1 就不会同时"得电"，图 10-12（b）中的 KM1 和 KM2 也就不会因为同时吸合而造成电源相间短路，因而没有必要在 KM1 线圈与 KM2 线圈之间加上"硬件互锁"。

⑥ 然而，仅有以上梯形图中的"程序互锁"是不行的，因为 PLC 系统动作很快，每条逻辑指令的扫描时间都在微秒级，所以 Y0 和 Y1 的动作指令很快就被执行。但是，接触器的释放是一种机械动作，需要 0.1s，即 100ms 左右。在 KM1 和 KM2 切换的过程中，一个接触器还来不及释放，另一个接触器就已经吸合了，造成主回路中电源相间短路故障。

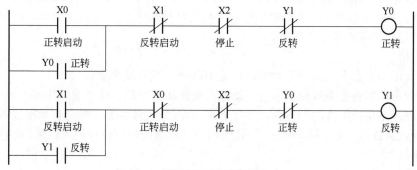

(a) 正反转控制梯形图

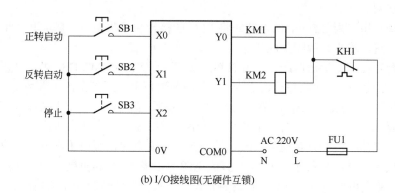

(b) I/O接线图(无硬件互锁)

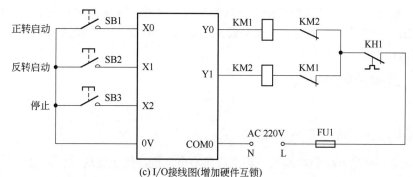

(c) I/O接线图(增加硬件互锁)

图 10-12　横梁升降机构的梯形图和 I/O 接线图

故障处理：按照图 10-12（c）再加上"硬件互锁"，即在 KM1 线圈回路中串联 KM2 的辅助常闭触点，在 KM2 线圈回路中串联 KM1 的辅助常闭触点，这样确保在其中一个接触器断电释放之后，另一个才能通电闭合。这样处理后，故障不再出现。

经验总结：用 PLC 控制电动机的正反转时，因为 PLC 系统的动作指令很快就被执行，如果只有梯形图中的"程序互锁"，正反转接触器在切换的过程中，一个接触器还来不及释放，另一个接触器就已经吸合了，会造成主回路中电源相间短路故障。因此必须加上"硬件互锁"，即在正、反转接触器的线圈回路中，分别串联对方的辅助常闭触点。

◁ 【实例 10】忽视接地导致加工不稳定

故障设备：MZW208 型全自动内圆磨床，采用三菱 FX5U-64MT/DS 型 PLC 进行控制。

故障现象：在磨削轴承内圆的过程中，进给速度不稳定。设定的进给量为 100μm，正常进给状态下，10s 左右磨完；而在故障时，进给速度特别快，3s 左右便磨完。磨削后的工件尺寸也不稳定，常常造成工件报废。

诊断分析：

① 从显示器上查看设定的进给量，还是 100μm，没有发生变化。

② 这台机床的进给系统使用步进电动机，更换步进驱动系统不能解决问题。

③ 仔细观察电控柜内的元器件，发现 PLC 的面板上只连接了相线 L 和零线 N，而接地端子空置着没有连接。在这种情况下，一旦电网中有较强的电磁脉冲进入机床，就会扰乱 PLC 的正常工作。

④ 回顾这种故障的特点，一般都出现在用电负荷的高峰时段，由此进一步认定故障是由电网干扰所引起。

故障处理：用一根 2.5mm^2 的铜芯线将 PLC 的接地端子与柜体、床身和大地做可靠的连接，此后机床进给稳定，故障彻底排除。

另有一台数控外圈滚道磨床，采用的 PLC 是三菱 FX5U-64MT/DSS 型。机床按照给定的"计数修整"方式工作，计数数目设定为 5。在磨削过程中，所磨削的工件数量 1、2、3、4、5 随机显示在显示器上。但是，所显示的数目不是按照实际情况在"5"之内显示，而是无规律地变化，有时显示几十，有时显示几百。故障时有时无，没有什么规律。

检查电源电压，没有异常现象。PLC 的交流、直流电源也都在正常范围。检查 PLC，在它的电源模块上，进线端只连接了 24V 直流电源的正极（+）和负极（−），而接地端子没有与外部连接，整个机床也没有接地。在这种情况下，数控磨床自身产生的电磁干扰难以消除，又很容易"引狼入室"，使电网中的干扰脉冲窜入，严重地影响了 PLC 的正常工作。

经验总结：PLC 的接地端子不能空置，必须用 2.5mm^2 以上的铜芯线连接到地线上，否则 PLC 的工作可能受到电磁脉冲的干扰。

10.8.2　软件故障诊断实例

◁ 【实例 1】定时器的设定值不合适

故障设备：6kV/1000kW 高压三相交流异步电动机，用于驱动一台大功率水泵，采用三菱 FX5U-32MT/ESS 型 PLC 进行控制。

故障现象：启动十几秒后，高压断路器都因为速断保护动作而跳闸，电动机不能启动。

诊断分析：

① 高压电动机的主回路见图 10-13。启动时，真空接触器 KM2 首先闭合，将液态可变电阻 Ry 串入电动机定子回路，随着电动机转速的上升，液态可变电阻均匀减小。电动机接近额定转速时，KM2 断开，液态可变电阻脱离定子回路，完成启动过程。同时 KM1 闭合，电动机进入连续运转状态。

② 在不连接电动机的情况下，对启动柜进行操作，接触器 KM1、KM2 的投切完全正常，没有出现跳闸现象，这说明接线没有错误。

③ 对保护速断整定值重新进行核算，并与其他同型号电动机的整定值进行对比，确认整定值正确无误。

④ 对保护动作过程进行仔细观察，发现每次动作跳闸并不是发生在启动瞬间，而是发生在启动过程已经进行了十几秒的时刻，此时接触器 KM1、KM2 正在切换，由此怀疑 KM1、KM2 切换的时间太早。

⑤ 调出 PLC 程序中有关的定时器 T1（时钟脉冲为100ms），可以看到定时值设置为 K120，启动时间

$$T=120×100=12000(\text{ms})=12(\text{s})$$

而在此时刻，电流表的指针还在启动电流的位置上摆动，没有下降的迹象，这说明启动过程并没有结束，KM1、KM2 切换的时间的确太早了。

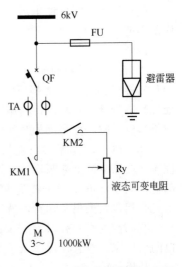

图 10-13 高压电动机的主回路

故障处理：调整定时器的设置，经过几次试验，确定最合适的定时为 18s，从此之后电动机启动正常，故障不再出现。

经验总结：电动机的最佳启动时间要根据电动机的功率、性能、启动电流、现场实际情况进行设置和试验。

【实例2】定时器设置的时间太短

故障设备：某全自动铣床，采用三菱 FX5U-80MT/DS 型 PLC 进行控制。

故障现象：这台铣床在自动加工过程中，当回转工作台回转时，出现故障报警，提示回转工作台过载。

诊断分析：

① 测量回转工作台的电流，数值超过了电动机的额定值。

② 观察故障现象，发现工作台刚一开始抬起便进行回转，两个动作之间没有间歇，这说明工作台根本没有上升到规定的位置。

③ 工作台抬起的动作是通过 PLC 程序来实现的，且抬起需要一定的时间，这个时间在定时器 T20 中设置。

④ 对 PLC 程序进行检查，T20 的定时设置为 K5，时钟脉冲为 100ms，定时值

$$T=5×100=500(\text{ms})=0.5(\text{s})$$

这个时间太短，工作台无法到达规定的位置。

故障处理：调整工作台抬起动作的定时值，由原来的 0.5s 改为 2s 后，故障得以排除。

另有一台精加工车床，采用三菱 FX5U-80MT/DSS 进行自动控制。在执行换刀指令时，刀台只能转动一点点，然后就停止下来，并出现另一种故障报警，提示"未找到刀位"。

检查刀台有关的定时器 T24，设置值是 0。T24 的作用是决定转动时间，肯定不能设置为 0。进行正确的设置后，故障得以排除。

经验总结：在自动控制系统中，如果 PLC 中使用了某一个定时器，则定时值要根据工艺要求进行设置，一般不能设置为"0"。

【实例3】修改程序引起的故障

故障设备：MK2015A 型全自动内圆磨床，采用三菱 FX5U-64MR/ES 型 PLC 进行控制。

故障现象：机床通电后，执行自动循环磨削指令，但是在机械手上料之后，各项后续动作都不能执行。

诊断分析：

① 在出现故障的前一天，这台机床曾经发生过修整器不能倒下的故障，其原因是 PLC 的输出继电器 Y11 已经损坏，其内部的继电器触点不通，导致"修整"电磁阀不能通电。数控机床的维修人员利用手提电脑修改了 PLC 的程序，将 Y11 全部更换为备用输出端子 Y15，故障得以排除。但是因为时间太晚，没有进行系统试车就下班了。

② 分析认为，故障可能与修改程序有关。因为在修改程序时，先把机床原来实际的 PLC 程序（程序 A）全部删除了，然后对手提电脑中存储的程序（程序 B）进行修改，将 Y11 全部更换为 Y15 后，再下载到机床的 PLC 中去。现在的问题是程序 B 与实际所用的程序 A 是否完全相符？如果不相符，就可能出现上述故障，导致机床不能进行自动循环加工。

③ 查看程序 B，共有 5616 个程序步。再将编程电缆连接到另一台同型号的机床（是来自同一厂家）查看，程序 A 只有 5602 步，这说明二者不完全相同，不能直接换用。

故障处理：从另一台机床上将程序 A 复制下来，并将 Y11 全部更换为 Y15，再写入到故障机床的 PLC 中，此后机床恢复正常工作。

经验总结：使用 PLC 的设备在调试过程中，往往需要修改、变更程序，导致最后使用的实际程序与原始程序有所区别，所以一般不能直接用原始程序来替换实际程序。

【实例 4】调用输出继电器引起的故障

故障设备：MK2015/XC 型全自动内圆磨床，采用三菱 FX5U-64MR/ES 进行控制。

故障现象：机床在进行磨削循环加工过程中，仪表架不能进入测量位置，循环加工因此而停止。

诊断分析：

① 在这台机床中，仪表架的动作是由电磁阀 YV9 执行的，YV9 由 PLC 的输出点 Y14 控制。在故障出现时，观察 Y14，其状态为"1"。再查看安装在机床底部的 YV9，指示灯不亮，说明 YV9 没有得电。

② 用万用表检查，YV9 的确没有得电，其原因是 Y14 没有电压输出，这说明 PLC 内部有关的元器件损坏，需要进行更换。

③ 查看 PLC 的接线图，Y23 等几个输出继电器外部没有接线，可以作为备用，于是通过笔记本电脑和编程电缆，将 PLC 程序中的 Y14 更改为 Y23，输出端子外部的接线也作了相应的改动。

④ 通电后再试，手动状态下仪表架可以动作了，但是在半自动和自动状态下，仪表架出现新的故障现象，连续不断地"进入→退出→进入→退出"，显然这种故障是由更改程序所引起的。

⑤ 从电脑中调出原梯形图的备份，认真地进行检查，发现 Y23 虽然没有外部接线，但是在原程序中已经作为内部继电器使用，所以用它来替换 Y14 会导致程序出错，机床出现异常动作。

故障处理：核对 PLC 的接线图和梯形图，发现 Y24 没有使用，于是用它替代 Y14，使机床恢复了正常工作。

经验总结：

① 在 PLC 中，输出继电器的线圈只能使用一次，不能重复使用，否则会出现"双线圈"

问题。

② 如果 PLC 的某个输出继电器空置，可以用它来替换已经损坏的输出继电器，但是不能贸然使用。在调用之前要查看梯形图，核实这个输出继电器是否已经作为内部辅助继电器使用。

【实例 5】PLC 与变频器的参数不匹配

故障设备：15t（32M）浮式起重机，采用三菱 FX5U-32MR/ES 型 PLC 进行控制。

故障现象：这台起重机采用双卷筒结构，由两台 YZP355M2-10/90kW 的电动机分别驱动，一台为支持绳电动机，另一台为开闭绳电动机。电动机均采用 PLC 控制，变频器调速，可以进行抓斗作业和吊钩作业。

在调试过程中，进行抓斗作业，两台起升电动机在运行时可以同步，但是在停机制动时不能同步。当货物下放到适当位置，停机准备卸货时，抓斗不受司机控制而提前打开，货物失去控制掉落下来，险些造成安全事故。

诊断分析：

① 检查变频器的数码显示，没有出现报警信息，PLC 的故障指示灯也没有亮。

② 反复调节制动器的压力和行程，故障现象不变。由于制动器被调节得太紧，导致制动片与制动鼓摩擦发热。

③ 两台制动器的型号均为 YWZ2-600/200，对相关机构进行全面检查，没有发现底座松动和销轴松旷等异常情况。

④ 两台变频器的型号均为安川 CIMR-G7A4132。检查它们的运行状态，从运行到停止，频率的变化一致。用钳型电流表检测，两台电动机的电流相等。

⑤ 更换变频器的制动单元，也不能排除故障。

⑥ 查看 PLC 中起升电动机制动器的延时，定时器为 T3（时钟脉冲 100ms），设置值为 K200，即定时值

$$T=200×100ms=20s$$

再查看变频器的参数设置，其中的减速时间为 40s。显然，PLC 中设置的时间与变频器的减速停止时间不匹配。在这种情况下，当 PLC 给出制动信号，让制动器进行制动时，变频器的减速过程远远没有结束，还在向电动机供电，让电动机继续转动，导致制动失效。

故障处理：将 PLC 中定时器的延迟时间改为 35s。这样，当电动机在变频器控制下经过 35s 减速，离停止还有 5s 时，PLC 输出信号，制动器进行制动。这时电动机转速很慢，制动有效可靠，故障不再出现。

经验总结：在这个故障中，硬件没有问题，只是变频器与 PLC 的参数设置不匹配。在使用 PLC 和变频器这些新型的电控设备时，要熟悉参数的查找和设置方法，积累相关的经验。

【实例 6】PLC 停用时间太长导致参数丢失

故障设备：3MK3420 型外圈滚道精研机，采用三菱 FX5U-64MT/ESS 型 PLC 控制。

故障现象：机床的进给轴在运动时，伺服电动机的速度失去控制，以极快的速度运转，很快就到达极限位置，造成工件尺寸出现严重的误差。

诊断分析：

① 这台机床已经停用了一段时间。进行直观检查，所有的接近开关都在正常状态，也没

有发现其他的明显问题。

② 查看"参数"页面中的加工参数，出现了很大的变化，如表 10-5 所示。

表 10-5　加工参数的变化

项目	原来的设置	现在的数据
粗超低速	2000μm/s	5000μm/s
粗超高速	3000μm/s	5000μm/s
精超低速	4000μm/s	6000μm/s
精超高速	5000μm/s	6000μm/s
往复行程量	4860μm	30000μm

③ 分析故障原因，很可能是 PLC 停用的时间太长，导致用户程序存储器中的加工参数丢失。

故障处理：在显示器的"参数"页面中，利用数据小键盘按照原来的数据重新设置加工参数，此后故障不再出现。

经验总结：PLC 等自动控制设备如果停止使用的时间太长，内部的用户参数可能丢失或发生变化。

【实例 7】PLC 控制程序发生变化

故障设备：MK2015A 型全自动内圆磨床，采用三菱 FX5U-64MR/ES 进行控制。

故障现象：在这台磨床中，砂轮的修整采用"计数修整"方式。在自动加工时，当工件磨削完毕后，磨架退出并向右行驶，此时修整器应该倒下，对砂轮进行修整。但是修整器没有倒下，加工自行停止。

诊断分析：

① 在"调整"状态下，用手动方式控制修整器的"倒下"和"抬起"，修整器动作正常，说明修整器的液压和机械部分没有故障。

② 在"自动"状态下，按下"请求修整"按钮，PLC 输出继电器中的 Y5（修整速度）、Y3（修整指示）得电，磨架带着砂轮往复运动，修整器则按照指令对砂轮进行有序的修整，这说明 PLC 中的输出继电器 Y5、Y3 都在完好状态。

③ 在排除外围元件的故障后，分析认为 PLC 中的控制程序发生了变化，在自动加工时不能执行"砂轮修整"的指令。

故障处理：

① 使用手提电脑和编程电缆，将机床 PLC 中的梯形图程序全部清除；

② 将电脑中的备份程序下载到 FX5U 中；

③ 关断机床电源，然后重新送电，使下载的程序生效。

这样处理后，机床恢复正常工作。

经验总结：PLC 在使用过程中，偶尔也会出现控制程序发生变化的情况，因此必须将原始程序妥善地保存到电脑中。

【实例 8】PLC 中的 CPU 芯片出现异常

故障设备：MK2015/XC 型全自动内圆磨床，采用三菱 FX5U-64MR/ES 进行控制。

故障现象：机床在"自动循环"方式下进行磨削加工，当工件磨削完毕后，磨架应该退出并向右侧行走，但是磨架退出后就停止移动，不能向右行走。

诊断分析：

① 观察 PLC 输出单元的指示灯，发现 Y6 和 Y7 的 LED 指示灯都亮了，说明状态都是"1"。Y7 用于控制"磨架右行"电磁阀 YV2b，此时为"1"是正确的；但是 Y6 用于控制"磨架左行"电磁阀 YV2a，此时为"1"是错误的。而且 Y6 和 Y7 在程序上是互相联锁的，它们不应该同时为"1"。

② 检查机床侧的元件，没有发现异常现象。怀疑 PLC 的控制程序出现差错，于是将 PLC 中的程序全部清除，再将电脑中的备份程序下载到 PLC 中。

③ 关断机床电源后，重新送电试机，原来的故障排除了，但是又出现新的故障：刚刚进行磨削还不到一秒钟，磨架就带着砂轮退出来了。

④ 怀疑是 PLC 重装程序后，加工参数发生了变化。于是将显示器切换到"参数"页面，检查各项参数，没有发现有任何变化。重新设置各项参数，还是不能排除故障。

⑤ 在不久之前，这台机床曾出现砂轮不能修整的故障，其原因是 PLC 中的程序发生变化。这次又出现上述故障，而且重装程序无效，怀疑是 PLC 中的 CPU 芯片不正常，导致加工程序紊乱。

⑥ 试用另一台同型号机床上的 FX5U 替换后，故障就不再出现了，由此证实故障确实存在于 PLC 中。

故障处理：重新更换一台三菱 FX5U-64MR/ES 型 PLC。

◁ 【实例 9】高次谐波对 PLC 产生严重干扰

故障设备：某步进电动机用于驱动某印花机的导带，采用三菱 FX5U-80MR/DS 型 PLC 进行控制。

故障现象：印花机按照自动循环程序运行，当印版处在印花下限位时，导带自行前进，造成花型错位，并将导带撕裂。

诊断分析：

① 印花机由 PLC 实行自动控制。如图 10-14 所示，只有在接到印版上限位信号 M7 之后，导带前进指令 Y36 才能输出控制信号，向同步控制器发出导带前进指令。

② 查看印版的上限位输入信号，指示灯不亮。用万用表测量，的确没有这个输入信号，这是正确的。再查看导带前进指令信号 Y36，指示灯亮了，这是不正常的。这说明 PLC 主控单元的内部有故障。

图 10-14　导带前进控制梯形图

③ 在现场诊断故障的过程中，发现印花机电控柜的零线与地线共用（PEN 线），并与印花机的金属外壳相连接。此时机器旁边正在安装其他设备，且有两台电焊机在工作，电焊机的电源接在印花机电控柜总开关下方，它的地线也连接到印花机的金属外壳上。

④ 检查电控柜的 PEN 线，已经被电焊机的大电流烧坏。电焊机的脉动电流又形成一个强大的干扰源，进入 PLC 中，破坏了 PLC 所存储的程序，导致 PLC 不能正常工作。

故障处理：拆除电焊机的电源线和地线，接通电控柜 PEN 线，再将 PLC 的程序全部清零，然后重新输入原来的控制程序。再次开机后，故障没有出现。

经验总结：当 PLC 附近有焊接设备在工作时，其负载电流中含有大量的高次谐波，会对 PLC 的自动控制产生严重干扰。

◁ 【实例 10】程序设计错误导致电动机不能停止

故障设备：带有点动的电动机启动-保持-停止控制装置。

故障现象：在进行点动操作时，按下点动按钮，电动机启动运转，松开点动按钮，电动机不能停止，保持运转状态。

诊断分析：

① 图 10-15 是有关的梯形图。按下点动按钮 X1，Y1 得电，使电动机启动运转。X1 的常闭触点与 Y1 的自保触点串联，当 X1 按下时，这个常闭触点断开，使得点动时 Y1 不能自保。这段程序看起来没有什么问题。

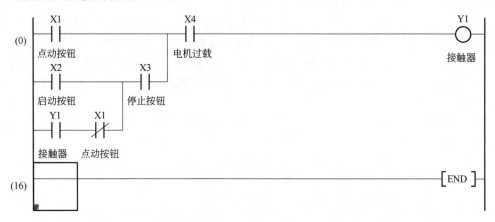

图 10-15　存在故障的带有点动的电动机启动-保持-停止控制梯形图

② 仔细分析后，找到了故障的根源：在松开 X1 的瞬间，Y1 还在得电状态，此时 X1 的常闭触点立即闭合，使 Y1 的线圈仍然保持得电，所以出现电动机不能停止的故障现象。

③ 对这一故障现象进行进一步分析：在梯形图中，X1 的常闭触点不是真正的触点，而是与 X1 常开触点状态相反的逻辑触点。当点动按钮松开时，X1 的常开触点断开，常闭触点在瞬间便得以闭合。但是，输出继电器 Y1 线圈得电的状态不能在瞬间改变，要经过 PLC 内部从输入单元到输出单元之间多个元器件一系列的运算过程。

故障处理：更改梯形图，如图 10-16 所示。在这里没有使用 X1 的常闭触点，点动控制部分与启动-保持-停止部分完全分离。

图 10-16　改进后的带有点动的电动机启动-保持-停止控制梯形图

◁ 【实例 11】程序设计错误导致误报警

故障设备：某全自动精加工车床，采用三菱 FX5U-80MT/DSS 型 PLC 进行控制。

故障现象：接通电源后，还没有进行任何操作，显示器上就出现位置报警，提示 X 轴到达极限位置。

诊断分析：

① 当报警出现时，车床刚刚通电，还没有运动，根本没有到达极限位置，所以这种报警属于误报警。

② 按下复位键后，报警被清除，机床恢复正常工作。但是如果关断电源后再通电开机，又会出现同样的故障现象。

③ 查看有关部位的 PLC 梯形图，如图 10-17 所示，当内部继电器 M10（位置报警）的状态为"1"时，就会出现上述报警。X16 是限位开关输入信号，它出现异常情况的可能性比较大。

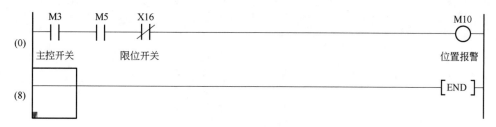

图 10-17　出现误报警的梯形图

④ 按下复位键清除报警后，机床可以恢复正常工作，这说明 M10 的状态并不总是为"1"，而只是在开机的瞬间为"1"，也说明 X16 只是在开机瞬间不正常。

⑤ 分析认为，在主控开关 M3 接通的情况下，在开机瞬间，X16 的常闭触点处于闭合状态，然后通过一系列的逻辑控制，才能使 X16 的常闭触点断开（这一控制过程在图中未反应），这需要若干毫秒的时间。但是，M10 是软继电器，得电动作的时间在微秒级，所以在开机瞬间，M10 就被置于"1"，造成上述报警。

故障处理：按图 10-18 进行改进，在 M10 前面串联轴移动信号 M6，使 M10 始终受到 M6 的控制。此后如果没有轴的移动信号，位置报警继电器 M10 就不会置"1"，这样消除了这种误报警，机床恢复正常工作。

图 10-18　消除误报警的梯形图

经验总结：在此例中，通过对 PLC 梯形图的仔细分析，找到了故障的根源（在开机瞬间，正向限位开关 X16 来不及动作，内部继电器 M10 就被提前置于"1"），通过修改梯形图程序，正确地排除了故障。

参考文献

［1］刘建春，柯晓龙，林晓辉等. PLC 原理及应用（三菱 FX5U）. 北京：电子工业出版社，2021.

［2］刘建华，陈梅. 三菱 FX3U 系列 PLC 编程技术与应用. 北京：机械工业出版社，2018.

［3］胡学明. PLC 编程快速入门（三菱 FX2N）. 北京：化学工业出版社，2019.